冯变喜

著

THE WAY TO
SUCCESS

成功之道

山西出版传媒集团 山西人民出版社

图书在版编目（CIP）数据

成功之道 / 冯变喜著. — 太原：山西人民出版社，
2024. 7. -- ISBN 978-7-203-13523-4

Ⅰ. B848.4-49

中国国家版本馆CIP数据核字第2024MF1072号

成功之道

著　者：	冯变喜
责任编辑：	吴春华
复　审：	吕绘元
终　审：	武　静
装帧设计：	赵　冬

出 版 者：	山西出版传媒集团·山西人民出版社
地　址：	太原市建设南路21号
邮　编：	030012
发行营销：	0351-4922220　4955996　4956039　4922127（传真）
天猫官网：	https://sxrmcbs.tmall.com　电话：0351-4922159
E-mail：	sxskcb@163.com　发行部
	sxskcb@126.com　总编室
网　址：	www.sxskcb.com

经 销 者：	山西出版传媒集团·山西人民出版社
承 印 厂：	山西基因包装印刷科技股份有限公司

开　本：	787mm×1092mm　1/16
印　张：	26.5
字　数：	400千字
版　次：	2024年7月　第1版
印　次：	2024年7月　第1次印刷
书　号：	ISBN 978-7-203-13523-4
定　价：	88.00元

如有印装质量问题请与本社联系调换

谨以此书献给恩师
吴咸中院士百岁寿诞！

序

收到冯变喜教授《成功之道》的书稿，我第一时间浏览了全书，对部分重点文章进行了仔细阅读，深感作者融20余年心血于此书的这种坚持与执着实属不易。

《成功之道》的道是什么？作者认为道是宇宙人性，很有见地。因为一切成功归根结底是人性的成功。宇宙人性是一个全新的概念，作者将人类放在宇宙无限大的空间里，放在几十亿年的历史长河中，放在无限大的时空范围内，考察了宇宙的起源、生命的起源、物种的进化、人类的演化，由此可见，作者阅读了很多的书。许多学科知识远超作者的能力范围，但作者"硬啃"下来，"整合"起来。整合如此多领域的知识是非常困难、非常头疼的事情，为此，作者发明了"知识大整合的六种方法"，为解决这个难题创建了一个非常重要而实用的工具箱，同时，将人类对自己的认知提高到更高的高度。

冯变喜的职业是一名外科医生，在半个多世纪的外科生涯中，看好病人，做好手术，是他的天职。他天天要看很多的病人，天天要思考很多的问题，经常要做一些手术。病人和医生都有一个共同的目标，那就是成功。这就是怎么看、怎么想、怎么做这个成功公式的雏形。因此，他对成功之道的感悟也在情理之中。要想做一名成功的医生，必须先做一个成功的人。要将专业做成事业，必须经过艰苦卓绝的奋斗，因为业绩是奋斗出来的！在奋斗的过程中，使命、价值、业绩、品牌都是成功的重要因素。要想做好学问，必须求知识于古今中外，将海量知识融会贯通，进行知识的创新和输出，其重要的标志就是著书立说，要学会编写一本属于自己的书。所有这些都是外科医生成长的必由之路。冯变喜教授在《成功之道》一书中，对这些问题都有详尽的论述，值得年轻人认真阅读与学习借鉴。

我年近百岁，先睹为快，乐意推荐，是以为序。

中国工程院院士

首届国医大师

2024 年 4 月

前 言

《成功之道》是我研究思维与决策的副产品。而研究思维与决策的原始动力其实是为了发展我的外科事业。我作为一名外科医生，大致经历了"小大夫""大大夫"和"老专家"三个阶段。由于不同的年龄阶段和不同的工作性质，我对于外科的认识在层次或境界上有所不同。

"小大夫"阶段，**我认为"知识与技术"对于外科来说十分重要**。因此，我不断努力积累知识，坚持不懈地发展技术，代表性的成果是主编了一本《肝胆胰外科理论与实践》，120 万字，于 2001 年由科学出版社出版发行。

"大大夫"阶段，**我认为思维与决策对于外科来说非常重要**。于是，自 2001 年以来，我开始研究思维与决策。2004 年，我完成了一篇临床研究论文《外科决策的技巧与艺术》。2007 年 6 月 8—10 日，我在太原市举办了山西省首届外科决策思维研讨会。此后，太原又连续举办了 9 届。2014 年，我又创办了山西省外科联合大查房学术活动，至今已经连续举办了 105 期。这些活动一以贯之的思想是"临床思维与外科决策"。思维与决策是一个非常大的课题，随着研究的不断深入、实践经验的不断叠加，我对之越陷越深。

"老专家"阶段，**我认为"成功与人性"对于外科来说是最重要的**。人性是一切决策的根源，有什么样的人性，就有什么样的选择；有什么样的选择，就有什么样的决策；有什么样的决策，就有什么样的命运。这是我研究思维与决策得到的感悟。我也从而转入研究成功专题和人性专题，**研究兴趣越来越偏离了外科专业**，而向更加边缘的学科进军。因此，《成功之道》乍看起来是研究思维与决策的副产品，实际上也是思维与决策的出发点和落脚点。

成功与人性有着非常密切的关系。**人性是内部运行的"道"，成功是循道而行的"果"**。人性内在之光，是成功外在之本。成功与人性也是一个非常大的课题。随着研究的不断深入、实践经验的不断叠加，我"越来越迷茫"。这正应了中国一句古话——"人生识字糊涂始"。

必须找到知识大整合的方法。这是跳出泥潭、拨开云雾、走向光明的唯一出路。法国著名的哲学家笛卡尔说过："最有价值的知识是方法的知识。"法国生理学家贝尔纳说过："良好的方法能使我们更好发挥运用天赋的才能，而拙劣的方法可能阻碍才能的发挥。"战国时期白圭曾自言："吾治生产，犹伊尹、吕尚之谋，孙、吴用兵，商鞅行法是也。是故其智不足以权变，勇不足以决断，仁不能以取予，强不能有所守，虽欲学吾术，终不告之矣。"(《史记·货殖传》)因此，明智之举是将各种方法组成一个方法库，"**知道该何时从一种方法转换到另一种。**"

修·高奇撰写了一本书——《科学方法实践》，密歇根州立大学米勒博士在评价该书时说：修·高奇广泛而深入地阅读、升华和集成了几百册书籍和大量文章，抽取了其中论述科学历史、科学哲学和科学实践方面的内容，将这么多的精品进行"熔炼和提纯"，用所得到的"智慧的黄金"款待读者。但遗憾的是，米勒博士并没有进一步指出"熔炼和提纯"的具体方法。这应该是比"黄金"更珍贵的"钻石"。我在自己整合海量文献的经验与进行哲学思考的基础上，提出"知识大整合的六种方法"。这为解决多种学科、海量知识的整合问题，创建了一个非常重要而实用的工具箱。

科学必须依靠哲学的指引。关于科学与哲学的关系，有人认为哲学是前科学。这种认识是有一定的道理。任何科学问题都会将你引向哲学，只要你把问题追索得足够深远，**即不断探讨背后的原因**，如此滚雪球式地向前推进，最终你会**进入最一般的领域——认识论、方法论和辩证法**，这就是哲学。我将哲学形象地比喻为"大杂烩"。在这个"大杂烩"中，你相信什么，就会选择什么；你选择什么，什么就是你的哲学。将你所有的选择综合起来，就是你的哲学体系。**我的哲学体系＝物质主义＋观念主义＋辩证法＋哲学范畴＋系**

统论。这种哲学体系在《成功之道》一文、《宇宙人性的起源、演化与结构》一文和《知识大整合的六种方法》一文中，都发挥了重要的导航作用。

大道至简，采用归约。海量资料，看起来杂乱无章甚至千差万别、矛盾百出，如何化繁为简、执简驭繁？这是一个非常值得探讨的问题。这也需要借助哲学的力量。德国哲学家 M. 石里克在《普通认识论》中指出，"知识就在于此事物中发现彼事物"，从而使实在事物**"彼此互相归约"**。这句话的意思是发现事物间"你中有我、我中有你"的规律，以寻找共性的方法。**归约就是"以很少的概念（甚至是'用最少的概念'）来描述丰富多样的世界"**。归约可以是"简单、明晰的、由很少要素建构起来的**概念系统**"，可以用"一个公式来标示整个有无限丰富形式的世界"。为什么会这样呢？因为世界实在的**真正本质就是"简约的"**。正是由于这个原因，"这种归约就是对世界的认识"。石里克的这段话非常正确，因为有很好的例证，牛顿三大定律、万有引力定律、相对论都是用公式来表示几个**变量**之间的数量关系，来解释纷繁复杂的物理世界之各种现象。简而言之，简约是世界本来的真相。归约是寻找共性，化约到最少的几个共性：**要素、概念**，然后用一个公式将这些概念（要素）的关系整合起来。

成功公式，化繁为简。各种成功公式都是采用归约的方法，化繁为简，达到执简驭繁的目的。本书收集了一些著名的成功公式，我从认识论、方法论和系统论的角度出发，结合自己几十年的临床工作经验，总结、提炼、归约出一个成功公式——**怎么看＋怎么想＋怎么做＝成功**。怎么看的结果是观念，怎么想的结果是理念，怎么做的结果是言行。因此，上述成功公式可以转化为下面的等值公式：观念＋理念＋言行＝成功。**这个公式还有两个附加条件**：正确的意识，意识改变一切；积极的态度，态度决定一切。这个公式涵盖了过去的所有成功公式，超越了时空的限制，超越了人类种族的差别，是一种哲学层面的公式，从而具有更加广泛的实用性。

真正弄清楚融会贯通的原则。"融会贯通"这个词，我过去似乎理解了，但实际上不得要领。"知识大整合的六种方法"的最终目的是要实现融会贯通。如何实现融会贯通？明代哲学家吕坤说："**学问博识强记易，会通解悟难。会通到天地万物为一，解悟到幽明古今无间，为尤难。**"会通到为一是进入了"道"的境界，解悟到无间是打通了各种各样的"结"。明代另一位大哲学家李贽对"解悟"说得很明白："**破疑即是悟。**"这就是融会贯通的哲学解释，也可以理解为融会贯通的原则。但知道原则是一回事，懂得如何运用原则又是另一回事。后者有一个方法问题，下面我介绍三种简明实用的方法：

第一，源流毕贯，打通壁垒。这是曾国藩做学问的方法。他认为："本末兼赅，源流毕贯……可以通汉宋二家之结，而息顿渐诸说之争。""本末兼赅"是指根本的问题和枝叶的问题都包括在内；"源流毕贯"是指弄清楚了源头问题和流派问题来龙去脉的关系。"通汉宋二家之结"是指打通了汉儒和宋儒两家的"学术纠结"。"息顿渐诸说之争"是平息了各种流派之间的"学术争论"。把本末、源流的问题都搞清楚了，把所有的壁垒都打通了，将各种"纷争"都解决了，自然而然就融会贯通了。

第二，源自百家，自成一家。这是另一种融会贯通的方法。你攫取了几百本精品书的精华，是一个消化、吸收的过程，是一个"打碎"的过程；只有经过重修（正）、重组、重排的重构过程，才会发生质的变化，成为你自己的思想。虽然，这些原材料源自百家，但重构后就自成一家，就像蜜蜂"采得百花酿成蜜"的过程一样，又与厨师将各种食材炒成一盘菜的道理类似。

第二，知识输山，形成体系。这是融会贯通的第二种方法。知识输山的方式有多种，包括交谈、演讲、论文、论著等。为了向对方、听众、读者传达自己想说的内容，你会自觉地把原来杂乱无章的想法组织起来，然后通顺地说出来或写出来；你会去检索那些从未在意过的资料和出处；你会重新审视自己的观点，建立系统的知识体系。反之，如果不去积极地输出知识，你就无法形成自己的知识体系。最典型的例子，不少人谈论政治，闲聊几句政治话题，每天接触政治的记者也数不胜数，可是能够精辟地写出政论的人却寥寥无几。《成功之道》是一种创新知识的输出，是落实上述理念的结果，是运用知识大整合方法的结果，是多学科知识融会贯通的结果。

《成功之道》一书的结构由 14 篇文章组成。首篇文章是**"成功之道"**，为全书的总纲。大道至简，所有成功公式都是归约的结果，代表不同的认识和感悟。

第二篇文章是**"道是人性"**，这里的人性是指广义的人性——宇宙人性，是全书的"点睛之笔"。

第三篇文章是**"宇宙人性的起源、演化与结构"**。这是全书我投入时间最长及精力最多、涉足学科最多、运用理论最多的研究课题，也是最有"创见"的成果。宇宙人性是一个全新的概念，将人类放在宇宙无限大的空间里，放在几十亿年的历史长河中，放在无限大的时空范围内，考察宇宙的起源、生命的起源、物种的进化、人类的演化，我为此阅读了非常多的书。很多边缘学科的知识远超我的能力范围，但是我"硬啃"下来，"整合"起来。运用"知识大整合的六种方法"，我将宇宙人性归纳整合为**6 对矛盾、十二种性质的复合体**。这是对人性这个古老话题的全新认识和全面综合。

第四篇文章是**"人性之根　决策之本：人性决策法则"**，这种光发自人性。人性决定选择，选择形成习惯，习惯养成规律，规律成为法则，法则决定成败。

上述四篇文章是全书的灵魂，**是成功之道的"大道"**。这些内容已经进入哲学的境界，因而超越了时空的限制，超越了人类种族的差异，**适合各种行业、各类人员阅读**。

我是一名外科医生，在 50 多年的行医过程中，几乎天天要看很多的病人，经常要做手术，几乎天天要思考很多的问题，这就是成功之道——怎么看、怎么想、怎么做的雏形。医生和病人的目标是一致的，即成功。因此，我对成功之道有所研究、有所感悟，也在情理之中。要做一名成功的医生，必先做一个成功的人。要将专业做成事业，必须经过艰苦卓绝的奋斗，因为业绩是奋斗出来的！在奋斗过程中，使命、价值、业绩、品牌都是成功的重要因素。要想成为大家，必须先成为专家，然后成为杂家，最后综合成为大家。

要想做好学问，必须求知识于古今中外。专家必须有专著，要有能力写出一本属于自己的书。**这些都是外科医生成长为外科学者的必经之路。**书中许多观点是发前人之未发，言前人之未言，是我通过独特的视角观察得来的，独立思考形成了我的独到见解，产生了独创的智慧。这些**可以算作是"小道"，对各类医生都有一定的借鉴作用。**

我有半个多世纪的临床历练，至今仍然活跃在临床第一线，对外科这一行可以说更熟悉、更在行。因此，《成功之道》既是学术研究之成果，更是临床历练之升华。第五篇至第八篇是关于如何做学问和外科医生如何发展的论述。第九篇至第十四篇（第十二篇例外）是关于如何做手术、如何管理医院的论述。这些文章本质上都是**关于"术"的问题**，是"道"（"大道"＋"小道"）运用的实际成效，**会对中青年医生有一定的帮助。**

"成功之道"是一个仁者见仁、智者见智的大课题。本人想学司马迁，究天人之际，通古今之变，贯中西之学，成一家之言。因此，我花费20余年的心血，思接千载，视通万里，博览群书，融会贯通。但在知识大爆炸的当今时代，知识是搜不尽的，书籍是读不完的，信息是瞬间变化的，因此，本书或许只是"沧海之一粟"，难免孤陋寡闻。成书之后，我虽然经过十分认真地校对，但错漏在所难免。恳请广大读者斧正，本人不胜感激！

2024 年 4 月 28 日

目 录

成功之道

我写本文时已经阅读了 500 多本书，本文引用的参考文献达 100 本。每本书平均按 30 万字计算，100 本就是 3000 万字。要将这么多书籍的精华、海量知识有机地整合在一起，这就必须有方法、有思想、有实践经验和人生感悟。

我以认识论、方法论和系统论的观点为武器，解决实践过程中出现的问题，在怎么看、怎么想、怎么做三大环节上，用辩证法的观点形成意识流、思想路线和工作方法。我从哲学和科学的角度提出一个成功大公式。为何叫"大公式"，因为它可以涵盖以前提出的所有的成功公式。这个大公式的成立，必须有两个先决条件：正确的意识与积极的心态。

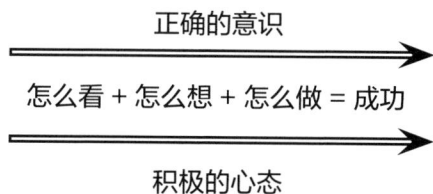

正确的意识

→

怎么看 + 怎么想 + 怎么做 = 成功

→

积极的心态

图 1-1　成功大公式

将"正确的意识"换成"意识"，将"积极的心态"换成"心态"，那么"成功"就变成"命运"——成败。意识有善念与恶念之分，心态有积极与消极之别。这样，成功大公式的应用范围扩展到普遍性，因此成功大公式就演变为命运大公式。

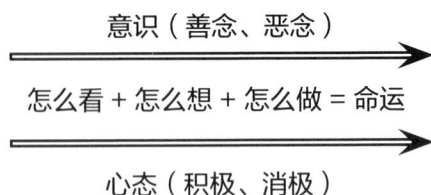

意识（善念、恶念）

怎么看 + 怎么想 + 怎么做 = 命运

心态（积极、消极）

图 1-2　命运大公式

成功之道就这么神奇！意识改变一切，态度决定一切。读者欲知其中的奥秘，公式是如何演算的，请耐心一些，仔细阅读全文。

道生一，一生二，二生三，三生万物。

——老子

观察的要点不单纯是收集和积累观察事实，而且要寻找和揭示事实之间的某种秩序。

——瓦托夫斯基

有什么样的思想，就有什么样的行为；有什么样的行为，就有什么样的习惯；有什么样的习惯，就有什么样的性格；有什么样的性格，就有什么样的命运。

——查·霍尔

请为言语配上合适的行动。

——莎士比亚

人人都希望成功，这是人性之必然。人人都可能成功，这是人性的力量。人人都不想失败，这是人性使然。然而，如何才能避免失败，走向成功？这是一个带有普遍性的实践问题、理论问题和哲学问题。

本文旨在系统研究成功，整合成功涵盖的多种学科知识。这需要作者阅读很多的书籍。引用的参考文献100本。每本书平均按30万字计算，100本就是3000万字。要将这么多书的精华、海量知识整合成在一起，形成一个有机的整体，而不是"大杂烩"，就必须有一条思想主线将各种知识贯穿起来。这个思想主线就是以认识论、方法论和系统论的观点为武器，解决实践过程中出现的问题，在怎么看、怎么想、怎么做三大环节上，用辩证法的观点形成意识流、思想路线和工作方法。

整合几种、十几种甚至几十种知识，我将其称之为"知识大整合"。唐代赵蕤是知识大整合的先驱，他的代表作《长短经》，又名《反经》，是集儒家、道家、法家、兵家、杂家和阴阳家思想之大成，是黑白杂糅之书。关于知识大整合，本人已经进行过专题研究，写就了一篇学术文章——《知识大整合的六种方法》，详见本书另文。知识要**学以致用，才能产生力量。**因此，知识大整合是围绕一个"用"字来展开的。

为何要整合多种学科知识？三国时期蜀国军师庞统一语道破天机："权变之时，故非一道所能定也。"一种知识就是一种方法，解决复杂的问题需要多种方法，故而需要多学科的知识。

只有书本知识，即使你整合了全世界的知识，事实上也是不可能完成的，如果没有切身的体验和苦难的历练，你依然不能拥有完整的知识体系。正如南宋大诗人陆游所言："纸上得来终觉浅，绝知此事要躬行。"

我自己有半个多世纪的工作经验，既有成功的喜悦，也有失败的痛苦，深刻体会到思维与决策的能力是人的核心能力。这就是"行成于思""成败在于决断"的道理。我对思维与决策进行了长达 20 多年的研究。

现代科技发展迅猛，交通十分便捷，通信十分发达，互联网提供了数以万计的资料，"世界变得越来越小"。我用第三只眼去观察世界，观察人性的本质，写就《宇宙人性的起源、演化与结构》一文，详见本书另文。

宁宙人性具化为广义人格，广义人格－狭义人格＋才智。其中，狭义人格就是人们通常说的道德品质。

人格就是力量，性格决定成败。我对人格的结构也进行了专题研究，以古今中外名人传记的历史资料作为研究对象，采用"听其言、观其行、考其绩"的方法，写成《读史人格结构》一文，将另文发表。

针对上述专题的研究，我已经阅读了 500 多本专著，将 1 万多条摘要录入电脑，读书可谓广也，但博而寡要，劳而少功。唐代赵蕤说得好："少则得，多则惑。"本文聚焦于成功，探究成功的规律，故取名"成功之道"，主要探讨以下七个问题：

1. 成功的标准是什么？

2. 成功的法则有哪些？

3. 成功的公式有哪些？

4. 什么是成功的第一步？

5. 冯氏成功公式（附：典型案例分析）；

6. 成功学的原理是什么？

7. 成功学的哲学是什么？

1 成功的标准是什么

成功是实现人生的终极目标。列夫·托尔斯泰说："要有生活目标，**一辈子的目标**，一段时期的目标，一个阶段的目标，一年的目标，一个月的目标，一个星期的目标，一天的目标，一个小时的目标，**一分钟的目标**。还得为大目标而牺牲的小目标。"

托尔斯泰的话富有哲理。"一辈子的目标"是终极目标。大目标是由许多小目标组成的，要一个小目标、一个小目标地去实现，这样，才能**积小胜为大胜**。

任何成功都是时间的积累，**惜时如金**，就是要充分利用好"一分钟"的时间。

你不可能什么都想要，那是不可能的。必须有所为和有所不为，**明智取舍**，为大目标而牺牲小目标。

　　大目标是由许多小目标组成的，要一个小目标、一个小目标地去实现，这样，才能积小胜为大胜。任何成功都是时间的积累，惜时如金，就是要充分利用好"一分钟"的时间。你不可能什么都想要，那是不可能的。必须有所为和有所不为，**明智取舍**，为大目标而牺牲小目标。

2 成功的法则是什么

2.1　成功的法则

　　许多名人、名著对成功都进行了有益的探讨，形成了许多法则。这些认识从不同的角度探究了成功的原理，启迪了成千上万人的智慧，改变了数以万计人的命运。其中，美国著名励志学家、成功学家拿破仑·希尔总结出 17 条成功法则：

　　①保持积极的心态；②树立明确的目标；③多做分外事；④正确思考；⑤自律；⑥组建智囊团；⑦培植自信心；⑧打造个人魅力；⑨主动出击；⑩充满激情；⑪专注；⑫团队合作；⑬从失败中学习；⑭创新制胜；⑮合理安排时间和金钱；⑯保持身心健康；⑰宇宙惯力（应用普遍规律）。

　　这 17 条成功法则是拿破仑·希尔从美国 19 世纪最为成功的数百人之一生经验中提炼出来的。[1]17

2.2　持久成功的特征

　　一时的成功只是小成功，如何才能持久成功？这是一个非常值得探讨的问题。中国有句老话讲："富不过三代"，意指创业难，但守业更难。曾国藩早就认识到其中的道理，提出"汲汲馈赠……为持盈保泰之道"，"天下古今之才人，皆以一傲字致败"。世事无常，这就是"乱"。富有智慧的领导者在"无常"中能看到"有常"，**发现一些规律性的东西**，从而保证组织在变化无常的环境中长期成功，这就是汤姆·彼得斯的"乱中求胜"。在《乱中求胜》（*thriving on Chaos*）一书中，汤姆·彼得斯总结，持续成功的组织具有下列共同的特征：

①更扁平化、更少层级的组织结构；②更加自主的经营单位；③开发高附加值的产品和服务的导向；④质量控制；⑤服务控制；⑥快速响应；⑦迅速创新；⑧灵活性；⑨训练有素的员工，既善于动脑又善于动手；⑩各个层次上的领导者，不是管理者。[2]228

3 成功公式

有的科学家、哲学家或战略家对成功的一些必要条件进行了**抽象与整合**，形成了成功公式。

首先，**爱因斯坦的成功公式最为著名**：

公式 1　$A = X + Y + Z$

A 是成功，X 是正确的方法，Y 是努力工作，Z 是少说废话！

这是成功的三要素。**正确的方法是智慧，努力工作是付出，少说废话是不要浪费时间。**这实际上是在说明"怎么做"的问题。至于**做什么、为什么**，爱因斯坦并没有说，只是告诉人们怎么做一件事。

其次是日本稻盛和夫的思维方程式。[3]6

公式 2　人生·工作的结果 ＝ 思维方式 × 热情（努力）× 能力

其中，思维方式是人的思想、哲学，或理念、信念，或人生观、人生态度和人格。思维方式可以是正的，也可以是负的。**正值相当于积极的心态，负值相当于消极的心态。正值走向成功，负值走向失败。**

热情可称之为"努力"，能力是做事的本领。

三者是相乘关系，不是相加的关系。

再次，我国台湾战略大师钮先钟发明了一个成功（战略）公式：

$$公式 3 \quad S = 3C + 3V + 4W$$

"S"代表成功（Success），或战略（Strategy）。

三个"C"代表的是 Change（变化），Chance（机会）和 Challenge（挑战）。天下一切的事物都在变，变是永恒的。因为**变化才会带来机会**。变化是无穷的，机会也是无穷的。每一个机会又都代表着一种挑战，**机会与挑战并存**。要想成功，必须具有接受挑战的能力和决心，才能不丧失机会，并且善用机会。

三个"V"代表的是 Vision（眼光）、Vitality（活力）和 Venture（冒险）。如何才能接受机会的挑战，必须有眼光，**有眼光才能发现机会**。然而，仅有眼光是不够的，还要有活力，要有**立即行动**的能力。**有了眼光和活力才能冒险**。冒险的观念非常重要，因为天下**没有万全之策**，要想成功，则必须敢于冒险。不过，冒险必须是**先谋后事**，谋定而动，绝不是盲目的冲动。

四个"W"分别为 Will（意志）、Wisdom（智慧）、Work（工作）和 Wait（等待）。意志为一切行动的基础，**是坚持到底的决心和毅力**。但仅有意志还不够，必须再加上智慧。**智慧的作用即为预见**。有了意志和智慧之后就能采取行动，努力工作。在条件不成熟时，还要学会韬光养晦，知道**隐忍以待天时**。要能够沉住气，不可轻举妄动，不可急躁，不可愤怒，而要静心等待。等待什么？**等待变化！** 这样周而复始，就完成了成功思想体系的循环，最终走向成功。[4]325

钮先钟提出**成功的十大条件**，比爱因斯坦多了七个条件，比稻盛和夫的思维方程式具体而有可操作性，并具有中华文化的特点。

洛克菲勒提出一个成功公式。[5]53

公式 4　梦想 + 失败 + 挑战 = 成功

洛克菲勒认为，没有梦想就没有目标；在为目标的奋斗中，失败是必然的。失败是一种学习经历，你可以让它变成**墓碑**，也可以让它变成**垫脚石**。没有挑战就没有成功，不要因为一次失败就停下脚步，**战胜自己，你就是最大的胜者**！[5]54

布莱恩·摩根给出一个成功公式。[6]130

公式 5　热情＋行动 = 成功

布莱恩·摩根说：一个人不管在任何状态下，只要**拥有热情**，你的一切都会**充满活力，充满阳光和激情**。

4 什么是成功的第一步

上述五个公式都是**必要条件的组合**，确实说明了成功的部分道理，具有现实的指导意义。我提出一个问题：什么是成功的始动因素？换句话说，**什么是成功的第一步**？这有许多的说法。

美国哈佛大学著名成功学家皮鲁克斯曾说："**成功始于胆量**。"这句话具有一定的道理，敢想、敢说、敢干，敢于迈出第一步。

拿破仑·希尔对始动因素有着不同的论述：

一说是**目标**："持久不移的目标是**成功的首要原则**。"（《思考致富实践法》）

二说是**热忱**："一个人成功的因素很多，而居于这些**因素之首的就是热忱**。没有热忱，不论你有什么能力，都发挥不出来。"

三说是**渴望**："所有成就的**起点，都是渴望**。""渴望只不过是一个念头。""源头都只是在一念之间！"（《思考与致富》）

四说是**自我意识**："一切的成就，一切的财富，都始于一个意念，即**自我意识**。"（《拿破仑·希尔成功学全书》）

拿破仑·希尔提出了四个始动因素，到底哪个才是真正的始动因素？**我认为是"目标"**，没有目标的"热忱"是用错了地方。"渴望"只能是追求目标；"自我意识"是自我完善、自我实现，是实现目标的一种手段。

奥斯勒认为是兴趣。"在任何行业中，走向成功的**第一步，是对它产生兴趣。**"（《格言大辞典》第3版，第438页）有兴趣才会去关注，才会有热情，才会去付出，正如阿尔伯特·哈伯德所说的："兴趣是事业成功的一半。"[7]49

德国奥格斯特·冯·史勒格认为是信心。他说："在真实的生命里，每桩伟业都由信心开始，**由信心跨出第一步。**"（《格言大辞典》第3版，第440页）心理学研究者认为，自信是成功的首要必备条件。[8]89 因为你自己都不相信自己，别人又如何相信你？信心是相信自己能够实现目标。

爱默生认为是自信："自信是成功的第一秘诀，自信是英雄主义的本质。"自信 = 信心，相信自己一定能够成功。

洛克菲勒认为是自信。每个人迈向**成功的第一个步骤**，也是不可或缺的基本步骤，就是要相信自己，要相信自己一定能够成功。要让关键性的想法"**我会成功**"支配我们的各种思考过程。成功的信念会激发我们的**心智和勇气去创造出获得成功的计划**。[5]64 "连你自己都不相信的事情，你是无法达成的，信念是带你前进的力量。"[5]100

洛克菲勒的观点与奥格斯特·冯·史勒格和爱默生的观点是一致的。只是阐述了"自信"的力量。自信是一种信念，是一种必胜的信心。这种信心会激发你的斗志，调动你的潜能，激发你的智慧，激发你的创造性，从而获得成功。

奥里森·马登认为是思想。他说："**成功的第一步**往往从人们的**思想开始**，如果人们头脑中的意识与成功的方向相悖，那么无论怎么做都难以成功。我们最忌讳的就是手头做着这件事，脑子里却想着相反的事情。任何事情要想做成，都必须先在**头脑中形成一个模式**，然后按着这个模式一步一步地去做。"[9]13 这句话的意思是：**思想 = 意识**。思想是脑子的所思所想。要在脑子里形成一个**思维模式**，然后按照这个模式一步一步地去做，就会走向成功。

美国前总统西奥多·罗斯福认为是人际关系。他说："成功公式中的**第一要素是懂得如何与人交往。**""促成成功最重要的一个因素，就是知道如何与别人相处。"

洛克菲勒也曾说："我愿意付出比天底下任何其他能力更大的代价，**去获得与人相处的能力。**"[10]118

人际关系固然很重要，获得与人相处的能力，是成功的必要条件，而不是首要条件。因为，**人际关系是手段，而不是目标。**

曾国藩认为是多选替手。他说："办大事者，**以多选替手为第一义。**满意之选不可得，姑且取其次，以待徐徐教育可也。"曾国藩所谓的"多选替手"，是指建立团队，本质上是人际关系，同样也是手段，而不是目的。

> **· · · 成功哲言：人际关系**
>
> 人际关系固然很重要，获得与人相处的能力，是成功的必要条件，而不是首要条件。因为，**人际关系是手段，而不是目标。**

5 冯氏成功公式

上述五个成功公式，都有其合理性与正确性，都是反映了成功某个侧面的小公式，都不是反映成功作为**一个整体、一个系统**的大公式。我要从认识论、方法论的角度去看待成功，将成功作为一个认知的对象去研究，整合现有的各种知识，按照人类认识问题、解决问题的**逻辑体系和实操顺序**，形成一个系统的知识体系。我认为一切成功，无论是个人的还是组织的，无论是过去的还是现在的，无论是中国的还是外国的，都要回答三个问题，即怎么看？怎么想？怎么做？据此，我提出一个**实用的成功大公式：**

公式 6　**怎么看＋怎么想＋怎么做 = 成功**

怎么看的结果是看法，看法是**观念**；怎么想的结果是想法，**最初的想法是初心**，任何想法都是**思想**；怎么做的本质是做法，做法是**路径**。因此，上述方式可以演变为下列的等值公式：

公式 7 观念 + 思想 + 路径 = 成功

这个大公式，不仅包括上述的五个公式，而且远超上述五个公式所涵盖的范围。这个大公式（如图 1-1）的成立，**必须有两个先决条件：正确的意识与积极的心态**。那么，公式是如何演算的？两个先决条件又是如何起作用的？我将在下文慢慢展开，详尽地予以阐述。

意识改变一切。这个大公式回答了什么是成功的始动因素？**成功源自意识，始于观念**。

心态决定一切。这个大公式也回答了看不见的心态在持续起作用。心态是人的心理状态，这个状态决定一切事物发展的趋势。

这个结论是如何得出来的？我将从哲学和科学的角度来阐述其原理。

成功哲言：三个问题

> 一切成功，无论是个人的还是组织的，无论是过去的还是现在的，无论是中国的还是外国的，都要回答三个问题：怎么看？怎么想？怎么做？

1500 多年以前的赵蕤提出一个富有哲理的概念——"道极即反"。他说："道极即反，盈则损。故聪明广智，守以愚；多闻博辩，守以俭；武力毅勇，守以畏；富贵广大，守以狭；德施天下，守以让。"[1]70 列宁说过，真理只要向前一步，哪怕是一小步，就会成为谬误。这说明真理都是有一定范围、一定条件的。如果将"正确的意识"换成"意识"，将"积极的心态"换成"心态"，那么"成功"就变成"命运"——成败。意识有善念与恶念之分，心态有积极与消极之别。这样，**上述的成功大公式就演变为命运公式**，如图 1-2。

成功之道就是这么神奇，读者欲知其中的奥秘，需耐心一些，容我细细道来。

5.1 怎么看，是你看待事物的方式

丹尼斯·魏特利说过："人们并不是根据事实，而是**根据自己对事实的看法而采取行动。**"重要的不是你看到了什么，而是**你怎么看**。[12]21

怎么看的结果是看法，而看法是一种"观念"。观念是一种初级的认知，是一种思想。在看法里面，我们需要回答下列问题：①什么是观念；②观念是如何形成的；③影响观念形成的因素有哪些；④洞见是如何产生的；⑤预见是如何形成的；⑥观念在成功中的作用；⑦如何看准出手的机会。

上述七个问题是**层层递进**的，也是**各自独立**的。读者可以循序渐进地读下去，也可以跳过去，进行选择性的阅读。

5.1.1 什么是观念

观念是你对事物的看法。观念取决于你的世界观、宇宙观。你只有**观察世界、观察宇宙**，才能形成你的**世界观、宇宙观**。你不观察世界，何来世界观？观察的第一位要素是关注。所有成功的秘密就在于对你**身边的一切保持高度关注**；调整自己以适应周围的环境。[13]目录2 **观念就是观点，观点就是立场。**如果你敢于坚持自己的观点，那么你就有非常坚定的立场。

5.1.2 观念是如何形成的

英国哲学家休谟认为：**经验＋习惯＋想象＝观念。**[14]543 这个推论和结论是符合科学原理的。大量的经验是可以产生直觉的；习惯形成性格，性格是决定选择的；丰富的想象力是可以**预见未来**的。因此，**观念是个性选择的结果**，这就解释了为何不同的人对同一件事存在不同的看法。

法国文学家巴尔扎克认为，观念是"人看见、觉察、思索"的结果。[15]196 **首先是看**，要走出去，要深入第一线，要了解实际情况；要参观学习，增加见

闻，见学见习；有条件的话，要到全国各地乃至世界各国走走、看看，大开眼界，增长见识。这些是依靠"**眼睛**"的作用。其次是**觉察**，在看的过程中，要"**觉察**"到一些问题，"**意识**"到一些问题，这是大脑的工作。第三是思索，思索的工作是在大脑里完成的，人眼睛看见的，很大成分是在大脑里完成的。

我认为，巴尔扎克对观念的认知远超休谟，若将二者整合起来就比较全面：

看见 + 觉察 + 思索 + 经验 + 选择 = 观念。

5.1.3 影响观念形成的因素有哪些

5.1.3.1 影响观念形成的因素

概括起来，影响观念形成的因素有自身因素和外界因素。自身因素有兴趣、好奇心、勇气、知识、经验、教育、立场、利益、心境等，外界因素有环境、时间、诱惑、榜样的力量等。

自身因素有三个重要的因素。**兴趣是第一位的**。爱因斯坦讲："兴趣是最好的老师。"莎士比亚曾说："学问必须合乎自己的兴趣，方可得益。"如果你对一件事或一个人根本不感兴趣，就会熟视无睹，更谈不上什么观念的问题。其次，是**好奇心**。英国伯克指出："人类最原始、最单纯的感情就是好奇心。"英国塞缪尔·约翰生认为：好奇心是最初和最后的**激情**，是强有力的才智所具有的持久而稳定的特征。**第三位是勇气**，敢于直面问题，才能认识问题、解决问题。

外界因素也有三个重要的因素。**环境是第一位的**，"存在决定意识"，有什么样的环境，才有可能产生什么样的观念。**第二位是时间**，在时间紧、任务重的压力下，必然会出现观察不全面、思考不周密的现象，就会产生错误的观念。这就是临床误诊的哲学原因。第三位是**榜样的力量**，人生活在社会中，会看样学样的。与消极的人士在一起，你也会变得**消极、悲观、屈从**；与积极的成功人士在一起，你也会有迈向成功的雄心壮志。

榜样的示范作用。诸葛亮以管仲、乐毅为榜样。王阳明一心想做圣贤，时时处处以圣贤为榜样。他在贵州面临生死、衣食无着的情况下，如此问自己，圣人会怎么做？西奥多·罗斯福总统碰到棘手的问题时，会抬头仰望挂在其白宫办公室墙上的那张林肯画像，问自己："如果林肯在我这种情况下，将怎么做？他将如何解决这个问题？"洛克菲勒提醒年轻人遇到问题时要思考："重要人物会不会这么做呢？"如果能做到这些的话，成为重要的伟大人物也就离你们不远了。

5.1.3.2　看世界的角度不同

著名作家亨利·梭罗曾经写道：一个人如果换个角度看世界，那么他会看得更清楚。在异国的土地上，你看任何东西都是有角度的。索斯藤·凡勃伦指出，很多犹太人的敏锐智慧来自他们长期的背井离乡。在一片陌生的土地上，外乡人会看到更多的、新鲜的事物。[2]122 这有点像摄影师，选择的视点和视角不同，拍出的照片肯定不一样。

5.1.4　洞见是如何产生的

肉眼观察 + 慧眼洞察。肉眼看到的只是现象，慧眼洞察的才是本质。"慧眼识真金"就是这个道理。安东尼·圣埃克苏贝里说："唯有用你的心灵才能真正看得清楚。眼睛看不见的才是对你要紧的。"[16]125 拿破仑·希尔认为："能看到的东西都只是暂时的，而那些眼睛看不到的东西才是永恒的。"[17]198 拿破仑·希尔还指出，90% 的"看"是发生在大脑中。[1]94 这说明所谓的"慧眼"是长在脑子里，也证明慧眼比肉眼更重要。

5.1.5　预见是如何形成的

5.1.5.1　要有见识

王梓坤在《科学发现纵横谈》中指出："识，一般指思想路线和科学预见的能力……正确选择主攻方向，决定这场仗该不该打，这件事该不该做，这个问题值不值得研究，以及怎样做最为有利，具有重要的意义。"[18]3

曾国藩对左宗棠的评语是"**思量精专，识量宏远**"。"思量"是思考、估计与审度，"精专"是思考与审度非常精细与专注。"识"是见识，是**战略思考的能力**；"量"是估计与审度。"识量宏远"，就是远见卓识。

知识不是见识，要将知识转化为见识，再从见识转化为胆识。稻盛和夫说，人为了生存，掌握了各种各样的知识，但仅仅知道这些知识，几乎没有任何实际作用。必须将知识提升为"非如此不可"的坚定信念，即"见识"。然而，这还不够，更需有强烈的决心确保见识的贯彻实行，即升华为"胆识"，胆识只能来源于勇气。[19]147—149

5.1.5.2　要有眼光

所谓眼光，不是指眼睛的视力，而是一个心理能力的概念，用曾国藩的话说：曰高明，曰精明。我的理解是，**高明，即站得高看得远，是战略家的眼光**；精明，即看得深、看得细，是专家的眼光。房秀文在《兵商如铁》中说：高明的第一条是选一个**好的制高点**；第二条是选一个**好的突破口**。[20]286 抢占制高点的心智空间非常大。清末民初南通民族企业家张謇说："办一县事，要有一省的眼光；办一省事，要有一国的眼光；办一国事，要有世界的眼光。"[21]38 **高明不仅在于心智的空间大，还在于心智的时间长**。清代著名学者陈澹然说："不谋万世者，不足谋一时；不谋全局者，不足谋一域。"[22]124

> **●●● 成功哲言：两种眼光**
>
> 高明，即站得高看得远，是**战略家的眼光**；精明，即看得深、看得细，是**专家的眼光**。

5.1.5.3　要有智慧

人们对智慧有多种多样的解释，我认为智慧的第一要素是**判断**。冯梦龙说："智生识，识生断。"匈牙利李斯特在《科学·艺术·哲学断想》中说：一个人要想成为音乐家，首先应该培养自己的智慧，学会思考和判断。换言之，**智慧 = 思考 + 判断**。美国作家阿尔伯特·哈伯德在《自磨自砺》中说："要成为真正的杰出人物，就应该在各种环境、各种情形之下都保持清醒的头脑和准确的判断力。"[7]146

智慧的第二要素是**预见**。智慧就是先知先觉，智慧就是知道下一步做什么。[23]9 在判断的基础上，进行**判断—推断—决断**（决心＋推断）的思维与决策，其中的推断就是预见。

智慧的第三要素是**取舍**，有所为，有所不为。

智慧的第四要素是**方法**，要有解决问题的办法，拿出针对性的方案。

智慧的第五要素是**简捷**。大道至简，少就是多。"简捷是智慧和博大的体现。"[7]78 用最简捷的语言描述你的行动计划。

知识不是智慧，但"**好学近乎知（智）**"，要将知识转化为智慧。如何转化呢？要将知识与问题、目标与手段联系起来。其中，手段及计划就是智慧。

5.1.5.4　要有大局观

这就是人们常说的既要看见树木，又要看见森林。"看见树木"是指**细节问题和局部问题**，"看见森林"是指**大局观和整体观**。人类可以通过大脑对世界的推测来帮助认识。如果**没有推测**，人类虽然能够看到细节，却形不成完整的结构。一个良好的感觉系统必须深入信息表层的背后，"创造"出一些东西。"你的大脑看到的东西，远比你的眼睛看到得多。"[24]40 外科医生查看影像图片，既要看到图片上的病变，又要推测图片上看不见的病变。任何事物的**大局观都不是你看到的，而是你想到的**。因为，大局是你看不过来的！不管在什么情况下，大局观都是"把眼前与马上到来的事情放在一个**更大的参照系统中去思考的能力**"。[10]106 大局观就是看大局，识大势，定方向，拿决策。

> **● ● ●　成功哲言：有大局观**
>
> 任何事物的大局观都**不是你看到的，而是你想到的**。因为，大局是你看不过来的！不管在什么情况下，要看大局，识大势，定方向，拿决策。

5.1.6 观念在成功中的作用

5.1.6.1 成功始于正确的观念

拿破仑·希尔在《思考致富》中提出只有"**心想才能事成**"的概念，成功"**只需一个正确的观念**"。[25]1 换句话说，**成功始于观念**。那么，成功为什么始于观念呢？因为决策始于问题，而决定始于观念。人们所做出的决定并不是**基于对数据和事实的判断**，而是基于人们对这些**数据和事实所形成的观念**。数据和事实是完全相同的，然而人们形成的观念却是千差万别的。在临床工作中，同一个病人，同样的资料，不同的医生却做出不同的诊断，就是最好的例证。

> ●●●● **成功哲言：观念制胜**
>
> 决定始于观念。人们所做出的决定并不是基于对数据和事实的判断，而是基于人们对这些数据和事实所形成的观念。数据和事实是完全相同的，然而人们形成的观念却是千差万别的。

5.1.6.2 成功的第一步是改变观念

彼得·德鲁克曾经指出："一位有效的决策者，**第一步总是先从最高层次的观念方面去寻求解决方法**。"[26]97 他进一步指出："有效的管理者不做太多的决策。他们所做的都是重大的决策，是**最高层次的、观念方面的少数重大决策**。"[26]86 观念创新是一切创新活动的起点。观念的改变，并**没有改变事实本身**，改变的只是**对事实的看法**。[27]94 一种观念就是一种看法、一种思想、一种关于解决问题的答案。彼得·德鲁克要求将"**正确的看法转化为良好的决策**"。[28]108

5.1.6.3 观念引导思维

刘亚洲中将说过：观念的改变是最大的改变，也是最根本的改变。这是伊拉克战争给我们的第一个启示。**观念决定思路**，思路决定出路，思想和观念引导目的，目的演变为行为，行为养成习惯，习惯造就性格，**性格决定命运**。[29]242

5.1.6.4　观念引导行为

西谚云：**有什么样的观念，就会带来什么样的行为；有什么样的行为，就会形成什么样的习惯；有什么样的习惯，就会塑造什么样的性格；有什么样的性格，就会决定什么样的命运。**[30]1

5.1.7　如何看准出手的机会

5.1.7.1　何谓机会

罗兰对机会进行了很好的解释，他说："机会是在纷纭世事之中的**许多复杂因子**，在运行之间偶然凑成的一个利于你的空隙。这个空隙稍纵即逝，所以，把握时机确实要眼明手快地去'捕捉'，而不能坐在那里等待或因循拖延。"机会是一个偶然出现的有利于你**实现目标**的间隙，是一个**窗口期**。正如明代史学家吕坤所讲的："**机有可乘，会有可际，不先不后，则其道易行。**"

5.1.7.2　机会在哪里

爱因斯坦说过："机遇蕴于**困难之中**。"这就是说，**机会存在于困难之中**。乔布斯说："虽然现在表面上看起来相当的危险，但是不管什么时候都有机遇蕴藏其中。如果能正确地理解其中的含义，那么把危险换个角度来看的话，就会发现其中孕育着伟大的成功。"[31]12 这就是说，**机会存在于危机中**。乱世出英雄，赵匡胤接受了住持的建议，北上战乱频繁的北方，终于成就帝业。[32]3 这就是说，**机会存在于动乱中**。约翰·S.哈蒙德指出："我们或者进退两难，或者处在十字路口，或者有了麻烦，需要找一条出路。但是问题不一定总是糟糕的。实际上，当我们能够创造性地阐述问题时，我们就能够把它变成一种机遇，来得到其他有益的选择。"[33]20 这就是说，**机会存在于问题中**。中国社会经济的高速发展给世界带来机会，尤其南方沿海经济的快速发展，给很多国人提供了工作和发展的机会。这就是说，**机会存在于发展中**。总而言之，**机会在变化中**，哪里有变化，哪里就有机会。这是哲学，因为事物只有在运动、发展、变化中，才会出现一个机缘巧合的机会。**机会与挑战同在**，要有把问题、困难、危机、动乱变成机会的智慧和胆量。

● ● ● 成功哲言：把握机会

机会在变化中，哪里有变化，哪里就有机会。这是哲学，因为事物只有在运动、发展、变化中，才会出现一个机缘巧合的机会。机会与挑战同在，要有把问题、困难、危机、动乱变成机会的智慧和胆量。

5.1.7.3 抓住机会，做出决断

培根告诫人们："在开始做事前要像千眼神那样察视时机，而在进行时要像千手神那样抓住时机。"稻盛和夫指出：只有具备强烈目标意识的人，才能看出这种机会。因此，只有有梦想的人，有奋斗目标的人，才会关注机会，抓住机会！达·芬奇说过："当机会来临时，有人能看到，有人在别人指引时才能看到，还有的人则根本看不到。"[34]10 一旦出现了重大的机会，决策者必须**亲自抓住，并做出决断**。要以"老虎搏兔"的态度去做，确保成功。当然，不是所有的机会你都要去抓。有些机会，看似机会，实为陷阱。不要因"**小智而害大道**"，"将军赶路不追兔"，你所要抓的是为了实现大目标的机会。

● ● ● 成功哲言：识破陷阱

有些机会，看似机会，实为陷阱。不要因"**小智而害大道**"，"将军赶路不追兔"，你所要抓的是为了实现大目标的机会。

5.1.7.4 抓住机会，出手要狠

在自然界，一头受伤的雄狮会遭到野狗的群体攻击，这是**自然法则**。这也应了中国的一句古话："虎落平阳被犬欺。"人类虽然进入了文明时代，但在当前激烈竞争的国际社会中，**丛林法则仍在大行其道**。因此，如果你不想被吃掉，就要看准机会，该出手时就出手，不能心慈手软。对此，你必须有清晰的认识。

5.1.7.5 抓住机会，放下面子

洛克菲勒在寻找第一份工作时，把列入名单的公司跑了一遍，一连几个

星期，结果一无所获。但他没有沮丧、气馁，**连续的挫折反而更坚定了他的决心**。他接着从头开始，一家一家地跑，有几家公司他甚至**跑了两三遍**，可谓不辞劳苦。他终于在 6 个星期后的某个下午找到了期待的工作。[5]116 **寻找机会要放下面子，抓住机会更要放下面子。**

《飘》这部小说的作者玛格丽特·米切尔，一开始并没有名气。她在生病休养期间，构思了小说《飘》，历经五载终于成书，然而当时并没有一家出版社愿意出版它。米切尔没有灰心，找了多家出版商，**奔波了七年**，仍毫无结果。

一天，米切尔从报上读到一条简讯："纽约麦克米兰**出版社社长雷伊逊**结束了对亚特兰大的访问，将于今日乘火车离开亚特兰大。"米切尔立刻带着装有小说文稿的包裹朝火车站跑去，她把包裹塞给将要登上火车的雷伊逊社长，说："社长，这是我写的小说文稿。请您读后与我联系，好吗？"雷伊逊社长随手将包裹放到搁板上，根本没把它放在眼里。两小时后，列车长递给他一封电报。

"雷伊逊社长，您读了吗？如果没有读，就请看第一页。

——米切尔敬上。"

雷伊逊不为所动，又过了两小时，一封内容相同的电报又被递到他的面前，雷伊逊依然如故。两小时后，第三封电报出现在他的眼前。

雷伊逊感到很奇怪，道："**到底写了什么？这么烦人！**"他打开包裹，拿出小说读了起来。直到火车抵达纽约站，他依然沉浸在小说的感人情节之中。小说《飘》一经出版立即引起了轰动。后来，这部小说被拍成电影，成了不朽的名作。[35]99—100

5.1.7.6　好奇发现机会，冒险利用机会

人生不管做什么，都必须在**冒险与谨慎之间做出选择**。有些时候，依靠冒险获胜的机会要比谨慎大得多。

5.1.7.7 弱者等待机会，强者创造机会

居里夫人说过："弱者坐待时机，强者制造时机。"强者是如何创造机会呢？那就是**推动事物的变化朝着有利于自己的方向发展**。英国弗·培根在《随笔集》中说过："**智者创造的机会比他得到的机会要多**。"因此，有胆有识的智勇双全之士，可以创造更多的机会。

20 世纪 60 年代和 70 年代，美国兴起了**全民健身活动**，成千上万的男女走上街头和田野，以各种方式从事锻炼活动，其中最让人热议的活动便是**慢跑**。随着从事跑步活动的人越来越多，人们对于舒适**跑步鞋**的需求量也就越来越大。

处于垄断地位的**阿迪达斯公司**，对形势作出了一个**极其错误的判断**。他们断定，在美国这样一个流行快、消失也快的国家，跑步只是一个流行，不久就会烟消云散。结果，阿迪达斯公司被新兴的耐克公司打败，其在美国市场的份额不断缩小，甚至要退出美国的市场。

耐克公司顺势而为取得成功。美国中长跑名将费尔·耐克和他的教练比尔于 1972 年创办了耐克公司。运动员出身的两位创业者，当然知道什么样的运动鞋更受欢迎。他们根据力学原理对运动鞋进行改造，使它更能适应锻炼和比赛。耐克公司的产品一经推出就深受大众的欢迎。仅仅用了 10 年的时间，就成为美国市场占有额最大的企业。[36]156—157

5.2 怎么想，是你的思维方式

《成功学原理》六大原理的第一条是："正确的思想。"[9]3 正如马登所说的："一个人的成功总是经历过一个完美的合理的思想过程。"[9]369 至于怎么想，有几个问题需要回答：①什么是思想？②思想在成功中的作用？③什么是正确的思想？④人的正确思想从哪里来？⑤如何进行正确的思考？⑥如何进行创造性的思考？

思维方式是心智模式，是"活的智慧"。稻盛和夫对**"思维方式"**有着独

到的见解，认为它是"人的思想、哲学，或理念、信念，或人生观、人生态度和人格"。这些都是影响思维的因素。思维的结果是思想，因此，关于怎么想的问题，我们应先从思想谈起。

5.2.1 什么是思想

"思想"按照《四角号码新词典》的解释有三种意思：一是"客观存在反映在人的意识中经过思维活动而产生的结果"。这是从哲学意义、认识论的角度来定义思想的。二是"念头，想法"，这是将思考的结果具体化，是将思想作为名词用。三是"思量，想念"，是将思想作为动词用。

思想作为动词，有所思，有所想。**思是思考、思虑和思量；想是联想和想象**。思想作为名词用，是念头，是想法，是观念，是概念，是理念。

"观念是思想，判断是思想，推理也是思想"。[37]144 观念和判断是思想作为名词用，推理是将思想作为动词用。我们通常有三种推理方式，即逻辑推理、归纳推理和演绎推理。**因果关系的推理**，是逻辑推理；从**个别到一般**的推理，是归纳推理；从**一般到个别**的推理，是演绎推理。

> **● ● ● 成功哲言：思想概念**
>
> 思想作为动词用，有所思，有所想。思是思考、思虑、思量和推理；想是联想和想象。思想作为名词用，是念头、想法、观念、判断、概念和理念。

5.2.1.1 性格的本质是思想

查·霍尔说过："有什么样的思想，就有什么样的行为；有什么样的行为，就有什么样的习惯；有什么样的习惯，就有什么样的性格。"作家詹姆士·亚兰说："一个人发乎内，形于外，**他的性格就是他思想的总和。**"[38]35 因此，性格可以说是思想的结晶。

5.2.1.2　情绪的本质是思想

卢达·科佩金娜曾经指出："每种情绪都是由于某种思想转变为情感而来的。"[39][31] 由此看来，人类的情性与理性是可以相互转化的。情感的力量使人进行深入的思考，喜欢、热爱、兴趣、好奇心，这些情感是做学问、搞科研、做事业必备的先决条件。反过来，深思熟虑的结果与思想，又给予人必胜的信心、坚强的信念和巨大的激情。

● ● ●　成功哲言：情理转化

人类的情性与理性是可以相互转化的。情感的力量使人进行深入的思考，深思熟虑的思想又给予人巨大的激情。

5.2.2　思想在成功中的作用

5.2.2.1　有什么样的思想，就会有什么样的命运

查·霍尔曾经指出："有什么样的思想，就有什么样的行为；有什么样的行为，就有什么样的习惯；有什么样的习惯，就有什么样的性格；有什么样的性格，就有什么样的命运。"这段话说明了以下几个问题：

一是思想的反作用。本来是存在决定意识，思维产生思想。现在思想反过来作用于现实，影响和决定人们的行为。

二是行为养成习惯。一种行为，无论好还是坏，只要经常、反复出现，就会形成自然而然的习惯。

三是习惯造就性格。亚里士多德指出："习惯能造就第二天性。"培根指出：由智慧养成的习惯，能成为第二天性。从根源上分析，性格始于思想，任何性格都可以视为是一种思想的结晶。

四是性格决定命运。为什么性格决定命运？因为性格是人类的第二天性，而天性是一种不需要经过思考就会产生的行为。正如赫拉克里特所说的："你的性格决定你的选择。"西班牙巴尔塔沙·葛拉西安说："性格决定行事方

式。"[16]58

五是决策决定命运。性格决定命运是通过选择来实现的。什么是选择？**选择就是决策**。因此，性格决定命运就转换为决策决定命运。

5.2.2.2 有什么样的想法，就有什么样的言行

撒切尔夫人有一段话，非常精辟地论证了思想在言行中的序贯作用，她说："注意你的想法，因为它能决定你的言辞和行动。""注意你的言辞和行动，因为它能主导你的行为。""注意你的行为，因为它能变成你的习惯。""注意你的习惯，因为它能塑造你的性格。""注意你的性格，因为它能决定你的命运。"[40]序言 1

5.2.2.3 你想什么，就会来什么

如果我们想，就有可能得到；如果不想，那么根本就不会得到。这就是"心想事成"的道理。美国成功学哲学家依尔·耐汀盖依博士在《伟大的发现》一书中说："**心想则事成**。"我国唐代大文学家韩愈曾说："行成于思。"如果你从思想上觉得此事肯定失败，那么你怎么能获得成功？如果你从思想上觉得此事肯定成功，那么你就有成功的机会。如果你脑子里总想着黑暗、沮丧、失败、绝望，那么只会使人变得越来越消沉，以致一事无成。即使你做了很多努力，也于事无补。如果你想要成功，**就必须采取积极的态度**，乐观向上，对成功充满信心……想法必须上进、有创造性和建设性，并且一定要乐观。[9]4

5.2.2.4 你希望发现什么，就会找到什么

如果我们试着寻找幸福，寻找高贵、美丽、真实的东西，这些东西很快就会来到我们身边。相反，如果我们要寻找丑陋的东西，那么我们也会很容易找到它们。[9]18 美国石油地质学家华莱士·伊·普拉特在《找油的哲学》中有句名言："**首先找到石油的地方是在人们的脑海里**。"我在《医术之路：纪念太原市娄烦县人民医院建院 50 周年》的画册里有**一段寄语**："娄烦县人民医院的明天，路在何方？路在你们的心坎里，路在你们的脑海里，路在你们的手

头上，路在你们的脚底下。"

5.2.2.5　将你的想法，发展为理念

美国通用电气公司高层管理者对**理念的定义是：必须能够抓住所有人——**规模大、范围广、普及性强，对公司能够产生重大影响。一种理念应当有长久的生命力，能够改变公司的基础构架。每一种理念都源自某个小小的**想法**；而一旦进入了运作系统，这种想法就像种子一般获得了成长的机会。[41]275

5.2.2.6　将理念具体化为目标

你必须将抽象的理念**具体化**，形成具体的目标，才有可行性，才会有具**体的行动**。在这个转化的过程中，通常需要回答下列相关问题：

①你想要的是什么？②你想做什么？③你的能力和潜力如何？④这两者之间的差距有多大？⑤你的价值观是什么？⑥什么是你的优先选项？⑦组织的价值观是什么？⑧你的价值观与组织的价值观是否匹配？⑨有没有价值观的冲突？⑩你是否已经下定决心去克服能力与潜力之间的差距？⑪你是否在向"精通"的方向迈进？⑫你是否努力解决价值观方面的冲突？⑬你的动力来自何方？⑭对即将从事的工作有没有兴趣和爱好？⑮你对成功渴望的程度如何？

5.2.2.7　思想造就自己，理念创造奇迹

这就是思想的力量。洛克菲勒认为："**每个人都是他自己思想的产物。**"[5]64心理学家詹姆斯说："我们选择正确的思想，并让它在头脑里扎根，我们就能升华为高尚的人。我们选择错误的思想，并让它在头脑里扎根，我们就会堕落为禽兽。"曾国藩说过一句至理名言："不为圣贤，便为禽兽；莫问收获，但问耕耘。"**这是做人的成功。**拿破仑·希尔在《一年致富法》中说："思考的力量是人类最大的力量，它能建立伟大的王国，也可使王国灭亡。所有的观念、计划、目的及欲望，都起源于思想。"**这是做事的成功。**无论是做人的成功，还是做事的成功，都必须先有正确的思想。

5.2.2.8 改变思想，改变命运

"改变思想，改变命运"，这是奥里森·马登提出的一个重要观点。[13]255 这个观点与撒切尔夫人的观点如出一辙。你要想改变自己的命运，首先应改变你的思想。

5.2.3 什么是正确的思想

从哲学的角度来讲，正确的思想是主观、客观统一的思想，是知行合一的思想。从实践的角度来讲，它是管用的思想，是能够解决问题的思想，是能够解释现象的思想，是能够预见未来的思想。

5.2.4 人的正确思想从哪里来

毛泽东主席说过："人的正确思想，不是从天上掉下来的，不是头脑里固有的，是从社会实践中来……从社会的生产斗争、阶级斗争和科学实验这三项实践中来。"实践出真知是亘古不变的真理，因为只有存在才能产生意识。巴纳德说："经验为才智之父，记忆为才智之母。"潘恩指出："经验乃科学之母。"但是，实践不会自动形成真理，实践的经验必须经过人类大脑正确的思考才能转化为正确的思想。

成功哲言：正确思考

实践不会自动形成真理，实践的经验必须经过人类大脑正确的思考才能转化为正确的思想。

5.2.5 如何进行正确的思考

这是关系到思考质量的关键性问题。从提高思维质量着手，才能提高生活的质量、产品和管理的质量。拿破仑·希尔说："没有正确的思考，是不会成就这些伟大的事情的。如果你不学习正确的思考，是绝对成就不了杰出的事情的。"如何提高思考的质量，我们需要学习和掌握以下通用的技巧：

5.2.5.1 保持积极、乐观的态度

"注意你的态度，因为它能影响你的想法。"[40]序言1 积极的态度是正确的态度，乐观的态度也是正确的态度！积极乐观的思考会产生积极向上、开拓进取的思想。积极的态度就是自觉、主动、乐观、上进、苦中寻乐、乐在其中的态度。

5.2.5.2 保持清晰的状态

清晰状态是心智、思想和注意力的集中状态。要想达到清晰状态，需要一些前提条件。第一就是身体要放松。第二就是情绪要平静，心如止水。有自信心，无恐惧感和忧虑感。积极乐观，充满力量，精神完全集中在当前的任务上。[39]17

5.2.5.3 注意思考的方向

思考的方向可以是纵向、横向、侧向和反向。纵向思维看发展，横向思维找差距，侧向思维看进展，反向思维找原因。这样，我们可以全方位、无死角地进行思考。纵向思维是自己跟自己比，看自己的发展进步；横向思维是在一个时间的截面上，找自己与同行的差距；侧向思维是关注其他行业的进展，看哪些是可以借鉴、移植过来的；反向思维是倒推结果与原因，追本溯源、刨根问底、弄清楚问题的"来龙去脉"。

思考以目标为导向。英国哲学家詹姆士·艾伦指出："思想如果不和目标联系在一起，就不可能产生非凡的智慧成果。"[42]18 "只有这样，思想才能集中，决心才能坚定，潜在的力量才能被激发。这样一来，多么远大的目标都能实现。"[42]19 1953 年，耶鲁大学的调查研究显示，3% 的毕业生记录了他们的奋斗目标，其余 97% 的学生没有记录。20 年后，1973 年耶鲁大学再次发表的研究结果表明，那些记录自己人生目标的毕业生，物质生活水准，超过了未记录奋斗目标的毕业生全部生活水准的总和。这项研究结果清楚地表明了记录目标有多么重要。[35]80

思考以问题为导向。爱因斯坦说过："提出新的问题、新的可能性，从新的

角度去看旧的问题，却需要创造性的想象力，而且标志着科学的真正进步。"要学会提出正确的问题，培根说过："聪明地提问就是一半的真理。"[43] 前言 10

思考以结果为导向。行动很重要，结果更重要。你所从事的事业的最终结果，往往取决于你开始从事它时所定的目标。[9]440 拿破仑·希尔认为**成功的尺度不是做了多少工作，而是取得多少成果**。[44]299 你必须列出每一个方案相对于每一个目标会产生什么样的结果。你在决策之前，一定要确实明白每个方案的结果将会是什么，如果你不清楚，将来肯定会后悔的。[33]70 我认为，你必须学会**目标—手段—结果**的思维方式。

思考以事业为导向。工作和事业是有本质的区别。工作就是劳动，就是付出，然后拿薪水。而事业另外赋予工作高尚的意义。**在你的工作中要融入事业**。根据马斯洛的需求理论，凡是自我实现者都具有一种使命感，即感到事业在召唤自己。对于这些人来说，工作不仅是为了挣钱或满足生活需要，更是**一种对真理、美、友爱和人生意义的追求**。当你决定将自己融入一项伟大的事业并为之奋斗终生之后，你所关注的将不再是个人利益。[45]544 因此，工作不计时间，劳动不计报酬，一心一意谋发展，全心全意做贡献。

5.2.5.4　讲究思考的策略

首先，**重要的事优先**，针对主要问题——战略问题、危机管理、人事任免等。**首先进行思考**。战略问题是方向问题，是选择问题，是决断问题，是决定干与不干的头等大事。战略的本质是"弹性的、长远的、多面向的、大格局的……所提供的是**一个大方向**，而非达到成功的唯一方式"[5]201。危机管理最能体现一个人的胆识。人事任免与战略问题和危机管理有着密切的关系。其次，当你遇到想不明白的问题时，**找一位智者交流**，借用外脑的力量。爱默生说过："生活中，我们往往需要一位导师，他能够引领我们，发挥最大潜能应对所做之事。"洛克菲勒建议，当你遇到任何无法应付的困难而要寻求帮助时，明智的做法是**找第一流的人物**。[5]180

5.2.5.5　重视思考的方法

毛泽东主席在《中国革命战争的战略问题》中介绍了思考的方法："**去粗取精、去伪存真、由此及彼、由表及里的思索。**"这十六字的思维方法具有普遍的实用性。去粗取精、去伪存真是对材料、信息的**取舍**；由此及彼是**联想**，在相互联系中寻找答案；由表及里是**透过现象看本质**。正确的思考方法必须把事实和信息分开；必须把事实分成两种——**重要的和不重要的**，或是**有关系的和没有关系的**。[6]85 信息是带有个人主观的观点。

5.2.5.6　投入思考的数量

爱因斯坦说："学习知识要善于**思考、思考、再思考**，我就是靠这个学习方法成为科学家的。""我要反复思考好几个月；有 99 次结论都是错误的，可是第 100 次我对了。"牛顿说"我是如何发现万有引力的呢？因为**天天都在思考它**。""思索，继续不断地思索，以待天明。如果说我对世界有些微小贡献的话，那么不是由于别的，却只是由于我**辛勤、持久的思索所致**。"这两位世界级科学大家的经验说明了一个真理：思考**没有数量，就没有质量**。

5.2.5.7　注意思与虑的结合

曹操说："**虑为功首**，谋为赏本，野绩不越庙堂，战多不逾国勋。"诸葛亮说："智不能备未形，**虑不能防微密**。""仰高者不可忽其下，瞻前者不可忽其后。"汉代刘向认为："得其所利，**必虑其所害**；乐其所成，**必顾其所败**。"这些都是关于思与虑的辩证结合问题。思与虑的结合是攻与守的结合。虑是防患于未然，使自己**先立于不败之地**，当然是优先选项，故"**虑为功首**"。这就是"**点滴预防胜过万全治疗**"的思想。[16]56 明代著名宰相张居正说："审度时宜，**虑定而动**，天下无不可为之事。"这是何等的气魄！思与虑的结合是"**正、反、合**"的思维方式。这本身是黑格尔的一个**哲学命题，是辩证的过程**。[46]294正面想一遍，思考这一事情的优势、长处、机会等；反面想一遍，思考这一事情的缺点、短处、问题等；合起来想一遍，将上述正反两方面的分析再做一次综合的、系统的分析，得出自己的**结论和决定**。

成功哲言：思虑结合

正面想一遍，思考这一事情的优势、长处、机会等；反面想一遍，思考这一事情的缺点、短处、问题等；合起来想一遍，将上述正反两方面的分析再做一次综合的、系统的分析，得出自己的结论和决定。

5.2.5.8　注意思考与决断的结合

毛泽东主席在《中国革命战争的战略问题》中介绍了决断的方法："指挥员的正确的部署来源于正确的决心，正确的决心来源于正确的判断，正确的判断来源于周到的和必要的侦察，和对于各种侦察材料的联贯起来的思索……然后将自己方面的情况加上去，研究双方的对比和相互的关系，因而构成判断，定下决心，作出计划，——这是军事家在作出每一个战略、战役或战斗的计划之前的一个整个的认识情况的过程。"若将这段话倒过来理解，就是对任何问题进行决策的一般过程：问题—信息—思考—判断—决心—计划—行动。判断是重要的中心环节。判断不是一次就能完成的，需要逐步完善信息，综合分析，做出综合判断。这个过程，经过分析、比较、联想、猜测、想象和推断等思维活动。准确而清醒的判断是一切行动的基础。

思考 + 判断 + 决心 = 决断

5.2.6　如何进行创造性的思考

这是一个非常值得探讨的问题，事实上，已经有一些专著论述了这个问题。日本盖川崎认为："问题的关键在于你将如何进行思考。"对此，我想简要地谈一下自己的认识和感悟。

5.2.6.1　要大力发展形象思维

因为，形象思维具有发明性。法国数学家庞卡莱说："所谓发明，实际上就是鉴别，简单说来，也就是抉择，怎样从多种可能中做出优化的抉择呢？经验表明，单单运用逻辑思维，就是按逻辑规则进行推理是没法完成的，而必须依靠**直觉**。"直觉就是形象思维，想象力就是形象思维。因此，要想进行创造性的思考，就必须大力发展形象思维的能力。正如法国著名科学家昂利·彭加勒所言："人们证明正是用逻辑，人们**发明正是用直觉**。"[47]98

5.2.6.2 勇气为先

关于创造性的思考，最重要的一条是要**敢想**。法国作家法朗士指出："**最难得的勇气，是思想的勇气**。""我们所有的想法都必须具有**建设性**，具有创造力，而不能带有**破坏性**。勇气、信心与决心才是我们精神世界中至关重要的东西，它们将为我们带来成功。"[9]12 诺贝尔物理学奖获得者温格伯认为敢想是"**思维的进攻性**"，"这种素质可能比智力更重要"。要拿出勇气，去挑战极限。人类竞技体育的许多极限，例如世界纪录都是被创造性的思考打破的。要以勇为本，以智为用。三国时期的曹操对夏侯渊说："为将当有怯弱时，不可但恃勇也。将当以勇为本，行之以智计。但知任勇，一匹夫敌耳。"

5.2.6.3 换个方式思考最重要

看问题的角度不同，思考问题的方式也不同。[48]7 诺贝尔化学奖获得者朱棣文的经验是："一个人要想取得成功，**最重要的**一点就是要学会用与别人不同的思维方式、别人忽略的思维方式来思考问题。"[49]74 **相同的事，以不同的方式思考**。诺贝尔物理学奖获得者艾伯特凡·斯·赛特格罗依指出："发明过程包含了与别人看一件相同的事，但却能以不同的方式思考。"[49]74 日本丰田公司总裁丰田喜一郎说："我这个人如果说取得了一点成功的话，是因为我什么问题都爱倒过来思考。"[50]102 凡事倒过来思考是**逆向思维**，人弃我取、人下我上、人进我退、人争我让、变废为宝、化缺点为优点等都是逆向思维方法，都是具有创造力的思考。

5.2.6.4 看相同的事产生不一样的思想

同样一个问题，不同人有不同的想法。王健在《王者的智慧》中指出："人与人智慧的区别不在于看到了什么，而在于**想到了什么，做出了什么**。看到的事实是相同的，产生的思想则是不一样的。"[51]120

5.2.6.5 思考将不可能变为可能

人们都知道，栽培植物离不开土壤。这是万古不变的真理。但英国 W. 威德对这一真理持怀疑态度："土壤对植物来讲真的是必不可少的吗？"1699 年，他证明了如果用营养素，即使没有土壤也可以让植物生长。而今，没有土壤而用培养液种植植物的"水栽培法"得到了长足的发展。利用"水栽培法"，不但可以种植低矮植物，而且可以种植像果树这样的大型植物。[35]28 实际上，**变废为宝、变缺点为优点，变劣势为优势都是同样的思维方式**。

5.2.6.6 构思一个好的行动计划

制订计划是一件非常重要的事。正确思考和创造性思考的出发点是解决问题，落脚点是构思一个好的行动计划。任何成功的行动都要在行动前有一个好的计划。**好的计划是构思出来的**，就像一篇好文章，先要构思腹稿，拟定一个写作框架，然后逐步完善。

好的计划是设计出来的。在设计计划时，需要考虑**两个基本条件**：第一个条件是**知道自己的目标**，比如你要做什么，甚至你要成为什么样的人；第二个条件是**知道自己拥有什么资源**，如地位、金钱、人际关系，乃至能力。为了实现目标，你还必须选择性地创造一些资源。根据这些资源，**提高或降低目标**。在此基础上，构思**设计的结构**，剩下的东西就是用**手段与时间**去填充，最好**等待运气的来临**。[5]25 "等待运气的来临"，不是坐等运气的降临，而是密切关注事态发展的动向，**选择行动的最佳时机**。

事实上，每一个决定都是至关重要的，选择时机是一个极其困难的决断。因此，要有下决心的策略：决定不宜做得太快，成熟的计划需要时间和耐心，如果**没有想好最后一步，就永远不要迈出第一步**。[5]150 这是洛克菲勒的成功经验。

5.3 怎么做，是你的行为方式

歌德的一句名言："只有知识是不够的，必须要去应用；只有愿望是不够的，必须要去实现。"[43]94 怎么看的结果是看法，怎么想的结果是想法，必须将想法转化为具体的行动。**怎么做，是你的行为方式。**

行动高于一切，行动解决一切。想法只是一连串行动的起步，接下来需要第二阶段的准备、计划和第三阶段的行动。[5]37 行动高于一切，行动解决一切。没有行动，什么事都不会发生，再好的想法也只是空谈。在干中充实计划，在干中完善计划。洛克菲勒认为要做一个"行动派"，要用决心燃起心灵的火花，想出各种办法来完成他们的心愿，更要有勇气克服种种困难。[5]34

要想成为胜利者，我应该做什么。洛克菲勒指出：不论是赢得财富，还是要赢得人生，优秀的人在竞技中想的不是输了我会怎样，而是**要成为胜利者，我应该做什么。**[5]46 只有明智的行动才能带来有意义的结果。所以，聪明人只会做以后能获得正面效果的工作，**做与完成最大目标有关的工作，而且专心致志。**[5]35 **何谓明智，即明情况，会取舍。**想好了就去做，不要等待万全之策，让"立即行动"成为你的座右铭。当然，当条件不成熟时，要学会忍耐和等待。有时忍耐是明智的选择。[52]76

● ● ● ● 成功哲言：立即行动

> 行动高于一切，行动解决一切。没有行动，什么事都不会发生，再好的想法也只是空谈。想好了就去做，不要等待万全之策，让"立即行动"成为你的座右铭。在干中充实计划，在干中完善计划。

不同人有不同的做事方法。美国管理大师彼得·德鲁克提出做事的**几项要领**：多读书，做笔记；善聆听，集众智；选择适合自己的角色，**发挥自己的长处**；将自己的价值观融入组织的价值观。[53]122—128 彼得·德鲁克的这些观点富有时代特色。安德鲁·卡耐基认为，提高做事的效率是"按照所要处理事情的**重要性**，列一个顺序表，然后就一件一件地处理"。我认为，在**做法**里面有七个问题需要回答：

①做人与做事的关系？②做人的原则有哪些？③做事的态度怎么样？④做事的境界怎么样？⑤做事的原则有哪些？⑥做事的方法有哪些？

⑦ 如何做到最好？

5.3.1 做人与做事的关系

5.3.1.1 先做人，后做事

不管你干什么工作，或是律师，或是医生，或是商人，或是职员，或是农夫，或是政治家，你都不能忘记，**你首先是在做人**，其次才是在工作中干出成绩。[7]98 罗丹告诫年轻人；做艺术家，**首先要从做人开始**。傅雷告诉儿子：先要学会做人，其次才学做艺术家。

不仅要钻研技术，更要读文史哲。本尼斯指出：太多的大学生学会了怎样去做事，却没有学会怎样去做人。他们不学习**哲学、历史和文学**等全人类的经验，而是只关心**专门的技术**。除非技术的使用者首先解决了那些最重要的问题，否则技术能解决什么问题呢？[2]112 做事的本质是靠技能；做人的本质是靠人文——哲学、历史和文学。文史哲的作用是提高"**洞察力、顿悟力、批判性的质疑和想象力**"。[2]116

以愿景凝聚人心，以诚信取信于人。有时候，你所领导的单位处于一个争权夺利、四分五裂、派系林立的环境，你怎么做人？怎么做事？美国加州联邦银行罗伯特·多克森的做法值得借鉴：以愿景凝聚人心，以诚信取信于人。

罗伯特·多克森领导的是一家四分五裂的公司，"内部有很多诸侯派系。他们甚至相互都不说话……公司有 11 位高级副总裁，他们全都想坐上我的位置"。罗伯特·多克森的处境很艰难、很危险。但他决定"**不进行内部清理**"，而是"要把他们全都争取过来，让他们与我合作，而不是对抗我"。他做到了，他是如何做到的？他通过改变组织文化，赢得人们的信任。"要做的第一件事就是赢得人们，让他们看到你想把公司带到哪里。**信任至关重要**。只要你**别跟他们要花招**，把一切都摆到明处，**开诚布公地交流**，他们就会信任你。"[2]212 换句话说，领导就是以愿景凝聚人心，以诚信取信于人。一个真实的愿景会让人看到未来的结果是怎样的，为了实现愿景组织需要做些什么工作。**将工作分配下去，将权力下放下去**，充分信任你的助手，让他们以自己独特的方式创

造性地完成各自的任务。这样，整个组织就释放出创造性的活力，形成了团结奋斗的战斗力。

5.3.1.2　人事之道，成功之道

人活在世界上，为了生存与发展，必须去做事，去工作，去劳动，否则，你就没有饭吃，就会饿死。反过来说，世上的事总得有人去做。因此，**有人必有事，有事必有人，合起来就是人事**。曹操的谋士荀彧说："纵观古今，成败在人不在势。诚有其才，虽弱必强。苟非其人，虽强必弱。"朗费罗认为："不论成功还是失败，都是系于自己。"唐代刘知几说："论成败者，固以为人事为主。"因此，人事之道就是成功之道。日本稻盛和夫有一本书叫《干法》，有一套书叫《活法》。这些书都在讲做人、做事的道理。

朋友敌人，相互转化。朋友和敌人的关系不是一成不变的。被得罪的朋友会变成最恨你的敌人。[16]163 更有甚者，父子、夫妻、兄弟、姐妹这些至亲至爱的关系，也会反目成仇，其杀伤力远胜敌人。将潜在的敌人变成心腹是人生的一大技巧。[16]164 化敌为友的例子有很多，例如唐太宗，将敌方的大将尉迟恭收为自己的心腹。林肯也是化敌为友的高手。与人交往，无论如何亲密，以礼相待的原则都不应该有所疏忽。[16]164—165

做人在人格，做事在风格。什么是做人？做人就是修炼自己的人格。人格分为狭义人格和广义人格。狭义人格是指人的品格、道德；广义人格是狭义人格＋才智。什么是做事？做事就是工作。做人的成败在于人格修炼的高低，做事的成败在于业绩的好坏。人格的力量是精神力量，**精神力量的核心是思想观念**。思想观念是无形的力量，是看不见的力量。物质的力量是有形的力量，是看得见的力量。无形的力量支配着有形的力量。

> **成功哲言：做人做事**
>
> 做人就是修炼自己的人格，做人的成败在于人格修炼的高低；
> 做事就是工作，做事的成败在于业绩的好坏。

人格决定做事的风格。有人大刀阔斧，雷厉风行；有人畏首畏尾，拖拖拉

拉；有人激情忘我，全身心地投入工作；有人斤斤计较，自私自利；有人霸气回归，有王者风范；有人卑躬屈膝，丧权辱国；有人大权独揽，小权分散；有人事必躬亲，事事亲自操办；有人礼贤下士，征求意见；有人唯我独尊，盛气凌人；有人严格管理，经常训斥人；而有人循循善诱，经常表扬人。风格没有对错和好坏之分，**只要适应环境、适合对象、行之有效，就是好的。**

行事风格，变化不定。 行事方法要富有变化，只有这样才能迷惑他人，尤其是你的对手，并撩动他们的好奇心，分散他们的注意力。如果你每次都按自己的第一个念头行事，他人将能预见你的行为方式，并横加阻拦。捕捉直飞的鸟容易，捕捉飞行路线多变的鸟很难。当然，也不要每次都按自己的第二种想法行事，凡事使用两次，就会被他人识破其中的奥妙。心怀恶意的人总在蓄势伺机而动。因此，需要相当谨慎、细致，才能棋高一着、智高一筹。高手下棋，决不走那些正中对手下怀的招数，更不会让对手牵着鼻子走。[16]11

● ● ● 成功哲言：做事风格

> 人格决定做事的风格。风格没有对错和好坏之分，只要适应环境、适合对象、行之有效，就是好的。风格要变化不定，这样，才能迷惑你的对手，分散他们的注意力，实现出奇制胜的目的。

能力决定业绩的好坏。 能干不能干，拿业绩来说话。业绩来自能力，能力分两种：做人的能力和做事的能力。能力来自技能，技能来自技术，技术来自知识。因此，一个人的能力提升要依靠大量的学习，技术精益求精，技能千锤百炼。当你具备了很强的业务能力时，就具备了很强的**即战力**，即随时可以解决问题的能力。业绩的好坏不仅取决于你的即战力，而且更多地取决于你的人格魅力。你的人格魅力表现为对别人的吸引力：外表、风度、言谈举止、知识、智慧、勇气、魄力、毅力、感染力、影响力、号召力和领导力。德国亨利希·曼在《亨利四世》中提出"**力量是胜利之母**"的观点。力量概括起来就是两种：**精神力量和物质力量。** 人格的力量是精神力量，是无形的力量，是看不见的力量。物质的力量是有形的力量，是看得见的力量。我们要**依靠人格的力量及向前推进物质的力量。** 此外，你的态度决定你的能力。你只有相信自己能够做得更多、更好，才能调动巨大的潜能，因此创造性地思考出各种解决问题的方法。[5]169

5.3.1.3　自我暗示，激励他人

自我暗示，就是自己给自己打气。用肯定的语言坚定自己的信念。"**我行！我一定行！我能成功！我一定能成功！**"这就是必胜的信念。所谓信念，用拿破仑·希尔的话讲："就是根据自我暗示，在**潜在意识中被宣布或反复指点**所产生的一种精神状态。"汽车大王亨利·福特指令技术人员，V8 发动机"**一定要研制出来！**""我说过多少次了，它对我们是必需的，要继续研究！"结果当时认为不可能制造出来的 V8 发动机，竟然奇迹般地被研制成功了，而且是出自同一批技术人员之手。这就是**信念让人发挥出了巨大的潜能**。[35]76

激励他人的措施。管理大师彼得·德鲁克认为："唯一有效的方法是**加强员工的责任感，而非满意度**。""最能有效刺激员工改善工作绩效、带给他工作上的自豪感与成就感的，莫过于分派他高要求的职务。""让员工了解情况……拥有**管理者的愿景**。""经济报酬再高，都无法取代责任感或慎重的职务安排。"[54]251−260 洛克菲勒与彼得·德鲁克有着同样的见解，认为**责任重于金钱**。"金钱的力量固然不可低估，但比之更强大的是责任的力量。有时，行动并非源自想法，而是源自担负的责任。"[5]190 给予重视、委以重任是能让雇员发挥工作热情的关键。[5]210 要通过授权、分工的方式管理下属，这样，负责任的下属就不找借口，不推诿，而会想方设法地解决问题。不负责任的人，不是责难的问题，而是应该走人的问题。[5]192 这就是"**要么挑起担子，要么让开位置**"。

● ● ● **成功哲言：实力说话**

成功来自实力，实力来自能力。一个人的能力分两种，**做人的能力和做事的能力**。做人的能力是人格的力量，是精神的力量，是无形的力量，是看不见的力量。做事的能力是物质的力量，是有形的力量，是看得见的力量。我们要依靠人格的力量及向前推进物质的力量。

5.3.2　做人的原则有哪些

做人原则是宇宙的真理。人们平时所讲的做人原则，为人要诚实、正直、谦虚、勤奋、节制、有勇气、平等待人、实事求是、追求正义等，是普遍真理的确实存在，是人内心的**良知**，也就是**天理**，宇宙的**真理**，或叫作"普遍真理"。[55]147

5.3.2.1　做个成功的人

西方临床医学之父威廉·奥斯勒说过：做个成功的医师，必先做个成功的人。[56]342 曾国藩的座右铭："不为圣贤，便为禽兽；莫问收获，但问耕耘。"心理学家詹姆斯说过："我们选择正确的思想，并让它在头脑里扎根，我们就能升华为高尚的人。我们选择错误的思想，并让它在头脑里扎根，我们就会堕落为禽兽。"**这是做人的成功**。拿破仑·希尔在《一年致富法》中说："思考的力量是**人类最大的力量**，它能建立伟大的王国，也可使王国灭亡。所有的观念、计划、目的及欲望，都起源于思想。"**这是做事的成功**。无论是做人的成功，还是做事的成功，都需要以正确的思想为指导。三国时期的吕布，武艺超群，盖世英雄，三英战吕布才能打个平手。但他趋炎附势，唯利是图，卑躬屈膝，先是做了丁原的义子，但为了攀附董卓杀死了义父丁原；为了夺得美人貂蝉又杀死义父董卓，完全丧失人伦道德，被张飞怒骂为"三姓家奴"，最终被曹操缢死在白门楼。

╸╸╸╸ 成功哲言：正确思想

无论是做人的成功，还是做事的成功，都需要以正确的思想为指导。

5.3.2.2　做个诚实正直的人

人首先应该具有高尚正直的人格，其次才是在工作中干出成绩。唯有如此，你的生命和事业才具有辉煌的价值。[7]98 **诚实是正直的根本核心**，如果一个军官说出不实之词，他的正直顷刻瓦解。[57]81 **诚实需要勇气**，有人称之为"胆商"。长期、持续的成功决断，背后一定是正直的品格和负责任的勇气的底色。[58]10 **诚实正直是一切个人品德的基础**，它表现在人的言行举止中。正直正是通过你的一言一行而显露无遗。诚实，**意味着可靠**，它使人们相信：**你是可以信赖的**。一个人，当人们都知道你是可以依靠的时候，当你"知之为知之，不知为不知"的时候，当你"言必信，行必果"的时候，你就已经在这个世界上发挥影响了。因此，诚实可靠，也就成了一张获得人类普遍**尊重和信任**的通行证。[59]11

5.3.2.3 做个受人欢迎的人

人是生活在社会里，不是生活在真空里。你要学会与人打交道，你要做一个受人欢迎的人。"生活中最有吸引力的、最受人欢迎的人，是那些怀有**友善、互助、同情**思想的人。""有**公正、平等，诚实、无私**思想的人""那些对别人友好的人；那些没有痛苦、恨、嫉妒思想的人"，才是受欢迎的人。很多人不受人欢迎，大家都不喜欢他们，他们在生活中比较孤独，"这是因为他们的思想总是怀着**痛苦、报复、不和谐**，使他们丧失掉了所有的个人魅力。"[9]22 情商是决定人际关系的重要因素。

5.3.2.4 培养高尚的品格

人，尤其是做领导的，一定要将做人放在首位。做人先培养高尚的品格。汉代皇帝刘肇说："皇后为六宫领袖，与皇帝同体，必须**德胜于才**，才胜于美色，方能够格承宗庙，母仪天下。"[60]212 世界临床医学之父威廉·奥斯勒说："炙热的灵魂，无形无量，其所散发的**精神力量远大于知识**，至精至微，难以言说。"[56]55 戴维·麦卡洛写了一本书，书名是《**品格高于一切**》（*Character Above All*），指出："品格要比其他任何品质都更重要。"[2]15 你要养成良好的习惯，培养高尚的品格。

5.3.2.5 逆境成才

挑战逆境，迈向成功。逆境是通向成功的必经之路。心理学家乔伊斯·布拉乐说："想要成功的人，就必须学习**将失败视为达到成功过程中有益的、不可避免的事**。"从困境中经历失败，是达到成功的必经路程，也是当中很重要的一环。事实上，经历困境的好处很多。困境培养出坚韧的毅力，困境使人成熟，困境拓展人的极限，困境提供更大的机会，困境促使人尝试新的方法，困境使人奋发向上，困境带来意外的收获。[38]144—148 经历**困境的痛苦，加上反思**，可以让人学到更多、更深刻的东西，更加清楚地认识自己。曾国藩和左宗棠都经历过巨大的失败和挫折，最终逆袭成功，成为晚清的名臣。

逆袭成功有**三块基石**：第一块基石是**信守承诺** [61]139，第二块基石是**精诚合作** [61]167，第三块基石是**激励创新**。[61]199

问题造就了领导者，危机锤炼了领导者。这几乎成为一条亘古不变的规律。在美国发生"9·11"事件之前，朱利亚尼被认为是一个缺乏同情心的**跛脚市长**，但在灾难当中，朱利亚尼展现了**天才的领导才能**。他勇敢坚韧地描绘了纽约的**美好未来**，把人们从满目疮痍的悲伤中**拯救出来**；他持续地、不知疲倦地**穿梭在各种场合中**，劝说社会名流不要离开世贸遗址，陪伴因救灾而失去生命的消防员的亲属。就像德国的"闪电战"令丘吉尔成为真正的领导者一样，"9·11"事件也令朱利亚尼成为真正的领导者。[2]195 正如阿比盖尔·亚当斯所说的："**巨大的困难催生伟大的品质。**"[2]241

5.3.2.6 建立好的用人制度

人除了具备良好的自我修养之外，还要靠激励，靠培养，靠领导的示范与影响，靠环境氛围的熏陶。但光有这些还不够，还必须辅以完好的制度。哈耶克曾经说过，一种坏的制度会使好人做坏事，而一种好的制度会使坏人也做好事。[49]248 七个和尚分粥的故事，凸显了制度的重要性。七个和尚住在一起，每天分吃一大桶粥。由于**僧多粥少**，谁来分粥就成了大问题。他们尝试过**抓阄分粥、专人分粥、集体分粥、轮流分粥**等办法，各有利弊，都不好使。最后，大家想出一个方法：**轮流分粥，但分粥的人要等别人挑完后，自己吃最后一碗**。为了不让自己吃到最少的，每个人分粥的时候，都会把粥尽量分得均匀些。这样，大家对这个方法都表示满意。这个制度设计得完美，执行简便，效果也最好，是最好的制度。[62]66

5.3.3 做事的态度怎么样

态度决定一切。"行动受态度的支配"[5]184，你有什么样的态度，就会采取什么样的行为；你采取什么样的行为，就会有什么样的结果。"要改变你自己的人生，首先改变你自己的态度。改变态度不是一件无法办到的事，你只要始终相信能够做到，你就成功了一半。"[5]184

如果你视工作为一种乐趣，人生就是天堂；如果你视工作为一种义务，人生就是地狱。有一种人永远视工作为惩罚，在他嘴里最常吐出的一个字就是"累"。另一种人永远视工作为负担，在他嘴里经常吐出来的一个词就是"养家糊口"。第三种人永远以工作为荣，以工作为乐，在他嘴里最常吐出的一句话是"这个工作很有意义"。天堂和地狱都由自己建造，**这完全取决于你对工作的态度**。

如果你**赋予工作意义**，不论工作大小，你都会感到快乐，从而对工作产生乐趣。如果你不喜欢做的话，任何简单的事都会变得困难、无趣，当你叫喊着这个工作很累人时，即使你不卖力气，你也会感到精疲力竭，反之就大不相同。事情就是这样。[5]30—31

曾国藩认为："成大事者，必须勇于任事，挺身入局。"这与洛克菲勒有着相同的见解，**能干、肯干、实干出人才**！洛克菲勒还说：人们真正用来**判断你的能力**的基础条件，不是你脑子里装了多少东西，而是**你的行动**……那些在工商界、政府、军队中的领袖，都是很能干又肯干的人、百分之百主动的人。那些站在场外袖手旁观的人永远当不成领袖人物。[5]37

5.3.4 做事的境界怎么样

做事有三种境界。彼得·德鲁克喜欢以三个石匠的故事来比喻**个人的管理**：在山脚建一个教堂，有三个石匠在干活。一天，有人走过去问**他们在干什么**？第一个石匠说："我在养家糊口。"第二个石匠边敲打石块边说："我在做全国最好的石匠活。"第三个石匠仰望天空，目光炯炯有神，说道："我在建设一座大教堂。"[54]103

这三个石匠口中的工作就是三种层次。第一个石匠是"混饭吃"，不追求技术进步，更没有远大的理想，迟早会被社会淘汰。

第二个石匠是**"技术能手"**。他对技术精益求精，是其优点。但他只关心自己的专业，努力提高专业水准，这会导致他的努力与愿景偏离了单位的整体目标，会带来个人价值观与单位价值观发生冲突的危险。这种人只能做一名**"一般管理者"**，担任职能性的职务。在担任职能性职务时，他也会**各自为政**，只关心自己的专业领域，互相猜忌与提防，致力于扩张自己的势力范围，而不是建立和发展**单位的事业**。

第三个石匠是**真正的管理者**。理想决定了其奋斗的方向和价值取向。他在从事**专业性和职能性工作**的同时，通常会从全局出发，逐渐建立适合单位的**管理习惯、单位愿景和单位价值观**。

这三种不同的工作态度代表了三种不同的境界，不同的境界决定了不同的命运。

5.3.5　做事的原则有哪些

三大社会活动：**做人、做事、做学问**。这是所有人类活动的全部。做人的原则前文已经有了较为详细的论述。下面，我将重点阐述做事和做学问。

站稳脚跟，而后进取。成功要有一块自己的根据地。荀彧曰："昔高祖保关中，光武据河内，皆**深根固本以制天下**，进足以胜敌，退足以坚守，故虽有困败而终济大业。"[63]275 曾国藩讲："用兵之道，可进而不可退，算成必兼算败……师劳无功而复退，何如先清后路，**脚跟已稳而后进**。"[64]361 如果你站不住，立不起来，又谈何进取？

事必躬亲，要在"五到"。诸葛亮事必躬亲、鞠躬尽瘁、死而后已的精神，让全中国人敬佩了上千年。曾国藩提出"五到"的工作方法，则是事必躬亲的具体要求。这"五到"具体指身到、心到、眼到、口到和手到。"身到者"，如做吏，则亲验命盗案，亲查乡里；治军则亲临第一线，亲巡营垒，亲冒矢石是也。"心到者"，凡事苦心剖析，大条理，小条理，终条理，先要学得开，后要括得拢是也。"眼到者"，着意看人，认真看公牍。"手到者"，于人之短长，事之关键，随笔写记，以备遗忘是也。"口到者"，于使人之事，警众之辞，既有公文又不惮再三叮咛也。[65]21 我再补充的是，"心到"要整合王阳明的"心上磨，事上练"；"眼到"要能**慧眼识真金**；"手到"要有**工匠精神**，精益求精，一丝不苟，要将你的工作做成"艺术"。

事无巨细，全部关注。奥里森·马登说：如果你想攀登顶峰，你就必须先到达山脚。要精通你所从事职业的各个方面。对你来说，只要和你的工作相关，事无巨细，你都应该关注。[9]474 凡是爬到**顶峰的成功人士**，都是从基层做起，你对下情了如指掌，这样，下属就不会也不敢糊弄你。

从小事做起，从助手做起。荀子说："道虽迩，不行不至；事虽小，不为不成。"洛克菲勒认为做好小事是做成大事的基石。在这个世界上要活下去、要创造成就，你必须借助于人力，即别人的力量，但你**必须从做小事开始**，才会了解部属的心情，等你有一天走上更高的职位时，你就知道如何让他们贡献出全部的工作热情了。[5]84 此外，要从助手做起，**当好配角**。当领导的，要当好第二把手、第三把手，在工作中历练自己的才干，向你的上司学习，将来才有可能挑起重担。正如洛克菲勒讲的，**在成为大人物之前，必须先做好追随者的角色**。[5]179

过犹不及，物极必反。这句话是真理，符合质量互变规律的。法国元帅贝尔纳多特说过："凡事物极必反，古今概莫例外。"[66]88

虚心模仿，创新超越。任何人的知识都不是生而知之，都是后天学习得来的。任何技能都不是一生下来就会的，都有一个学习的过程。**学习的过程就是模仿的过程**。只有虚怀若谷，才能学有长进。但如果只停留在模仿的阶段，你就永远只能吃别人的残羹剩饭，永远只能跟在别人的屁股后面。韦尔奇指出：一旦有了最好的实践经验，每个人都有可能模仿。但是最后赢的公司要做两件事情：**模仿 + 改进**。[67]167 更为重要的是，它必须进行**原创性的创造**，才能超越，才能创造需求，创造市场，引领世界。中国高铁引领世界就是一个极好的例子，所走的路就是**模仿 + 改进 + 创新**。创新成功有三条原则：①首先做大笔投入，把最好、最有进取心、最有活力的人放到新业务的**领导岗位上**；②大力宣传新项目的潜力和重要性；③**给予自由度**，允许犯错误，让新项目自己成熟起来。[67]188—192

发挥长处，以长取胜。你凭什么胜出？你有什么绝招？大前研一认为是凭专业！任何行业、任何人，都是以长取胜，因短致败。"要杰出，就要**做自己擅长的事**。"[38]118 要关注自己的特长，并将其发挥到极致。当基辛格被问到他从共过事的伟大总统那里学到了什么时，他说："总统们通过关注自己的可能性，而**不是自己的局限**来做伟大的事情。"他们都是考虑自己的长项，而不是局限。[2]69

木桶定律（效应）强调补短板，理由是一只木桶盛水的多少，并不取决于桶壁上最长的那块木板，而恰恰取决于桶壁上最短的那块木板。**劣势决定优势，劣势决定生死**，这是企业界最知名的管理法则，也是大部分管理者企业经营的金科玉律。[68]1 但**木桶定律是谁提出的？**我们却没有确切的答案。

反木桶定律强调发挥长处，这是有据可查的。彼得·杜拉克曾在《哈佛商业评论》撰文指出："精力、金钱和时间，应该用于使一个优秀的人变成一个卓越的明星，而不是用于使无能的做事者变成普通的做事者。"[68]229

两种截然不同的理论，我们该听谁的？我认为，两种理论都是"偏见"的产物，需要整合。大凡成功者，一定是以长取胜；大凡失败者，都是**因短致败**。任何人、任何单位都有长项，也都有短板。只有将自己的长项发挥到极致，才有可能成功。许多短板是补不完的，有些短板是不必要补的，只补致命的短板，只补影响发挥长处的短板。

> **●●● 成功哲言：扬长避短**
>
> 大凡成功者，一定是**以长取胜**；大凡失败者，都是**因短致败**。任何人、任何单位都有长项，也都有短板。只有将自己的长项发挥到极致，才有可能成功。许多短板是补不完的，有些短板是不必要补的，只补致命的短板，只补影响发挥长处的短板。

化繁为简，执简驭繁。少就是多，多就是少。简捷明快，最有力量。平庸的人总是化简为繁，伟大的人总是化繁为简。有些事情是不必要的繁复，是人为地复杂化了。[69]229 **简捷是一种才能，简捷是一种智慧。**只有头脑清楚、目标明确、意志坚定的人，才能做到处事简捷。著名的成功学家杰伊曾说："我迫不及待要追求的就是**简捷**，它是一种美德，是每个人都应努力做到的美德。"简捷不光用于谈话、书信和公文之中，对一个人来说，**做事方式、行为举止、思维风格**都应该如此。古代有一位将领，当敌人向他发出进攻挑战的时候，他的部下在宽大的羊皮纸上写下了**数千言**的应战书。这位将领让文官一再压缩篇幅，结果还是**洋洋洒洒**。最后，他自己拿起笔，写下了遒劲有力的六个字：**你要打，你便打!** 敌方首领看见这六个字后，马上下令撤退，从此再不敢进犯。这就是简捷的力量，因为简单，所以丰富；因为不繁，所以有威。[7]78—80

集中兵力，各个击破。巴兹尔·利德尔·哈特说过：作战的原则可以简短地概况为一个词——**集中兵力。**拿破仑说："战争的艺术就是在**某一点上集中最大优势兵力。**"这一点一定是**决定性的环节。**拿破仑是这么说的，也是这么做的。1796 年，拿破仑以 35000 人的部队，击败了奥地利和撒丁岛的联合部队 80000 人。拿破仑找到了对方敌军的弱点——两军的结合部之后，**分而克之，各个击破。**[70]77 这种策略具有普遍性。努尔哈赤打败强大的四路明军，也是采取了同样的战略。"凭尔几路来，我只一路去"，集中优势兵力，各个击破。**避实击虚，各个击破，**不仅在军事上，在商场、竞技体育和攻坚克难的工作中，都可以应用。

精益求精，善始善终。美国阿尔伯特·哈伯德指出：敬业就是要敬重自己的工作，以**认真负责、尽心尽力、有始有终**的态度来对待工作，工作质量和效率都是很高的。有一位木匠，他一直以**勤奋敬业**的态度深受老板的赏识和重用。后来，他因为**年老体弱、归家心切，**便想辞去工作。老板再三挽留，见他去意已决，只好答应他的辞职，但希望他能在临走前**再帮自己造一座房子。**木匠无法推辞，但在造房过程中，他再也不像过去那样认真负责，在用料和选材上也马马虎虎，结果造出的房子和他以前的水准相去甚远。老板对他的做法**未置一词。**但等房子竣工的时候，老板却将钥匙交给木匠，说："这是你的房子。几十年来，你兢兢业业地为我工作，这是我送给你最后的一份礼物。"木匠一下子愣住了，感到**羞愧万分**。他一生精工细作地建造了那么多的豪宅，最后却为自己建了这样一所粗糙的房子。[7]44

多找替手，团队作战。曾国藩说过："办大事者，以**多选替手为第一义**。满意之选不可得，姑且取其次，以待徐徐教育可也。"安德鲁·卡耐基的墓志铭上有句非常有名的话："长眠于这里的人物，身边总是聚集着一群比他更优秀的人物。"在团队里，不要把自己看得太重要，要把**团队放在第一位**，结果，人人都成功。[38]130—133

优秀的团队是如何工作的？ 奥本海默在谈到那些聚在一起研发原子弹的科学家时说：那是一个优秀的团体，受到高度的**使命感、责任感和命运感**的激励……有凝聚力……有奉献精神……非常无私……全身心地致力于**一个共同的目标**。[2]126

明星很重要，团队更重要。在集体项目的竞赛中，要先想到别人，要看别人需要什么，尽力慷慨地满足别人的需要。[38]134—135 要有敢于选拔和使用专业技术比自己强的优秀人才，安德鲁·卡耐基有这样的胸襟，华为的任正非更有这样的气度。但是决定权要掌握在自己手中，曾国藩认为："其最要者，犹**不假人**。"任正非手上便有这样一把**达摩斯克剑**，必要时可以行使一票否决权。

识人之长短，用人之长短。领导的一项主要任务是多找替手，而招人就存在一个识人用人的问题。一般来说，使用人或提拔干部都是用其所长、避其所短。但这是一般的见识。高明的用人之道是**短中见长，用其之短**。人人都有优点和缺点，有长项，必有短板。长项越突出，短板越明显。你若专看人之长，看到的都是优点。你若专挑人之短，看到的都是缺点。实际上，**长与短是可以互相转换的**，短就是长，长就是短，关键是用在何处。

善用人者，没有无用之人。19世纪，西班牙有位将军叫肯尼布瓦，他认为军营中没有无用之人。**聋人**，可以安排在左右当侍卫，以避免泄露重要军事机密；**哑巴**，可以派他传递密信，一旦被敌人抓住，除了搜去密信之外，再也问不出更多的东西；**瘸子**，命令他去守护炮台，坚守阵地，他很难弃阵逃跑；

盲人，听觉特别好，命他战前伏地窃听敌军的动静，担负侦察任务。[68]128—129
具有异曲同工之妙的还有赵匡胤，他派哑巴送蒙古使者，不会泄露国家秘密；
武则天使用酷吏收拾政敌，这些都是用人之短的智慧。

● ● ● 成功哲言：用人之道

> 高明的用人之道是短中见长，用其之短。人人都有优点和缺点，有长项，必有短板。长项越突出，短板越明显。你若专看人之长，看到的都是优点。你若专挑人之短，看到的都是缺点。实际上，**长与短是可以互相转换的**，短就是长，长就是短，**关键是用在何处**。

人为先，策为后。杰克·韦尔奇主张"人为先，策为后"。世界上最好的策略，如果没有合适的人去发展、实现它，这些策略恐怕也只能"光开花，不结果"。因此，让合适的人做合适的事，远比开发一项新战略更重要。[41]346

要么升迁，要么走人。这是美国通用电气公司选拔和任用 CEO 的一条原则。当韦尔奇和通用电气公司的董事会做出了最终决断时，输给伊梅尔特的麦克纳尼和纳德利几乎在第二天就离开了。这是为了避免人与人之间的政治斗争而影响公司的正常运作。[58]111

踢开绊脚石，阔步前行。洛克菲勒与克拉克对重要的事情产生巨大分歧时，他们的合作也就走到了尽头。克拉克已经成了洛克菲勒成功道路上的绊脚石，洛克菲勒下定决心踢开他——和他分手。在向克拉克先生摊牌前，洛克菲勒做了充分的准备工作。他先私下把安德鲁斯先生拉了过来，跟他说："我们要走运了，有一笔大钱在等着我们，那可是一笔大钱呐。我要终止与克拉克先生的合作，如果我买下他们的股份，你愿意和我一起干吗？"安德鲁斯没有让他失望。几天后，洛克菲勒又拉到几家支持他的银行并结成联盟。那年 2 月，**在经过一系列准备之后**，洛克菲勒向克拉克先生正式提出分手，尽管克拉克很不情愿，但洛克菲勒主意坚决。最后，他们商定把公司拍卖给出价最高的买主。洛克菲勒以高价买下克拉克的股份。[5]121—122

顺势而为，做成局面。李白诗曰："大鹏一日同风起，扶摇直上九万里。"

这是讲大鸟借助风力而展翅高飞。曾国藩说过："人生适意之时不可多得……不可错过时会，当尽心竭力，做成一个局面。"[71]90

逆境奋起，转败为功。何瑞思·华波说："科学领域里，**错误总是比真理早到一步。**"[38]147 失败比成功跑得快，因为，**成功需要很多的条件，而失败只需要一个条件。身处逆境、困境怎么办？**这是检验强者与弱者的试金石。"**失败可使强者越强，勇者愈勇，**也可使弱者更弱，从此一蹶不振。"[6]102 诗人约翰·济慈说：伟大成就的基础是"应对逆境的能力……**处之泰然，而不急于去**追寻事实和原因"。这就是先要有一个沉着冷静的态度 [2]188，然后**采取补救措施。**用曾国藩的话是"**补救一分，即算一分**"。随后，**发愤而起，恢复自信，东山再起，**再比一次高低。拿破仑·希尔说："把失败转变为成功，往往只需要一个想法，紧跟以一个行动。"[17]86 转败为胜，通常需要采取下列步骤：

喘口气：先让自己有个喘息的机会，稍作休息。

换口气：换个思维方式。失败是另一种形式的成功。冷静分析与思考失败的原因，吸取经验教训；并请高人指点，寻求帮助。

咽口气：硬下心，面对现实，正视失败；坦然面对失败，处之淡然；用穆彰阿中堂的话是"好汉打脱牙和血吞"。

争口气：重振旗鼓，集中目标，集中精力，集中心智，全身心地重新投入战斗。

出口气；转败为胜，实现既定的目标；逆袭成功，笑到最后！

太史公有段千古不朽的名言："盖文王拘而演《周易》；仲尼厄而作《春秋》；屈原放逐，乃赋《离骚》；左丘失明，厥有《国语》；孙子膑脚，兵法修列；不韦迁蜀，世传《吕览》；韩非囚秦，《说难》《孤愤》；《诗》三百篇，大抵圣贤发愤之所为作也。"愿这段话能给处在困厄阶段的人士以鼓舞和力量。[72]315

想好了就做，在干中完善。世界上没有哪一件东西不是由一个个想法付诸实施所得来的。人只要活着，就必须考虑行动。[5]33 再好的构想都存在缺陷，因此，想好了就去做，**不要企图想出万全的计划才去行动，那样，就会错失良机**。计划要在实干中逐渐完善。

我被聘任为娄烦县人民医院的名誉院长以来，就是在不断地寻找机会，不断地创造机会。只要机会一旦出现，就积极行动。最近，我们就抓住一个机会，治好了一位高龄、高危的病人，**完成了高难复杂的手术**。我从一开始就想到最后一步，倘若努力成功了，就要利用多媒体将此事宣传报道一番，提升娄烦县人民医院的影响力，提振全院职工干事创业的信心。我带领团队一直在不知疲倦地积极工作，一直在不断地完善，我们因此也越来越接近成功。我一直在收集资料、积累图片，**等待成功的那一天**。经过 50 天日日夜夜的辛勤工作，在多学科团队的协作联动下，病人痊愈了，我们成功了，创造了一个生命的奇迹。2023 年 12 月 28 日，娄烦举行**新闻通风会**，有 5 家新闻媒体对此次手术进行了报道。

完善流程，提高质量。哈默博士曾经有一句话说："流程再造就是企业的一场革命。"[27]123 国外推行一种六西格玛的管理哲学，大大提高了工作质量，降低了成本，增加了净利润。六西格玛，就是阿拉伯数字 6 加上希腊字母 σ，将人的力量和过程的力量结合在一起。

六西格玛管理哲学分为五个步骤：定义（define）问题，测量（measure）你所处的状态，分析（analyze）问题的原因是从什么地方开始的，改进（improve）措施，控制（control）新的流程。[73]80 由于这种方法具有普遍性，不受时空和人员的限制，因而是一种哲学。

1993 年，摩托罗拉公司率先提出六西格玛管理（6 Sigma）模式，并在企业全面推行。摩托罗拉公司平均每年生产率提高 12.3%，质量不断得以提升，损失减少了 84%。摩托罗拉公司因此成为世界著名跨国公司，并于 1998 年获得美国鲍德里奇国家质量奖。

1995 年，美国通用电气公司也引入了六西格玛管理模式，由此所产生的效益每年呈加速度递增。**六西格玛管理模式从此声名大振**。[73]64

六西格玛管理的实质是**永不满足，不断自我否定、自我完善**的过程。这是哲学中否定之否定律的具体应用。

小错不纠，大祸会来。"千里之堤，溃于蚁穴"。美国挑战者号航天飞机于1986年1月28日上午11时39分发射升空后，第73秒解体爆炸，机上7名宇航员全部罹难。之前，著名的工程师罗杰·博伊斯乔利等人再次表达了他们对密封 SRB 部件接缝处"O"形环的担心，但公司管理层否决了他们的异议，结果酿成大祸。

此外，中国还有"**墙倒众人推**"的说法。这个思想在国外被研究出"**破窗**"（broken window）理论。1982年，犯罪学家詹姆斯·Q.威尔逊与乔治·L.凯林联手，他们基于美国斯坦福大学心理学家菲利普·津巴多在1969年进行的一项实验结果而提出"破窗"理论，系统阐释该理论在刑事司法领域的应用。

菲利普·津巴多的实验是这样进行的：他找来2辆一模一样的汽车，把其中的一辆车停在加州帕洛阿尔托的中产阶级社区，而另一辆车停在相对**杂乱的纽约布朗克斯区**。他把停在布朗克斯区的那辆车的车牌摘去，将顶篷打开，结果该车当天就被偷走了。而放在帕洛阿尔托的那一辆车，**一个星期也无人理睬**。后来，他用锤子把那辆车的玻璃敲了个大洞。结果，仅仅过了几个小时，它就不见了。詹姆士·Q.威尔逊及乔治·L.凯林根据此实验的结果提出"破窗"理论，认为**环境中的不良现象如果被放任存在，会诱使人们仿效，甚至变本加厉**。这个理论已经扩展到其他领域，**转变成细节决定成败**。

相互成就，共同发展。帮人就是帮己，助人就是助己。海尔的创始人张瑞敏在这方面有着深切的体会。他说："海尔之所以成功，是因为我们不断地在帮助我们的用户成功，在用户成功的过程当中自身也获得了成功。就是这么一个关系，你不可能去损害用户一点利益，如果你损害了哪怕一点，你就不会成功；只要用户不成功，你就不会成功。**怎么样帮助用户成功呢？就是帮助用户解决他们的问题，满足他们的需求，这就是帮助他们成功。**"[27]61

提高演讲的技巧，发挥舌头的魅力。对于任何年龄的人来说，演讲都是**语**

言艺术最高程度的自我展现。[13]144 要像美国总统肯尼迪那样精心准备自己的演讲稿，注意在**音量、姿势、表情、手势、内容**等方面精益求精，并着力研究**语言的逻辑性和号召力**。[35]120 演讲不仅是语言的号召力，而且也是一种领导力，会号召人们采取行动。

美国通用电气 CEO 杰克·韦尔奇，花了很大的精力准备讲稿，反复修改，反复排练，使自己的讲话能让人感到耳目一新。[41]98

斯大林《为保卫苏联国土而战斗》的广播演说，在苏联全国引起了强烈的反响，对于苏联人民卫国战争的胜利产生了不可估量的作用。苏联人民纷纷要求参军，保卫自己的祖国，仅在两天之内，莫斯科的人民就组成了一个军开赴反法西斯的前线。[74]266

英国首相温斯顿·丘吉尔在《修辞学的支柱》中高度评价演讲的效力，他说："拥有演讲才能的人会享有**比伟大的国王更加持久的权力**。它是这世上独立的力量……是令人生畏的。"[75]34

领导与管理的区别。一个人是单打独斗，两个人是合作伙伴，三个人以上是团队作战。一个人自己说了算，两个人需要商量，三个人以上需要一个领导，不然就会乱成一团。要保证团队的正常运转，**不仅需要管理，更需要领导**。

"领导者"与"管理者"是两个不同却又互补的概念。"领导者是做对事的人"（do right thing），"管理者是把事做对的人"（do it right）。两者结合起来就是"正确地做正确的事"。[76]202 对于一个领导者来说，把事做正确是不够的，他必须做正确的事。[2]51

"领导"是"影响、指引方向、过程、行动、提出意见"和"有效的愿景和决断"；"管理"是"带动、实现、负责、指挥"和"熟练的日常业务运营"。[2]序VI

领导定方向，管理出效应。领导的首要任务是确定战略，干什么？不干什么？战略就是使命，使命就是任务，任务就是愿景，愿景就是梦想。这是领导关于"事"的决断。愿景是要人去实现的，人只有两种：**自己＋别人**。领导者的人格和才智起着关键性的作用。正如本尼斯所言："领导者创造自己的方式就是**培养品格和愿景**。"[2]67 才智主要体现在"愿景"上。**别人是"团队"**，如何组建、培养、发展团队是领导者第二重要的任务，这是领导关于"人"的决断。

管理出效益，做事要分轻重缓急。这里有个优先级的问题：**特事特办**（special thing special），**要事先办**（first thing first），**急事急办**（emergent thing emergent）。做一个大的项目，要有**"化整为零"**的工作方法，将大目标分解成小目标，一个目标、一个目标地去完成。

时间是不可再生的资源，要抢时间，争速度，比谁更快。俄国军事家苏沃格夫说：我不是用小时来行动，而是用分钟来行动的。**一分钟决定战局**。运动场上的竞争，仅仅用"争分夺秒"已经远远不够了，0.01 秒的时间之差，决定谁是金牌的获得者。[6]73

凭直觉快速采取行动。怎样才能快速行动呢？首先你必须用自己的直觉去感受它，然后你要听从内心涌起的"神圣的冲动"。[2]131 这种"神圣的冲动"就是预感或灵感，凭借这种灵感去行动。

一个人必须**超越对数据的逻辑分析和理性推断**，直接得出判断，当机立断，做出决断，拿出方案，采取行动。这是长期、大量实践经验的回忆与再现，要在心里十分清楚事物是如何运作的：现在发生了什么，可能的结果是什么。这就是诺贝尔经济学奖获得者赫伯特·西蒙所说的："直觉只不过是人们的**认知而已**。"[77]214

直觉是**经验、记忆、联想、想象、解释、判断**在瞬间形成的。其中，知识越多，记忆越多，联想就越多。经验越多，想象越丰富，直觉就越准确。经验是直觉的基础，而想象能够弥补信息不全的环节。

直觉能够抓住要害，舍弃次要的信息。这就是歌德·吉仁泽所说的："**好理由，一个就够**。"[24]123 在情况紧急、信息不全的情况下，直觉能够让你迅速做出决断，采取措施。例如，军官指挥战斗、医生急救病人、消防员灭火、企业家应对商业危机，都是依靠直觉的判断而采取应急措施。

对于科学研究这样持久的智力考验，同样需要直觉。艾伯特·爱因斯坦说："最高目标是达成普遍的基本规律，借助这些规律，我们可以通过纯粹的推理建立宇宙的模式。没有逻辑的途径来取得这些规律，只有那些基于经验的直觉能够引导人们获得这些规律。"

对于**战略决策**这样重大的问题，同样需要直觉。美国战略管理学者科恩认为："直觉是解决战略问题的所有能力中最为重要的财富。"

做好学问，点深面广。 孙钧院士在《与青年朋友们谈谈读书》中要求青年人做学问要"点深面广"。[78]123 这是博与约的关系。我曾写过《治学：求知识与古今中外》与《成才：从专家走向大家》的文章，也是谈做人、做学问的问题，用的都是**整合**的方法。（详见本书其他文章）

厚积薄发，急时大用。 韦伯斯特平日里有积累知识和经验的习惯，他在仓促的时间内可以写出精彩、有力的演说稿。[7]102 在娄烦县人民医院二甲评审遇到危机时，我用了一晚上的时间撰写娄烦县人民医院的新文化，就是基于平时的积淀。

做事的原则还有很多，限于作者的知识面和文章篇幅，这里不可能全部赘述。另外，读者心中也会有自己的原则，这并不矛盾。原则就是原则，需要结合实际情况灵活应用。

5.3.6　做事的方法有哪些

无论求知与生活，重要的是在于找到正确的方法。[16]158 一般来说，那些经过实践检验的方法不会出错。[16]171

5.3.6.1　名人做事的方法

一般来说，名人都是成功人士，他们的做事方法值得借鉴。拿破仑·希尔在《思考致富》中提醒人们"知道该做什么"的普遍道理。"**该不该做**"是判断、预见和选择的问题。"**值不值做**"是价值观的判断问题。"**能不能做**"是技术能力问题。

德国大哲学家康德告诫人们碰到任何事，都要提出下列三个问题：第一个问题，是什么？第二个问题，是做什么？第三个问题，是为什么？ [79]21

拿破仑·希尔提倡做事的方法是"做什么、为什么做、何时做、在何处做及如何能做到最好。"[44]194

美国奥里森·马登说过："仅仅做好事情是远远不够的，还必须在适当的时间和恰当的场合做。"[13]目录1

美国沃伦·本尼斯指出："做好任何事情都要求你要理解正在做的是什么，只有在这个过程中有意识地反思自己、反思任务，并得出一个解决方案，你才能知道你正在做的究竟是什么。"[2]156

蠢人和智者所做的事可能都是一样的，智者早为，蠢人迟做，但结果往往不同，其差别就在于"何时做"。前者失时，后者适时。[16]169

5.3.6.2　做事十问法

整合上述名家的论述，结合我自己几十年的工作经验，关于怎么做，先要明确回答下列十个问题：该不该做？值不值做？能不能做？做什么？为什么？如何做？何时做？何地做？何人做？如何做到最好？比如，一个病人要做手术，那就要回答下列问题：①该不该做手术？（手术适应证的问题）②值不值做手术？（价值观的判断问题）③能不能做手术？（技术能力的考虑）④做什么手术？（手术部位的问题）⑤为什么要做手术？（手术的原因分析）⑥如何做手术（手术方式的选择和手术过程）⑦什么时间手术？（手术时机的选择）⑧在哪个医院做手术？要不要转院？（地点的选择）⑨何人主刀？（主刀医生的选择）⑩如何做到最好？（要不要请个大专家？）

5.3.6.3　做事的四种能力

做事的本质是能力问题。关于能力，我同意米歇尔的观点，就是在某种情境下，你能做什么和不能做什么。[80]451 经过长期实践，人类已进化出四种核心能力。

第一，认知能力。其包括观察力、洞察力、记忆力、分析力、思考力、理解力、综合力、想象力、推理力和创造力。

第二，决断能力。决断 = 决心 + 判断。决心来自勇气、决断力和领导力。判断来自智慧。智慧集分析、综合、判断、取舍于一体，包括理解力、想象力、预测力、判断力和悟性。智慧必须与勇气结合起来才能产生决断力。

第三，行动能力。其包括适应力、语言表达力、动手实操力、执行力和耐受力。

第四，感知能力。因为人类是有感情的动物，在行动中能体验他人的**复杂感情**，能够同频共情，对他人的情感有针对性的互动能力，这就是**情商**。情商包括具体的五项内容：认识自己的情绪、管理自己的情绪、能够激励自己、认识别人的情绪、调和别人的情绪。[30]111

● ● ● 成功哲言：实力说话

　　人类进化出做事的四种核心能力，即认知能力、决断能力、行动能力和感知能力。

5.3.7　如何做到最好

有没有最好？有一句广告语说：**没有最好，只有更好**！果然如此吗？从历史发展的长河来看，从人类进步的角度来看，这句话是对的！牛顿的万有引力定律被爱因斯坦的相对论取代，爱因斯坦的相对论被普朗克的量子理论取代。手机取代了收音机、照相机、录音机、计算机等功能，一代超过一代。但在特定的时空范围内，还是有"最好"的理论，"最好"的决策，"最好"的产品和"最好"的服务。因此，不能以"没有最好，只有更好"为借口，而放弃追求精益求精，放弃追求尽善尽美，放弃追求推陈出新，放弃追求卓越，而是要倾注全部的心血，追求完美！要有"永不满足"的服务理念，提供"高品质"的服务。[81]1

⋯ 成功哲言：追求完美

有没有最好？在特定的时空范围内，肯定有"最好"的理论，"最好"的决策，"最好"的产品和"最好"的服务。因此，我们要追求卓越，追求完美！

如何做到最好？这个问题是最难回答的问题，也是仁者见仁、智者见智的问题。我提出以下几条原则性的建议：

5.3.7.1 要用心做事

何谓"心"？《四角号码新词典》给出的定义是："习惯上指思维的器官，思想和感情。"那么，作为思维器官的"心"在哪里？它没有固定的解剖部位。有人说在"心脏"，但现代科学证明心脏没有思维功能。有人说在"大脑"，这又将心、脑混为一谈。到底人们常说的"心"是指什么？我认为，"心"是人体作为一个整体的涌现性。这是一种超越肉体（大脑＋躯干＋四肢）的东西，是一种高度抽象的东西，是人的一种"精气神"，是人的一种"思想和感情"。用心做事包括三点：一是注意你的思想方法，二是带着感情做事，三是调整好你的心态。"思想"两个字的底部都有一个"心"字。感恩、慈悲、忍恕、意志的底部也都有一个"心"字。"态"字的底部也有一个"心"字。

奥里森·马登有句充满哲理的名言："心在哪里，哪里就有宝藏；志在哪里，哪里就有时间。"[13]111 要集中时间，集中精力，集中心智，将全部的力量投入一件事情上、一项事业上。意大利著名诗人但丁在《神曲》中写下了一句千古名言：走自己的路，让别人说去吧！不要被外界的闲言碎语分散了你的注意力。走自己的路，笃定前行。

心有多大，事业就有多大。美国诗人、剧作家和文学批评家艾略特说："心有多大，舞台就有多大。"洛克菲勒说过：成功是由他的思想的"大小"来决定的。他的思想的大小决定他的成就的大小。其中，最重要的一条就是要看重自己，克服人类最大的弱点——自卑，千万不要廉价出卖自己。[5]140 美国汽车大王亨利·福特先生曾说："没有野心的人不会成就大事。"[5]112 这是福特成功的秘诀。人活着就得有目标或野心，否则，他就像一艘没有舵的船，永远漂泊不定，只会到达失望、失败与丧气的海滩。[5]113 洛克菲勒认为，目标越大，刺激就越大，动力就越强。[5]114 洛克菲勒立志要做世界第一，果然成为石油大王。稻盛和夫的志向是逐渐变大的，由京都第一——日本第一——世界第一，稻盛和夫的目标都逐步依次实现了。

要有信心，有决心，有恒心。信心、决心和恒心是一种心态。要调整好心态，控制好你头脑的思维方式和双手的操作技巧。奥里森·马登说："我们必须要有很好的心理状态，才能靠我们的头脑和双手做好我们的工作。"[9]21

成功哲言：用心做事

"心"是什么？"心"是人体作为**整体的涌现性**，是一种超越肉体（大脑＋躯干＋四肢）的东西，是人的一种"**精气神**"，是人的一种"**思想和感情**"。用心做事包括三点：**一是思想，二是感情，三是心态**。这三点控制头脑的思维方式和双手的操作技巧。

信心循环，从胜利走向胜利。这是连胜艺术的精华。[61]5 信心是相信自己能够成功，也可称作自信心。信心会产生"**我能够做到**""**我会成功**"的态度。这种态度，**会产生决心**、鼓起勇气和激发智慧，能够创造出成功所需的能力、**技巧与精力**，会想出"如何解决"的各种方法，创造出获得成功的周密计划。"如何解决"问题的方法就是智慧！洛克菲勒有句名言："信心是成功之父。"他自信自己一定会成为天下最富有的人，强烈的自信激励他想出各种可行的计划、方法、手段和技巧，一步步攀上了石油王国的顶峰。[5]62 洛克菲勒还有另一句名言："信心的大小决定了成就的大小。"[5]63 将你的自信提高以后，你待人接物的方式，看问题的见解和解决问题的想法，都会显示出你是一位不可或缺的重要人物。久而久之，这会形成你的个性，并能使你做出伟大的壮举。

心机深者，不露真相。洛克菲勒曾经为筹借 15000 美元而大伤脑筋，他走在大街上苦苦思索这个问题。恰好这个时候，有位银行家拦住了他的去路，问他："想不想借用 50000 美元，洛克菲勒先生？"他当时有点不相信自己的耳朵。就在那一瞬间，他没有表现出丝毫的急切，看了看对方的脸，慢条斯理地说:"是这样……你能给我 24 小时考虑一下吗?"结果,洛克菲勒以最有利的条件与银行家达成了借款合同。"**让我等等再说**"是洛克菲勒在经商中始终奉行的格言。[5]86 这就是**以缓对急**来控制对方情绪的策略。对方求之急切,你不妨缓缓予之。这是控制他人兴趣的一种有效的方法。[16]85

越是聪明,越要装傻。郑板桥有句名言:"**难得糊涂**",洛克菲勒说:"**越是聪明的人越有装傻的必要**"[5]86,真是英雄所见略同。装傻就是隐藏你的聪明,"**揣得明白装糊涂**"。装傻给你的好处有很多,放低姿态,变得谦虚,征求别人的意见,证实或否定自己胸中的定见。三国时期的孙权和司马昭都惯用这一招,试探下属的谋略,证实自己的定见。

防人之心是不可或缺的生存技能。有些人邪恶、自私和忘恩负义,在追逐利益的游戏中,今天的朋友会变成明天的敌人。你不能太诚实,太善良,否则就会被别人欺骗。无情的社会现实告诉你:**你只能相信自己**,只有如此,你才不会被人蒙骗,提防是你不可或缺的生存技能。[5]69 防人之心不可无,时刻要谨防那些鲁莽之人、顽固之人、虚荣之人,以及各种各样的蠢人。明慎的做法是一概**敬而远之**。[16]162

5.3.7.2　要用情做事

何谓"情"?情是人类的情性,包括**热情、激情、情感、情绪,情怀**等。为女则弱,为母则强。在生死攸关的紧急关头,为救遇难的孩子,弱女子胜过大丈夫。这就是情感的力量。

带着热情做事。情性的力量胜过理智的力量。**带着热情做事**,再苦再累的工作,也乐在其中。**带着激情做事**,会取得创造性的成果。如果莫扎特缺少了在死亡前夜的**狂热情绪**,也写不出像《安魂曲》那样伟大的作品。[24]62 激情是指对工作有一种衷心的、强烈的、真实的**兴奋感**。[67]77 要有一种家国情怀,只有这样,才能乐于奉献,勇于进取,百折不挠。稻盛和夫创造了**成功激情**(PASSION)的概念,它由 7 个英文词汇每一个开头的字母组成。激情是企业经营中最重要的因素之一。

利润(PROFIT):将蛋糕做到最大,把成本压缩到最小。不是追逐利润,利润在后面跟随而来。

愿望（AMBITION）：保持渗透于潜意识的强烈而持久的愿望。

诚实（SINCERITY）：设身处地，站在对方立场上采取行动。

勇气（STRENGTH）：所谓真正的强大，就是鼓起勇气做正确的事，决不能有卑怯的举止。

创新（INNOVATION）：今天好于昨天，明天好于今天。发挥自身的创造性，不断改革完善。

乐观（OPTIMISM）：保持乐观向上的态度，抱着梦想和希望去思考。

坚持（NEVER GIVE UP）：付出不亚于任何人的努力，一步一步、扎扎实实，坚持不懈地做好具体的工作。[82]60

热情源自热爱。人们之所以对待工作充满热情，是源自心底的热爱。世界上没有任何热情不是发自内心的热爱，否则，**表面的热情是一种虚情假意**。任何行业中往上爬的人，他们努力工作是因为他们真正地喜爱工作，完全投入正在做的事情，专心致志。衷心喜爱从事的工作，自然也就成功了。[5]28 有人说：**我不喜欢这份工作，当然就不会有热情**。这是事实。但是如果你找不到自己喜欢的工作，怎么办？那么就必须改变自己，**将不喜欢变成喜欢**。稻盛和夫一开始并不喜欢他所从事的工作，但他改变了自己，全身心地投入瓷器研发工作，结果取得了重大的技术成果，不仅挽救了濒临困境的工厂，而且他自己也最终成为日本企业的经营之神。

> ● ● ● **成功哲言：用情做事**
>
> 热情是成功的必要条件，激情是热情的兴奋状态。热情源自热爱，热爱产生动力。如果你不热爱自己的工作，怎么办？要么改行走人，去做你喜欢的事情；要么改变你自己，将不喜欢变成喜欢，这或许会成就你的一番事业。人无热情，本事再大，一事无成。

为情所动，不为情所困。这是利用情感力量的一条原则。要富有创造力地利用情绪，不要成为情绪的牺牲品，不要被未解决的情感所左右。[2]155 卢梭指出："情感先于理智。"因此，**要学会控制自己的情绪**。司马懿是控制情绪的高手，他"受人之辱，不动于色。察人之过，不扬于人。觉人之诈，不愤于人。藏器于身，待时而动。欲为苍鹰，勿与鸟争"。我国民族英雄林则徐为了改掉自己容易发怒的脾气，在书房醒目处挂起自己亲笔书写的"制怒"横匾，以此自警自戒，陶冶自己的情操。冲动是魔鬼，赌气一时，失败永久。你要修炼**管理情绪和控制感情的能力**，要注意在进行决策时不能受情绪左右，而是完全根据需要来做决定，**要永远知道自己想要什么**。[5]157

打感情牌，抓住人心。洛克菲勒认为世界上只有两种聪明人：一种是活用自己的聪明人；另一种是活用别人的聪明人。前者是艺术家和学者，后者是企业家和领导者。前者需要一种特殊的能力——创造性的想象力，后者需要一种特殊的能力——抓住人心的能力。

如何抓住人心？首先格局要大，要宽宏大量，懂得高看别人和赞美他人的艺术；其次要有感情的付出，而付出深厚感情的领导者会获得部属更多的敬重，最终更可能赢得胜利。[5]84−85 安德鲁·卡耐基说："一个人的成功，只有 15% 是靠他的专业知识，而 85% 是靠他良好的人际关系和处世能力。"丹尼尔·戈尔也说过类似的话："一个人的成功，20%是靠智商，80%是靠情商。"

控制自己的情绪。奥里森·马登说：许多人之所以在世上取得骄人的成就，一个重要的原因就是**情绪不佳时决不轻易做重大决定**。[13]245 烦躁、焦虑、忧伤、灰心等都是负面情绪，都会消耗你的精力，动摇你的决心，丧失你的斗志，导致你做出错误的判断、选择与决策。控制自己的情绪，使之保持冷静、沉着与镇定。在处理突发事件和意外事件的时候，冷静、沉着、镇定扮演着重要角色。"沉着镇定"这个词本身就准确地表达了**理性能够赋予我们的速度和机智**。[83]31

● ● ● 成功哲言：控制情绪

为情所动，**不为情所困**。冲动是魔鬼，恐惧是凶神。隐忍是天使，沉稳是救星。要藏器于身，待时而动。心中永远知道，**自己想要的大目标是什么**！

5.3.7.3　要用胆做事

何谓"胆"？胆就是**胆量、勇气、气魄、气概**。勇气分肉体之勇和精神之勇，有匹夫之勇与大勇之别。不入虎穴，焉得虎子，是肉体之勇。挺身入局，深入险地，勇于任事，敢于担当，是肉体之勇与精神之勇的结合。关于勇气，许多名人有着不同的论述。

英国丘吉尔认为："勇气是人类最重要的一种特质，倘若有了勇气，人类其他的特质自然也就具备了。"美国作家凯夏文·纳尔赞成丘吉尔的观点，说："勇气是正直忠诚的基石。"

瑞士约米尼在《战争艺术》中指出："一个将才的最重要条件，永远只是下列两条：一是**精神上的勇敢**，能够负责做重大的决定；二是**物质上的勇敢**，不怕任何的危险。"

古希腊人西塞罗说过："有勇气的人才有信心。"

法国作家司汤达在《红与黑》中说："做人就应该有点勇气，才能够当机立断。"

美国埃弗雷特·威廉·劳德认为："决断的第一个条件：勇敢。**明达产生勇敢**……一经审度认可，我们便应付诸实行，这就叫作决断力。决断的条件有三：**勇敢、决心和坚持**。"克劳塞维茨认为："在有些场合，最大的冒险倒表现了最大的智慧。"

唐代郭子仪认为："**大勇者，视天下无不可为之事，亦无不可胜之敌**。"郭子仪是这么说的，也是这么做的。他单骑退敌兵，斡旋于回纥、吐蕃两军之间，智退敌兵。

南宋文天祥说："**丈夫开口即见胆**"，意思是敢于发表自己与众不同、力排众议的真知灼见。

苏轼在《留候论》中说："人情有所不能忍者，匹夫见辱，拔剑而起，挺身而斗，此不足为勇也。**天下有大勇者，卒然临之而不惊，无故加之而不怒**。

此其所挟持者甚大，而其志甚远也。"

美国布莱恩·摩根提出**勇气结构**的概念："勇气的第一个部分是从**意愿**开始的，意愿是信心的前提，**在没有成功保证下**，大胆向目标**跨出第一步**。勇气的第二个部分是**忍耐和坚持**，愿意比任何人都走得更久更远。有时候最大的优势，就是追求成功的决心，是否下定决心永不放弃，全在于自己。在任何竞争环境下，最坚定、最有决心的人，几乎总是最后的赢家。"[6]156

要有勇气迈出第一步。你迈出了第一步，就走上了成功之路。如果你不迈出第一步，无论在思考和研究中用去了多少时间，无论你的计划制订得多么完美，无论你的目标设计得多么宏伟，你都不会有一点点的改变。[17]138

正视现实，直面冲突。鲁迅指出：必须**敢于正视**，这才可望**敢想、敢说、敢作、敢当**。要正视现实，敢于直面问题和冲突。法朗士认为："最难得的勇气，是思想的勇气。"温格伯认为敢想是"**思维的进攻性**"，"这种素质可能比智力更重要，往往成为区别最好的学生和次好的学生的分水岭。"曾国藩说过："成大事者，必须勇于任事，挺身入局。"

敢负责任，勇挑重担。迈克尔·柯达说过：成功不管是大是小，你都得**担负责任**……从研究的最后结论来看，所有的成功者都有一个共同特质，那就是：他们都是负责任的人。[38]69 林肯总统说过："每一个人都应该有这样的信心：人所能负的责任，我必能负；人所不能负的责任，我亦能负。如此，你才能磨炼自己，求得更高的知识而进入更高的境界。"**挑战自己，挑战极限，创造辉煌**。

直面激烈的竞争，要有钢铁般的决心。在这个世界上，竞争一刻都不会停止。随着科技飞速发展，工作节奏越来越快，人们的竞争压力也越来越大。洛克菲勒在商战中屡战屡胜，他的经验是：每一场至关重要的竞争都是一场决定命运的大战，"后退就是投降！后退就将沦为奴隶！"战争既然不可避免，那就让它来吧！他所能做的，就是带着**钢铁般的决心**，接受纷至沓来的各种挑战和竞争，而且情绪高昂、乐在其中，否则，就不会产生好的结果。[5]39

应对危机，获得新生。冰冻三尺，非一日之寒，危机是累积叠加的结果，因此，防微杜渐是最好的防范策略。但危机是防不胜防的，总会有危机降临到你的头上，怎么办？危机管理需要一位坚强、果断、坦诚、自信、同情心和全身心投入的领导，把重点优先放在保障人的安全上，需要时打破规则，特事特办。[84]97

韦尔奇提出危机管理的五条原则：一是问题本身要比表现出来的**更糟糕**。因此，在危机浮现之初就不要畏缩。要**做最坏的打算**，并立刻行动起来，想办法去解决。

二是要敢于直面问题，迎难而上，**挺身入局**。自己把真相说清楚，坦诚是获得组织内外对你信任的先决条件，在别人进一步揭露自己之前，率先将问题说清楚。

三是要**奋起反抗**，要立即行动起来。为自己辩护，解释问题出现的原因和你将如何进行处理，要确保自己在行动。

四是要进行**人事的调整变化**。需要有人来对所发生的危机承担责任，受到处理。

五是**获得新生**。要从危机中挺过来，经历了考验，提高了免疫力，从而使自己变得更加强壮。[67]134—146 这就是昨日已死、今日新生的另一种说法。

要有勇气打出一套组合拳。洛克菲勒的经验是时刻保持警觉，当你不断地看到对手想削弱你的时候，那就是**竞争的开始**。此时，你需要知道自己**拥有什么**，而后就是动用所有的**资源和技巧**，去赢得胜利。

其次，是要有**狠劲**，友善与温情可能害了你。

再次，要想在竞争中获胜，**勇气**只是赢得胜利的一方面，此外还要有**实力**。[5]44

最后，每一轮攻击都要打在竞争对手的**致命关节**上，最终成为胜利者。[5]43 这一条就是中国人所说的"打蛇要打在七寸上"。

钮先钟先生将精神勇气分为四种：自信的勇气、决断的勇气、冒险的勇气、坚持的勇气。我认为，如果在钟先生见解的前面加上敢看的勇气、敢想的勇气和意愿的勇气，则勇气在认识过程中扮演的全部角色就形成一个思维逻辑的顺序。只有敢看才会敢想，只有敢想才会有创意，只有自己愿意才会大胆向目标跨出第一步。将这些思想贯串起来，就形成敢看—敢想—意愿—自信—决断—冒险—坚持的勇敢行为系列。

● ● ● 成功哲言：用胆做事

勇气是成功的首要条件，并且贯穿于事情的始终。要有敢看的勇气，敢想的勇气，敢说的勇气，意愿的勇气，自信的勇气，决断的勇气，冒险的勇气，敢干的勇气，献身的勇气，坚持的勇气。最重要的一点，是敢于动用所有的资源，去赢得最后的胜利。

勇气是如何产生的？有篇文章报道，一位母亲在船上，看见自己的孩子掉进长江，尽管她不会游泳，但毅然纵身跳入江中，抢救落水的孩子。这是情生勇。

莎士比亚说：有德必有勇，正直的人决不胆怯。黄志强院士的座右铭是："治别人治不好的病，开别人不敢开的刀。"王忠诚院士说："一个光会同情病人、光会陪着病人流泪的医生，不是一个好医生。掌握先进的医学科技手段，关键时刻能解决问题，这是最大的医德。"大医大德，大德大勇，仁者无敌，这是德生勇。

邹韬奋说："由大智中产生大勇，由理解中加强信心，是最坚毅的大勇与最坚强的信心。""明达产生勇敢"，这是智生勇。

苏轼说："天下有大勇者，卒然临之而不惊，无故加之而不怒。此其所挟持者甚大，而其志甚远也。"哥伦布相信大地是球形说，在西班牙国王支持下，先后四次出海远航。这是志生勇。

困兽犹斗，何况人乎？狗急了跳墙，兔子急了也咬人，受家暴的弱女子反抗丈夫的凌辱，这是逼生勇。人是逼出来的！

● ● ● 成功哲言：勇自何方

> 勇气是成功的首要条件，那么，勇气来自何方？来自情、志、德、智、逼。有情必生勇，有志必生勇，有德必生勇，有智必生勇，有逼必生勇。

5.3.7.4 要用脑做事

凡是手不能触及的地方，**用脑可以帮助完成**。高明的外科医生强调用脑做手术。通过大脑的**奇思妙想**，找出解决难题的巧妙办法，这是人类理性的强大力量。

先谋后事的思想方法。"先谋后事"是先思考而后才行动。西周开国功勋姜太公说过："先谋后事者昌，先事后谋者亡。"汉代刘向说："谋先事则昌，事先谋则亡。"清代邓廷罗在《兵境或问·谋战》中说："是故先谋后战，其战可胜；先战而后谋，其谋可败。"

先胜后战的预测方法。孙子说过："故善战者，立于不败之地，而不失敌之败也。是故胜兵先胜而后求战，败兵先战而后求胜。"做任何决策都要有预见性，在你准备完成工作计划时，应该问一下自己：**能预想到第几步？能达到什么样的效果？会出现什么样的意外？** [6]89 这就是深谋远虑的方法，高瞻远瞩的秘诀。**没有想好最后一步，就决不迈出第一步**。

谋定而动的工作方法。这是决策者重要的工作方法。在做出决定之前，收集、整理、处理多种信息和各种数据，分析各种原因，在相互联系的思考中认识事物，做出判断。在判断的基础上，进行逻辑推理，做出推断。**通过想象、猜测来弥补缺失的信息**。通过权衡利弊做出选择，在有利时机出现时，果敢采取有效行动。做到**情况明、决心大、方向对、办法好**，这就是谋定而动的理论基础。

虑定而动的决断方法。曹操说过："虑为功首，谋为赏本，野绩不越庙堂，战多不逾国勋。"张居正丞相说过："审度时宜，虑定而动，天下无不可为之事。"

选对切入点，进入正确路线。路径决定结果，思维决定命运。第一个提出"路径依赖"理论的是道格拉斯·诺思，他因此获得了 1993 年诺贝尔经济学奖。如果初始选择了正确的路径，经济、政治制度变迁将会沿着最初正确的路径，进入环环相扣、互为因果、互相促进的良性循环中；如果选择了错误的路径，就可能下滑到效率低下的深渊而不能自拔。[34]22

灵活多变，应对不确定性。人算不如天算，人类的理性再强大，在变幻莫测的大自然和复杂多变的社会环境面前，其能力还是非常有限的。在面对不确定性的问题时，人类有四种方式去应对：

其一，是"以变应变"。兵来将挡，水来土掩。面对突发、意外情况，或尽可能多地利用信息，分析计算；或凭直觉，采取有效的应对措施。

其二，是"以不变应万变"。以简单性应对不确定性。这就是"你有千条妙计，我有一把死拿（一个主意）"的思维方法。不管对手要什么花招，你都要坚持自己的底线不动摇！这就是底线思维。王阳明说过："此心不动，随机而动，心生万法，应变无穷。"这就是志向不变，目标不变，手段多变。英国哲学家以赛亚·伯林说过："狐狸办法多，刺猬仅一招。"[2]206

其三，是"主动求变"。没有变化就没有创新。主动求变，变中求胜；主动求变，引领潮流；主动求变，以快取胜。过去是大吃小，强吃弱，现在是快吃慢。只有更快才能生存，只有主动求变才能引领潮流。韦尔奇提出变革的四条原则：每一次发动变革运动时，要用大量的数据说明变革的必要性，不是为变革而变革，要确立一个清晰的目的或指标；要选拔忠诚的追随者，以及能适应变革的人；清理并去除反抗者，即使他们有不错的业绩也在所不惜；利用意外的机会。[67]122

其四，是"变在变前"。世界变化得太快，要走在变化的前面，预见可能发生的变化，提前出发。用心做事，强调的是专注、专心，一次只专心做一件事。但比专注更牛的是预见能力。预见与预测是有区别的，预见是定性，预测是定量。预见是大脑所完成的一件非常复杂的任务。典型的例子是足球场上的点球大战，由于足球与球门的距离很短，而专业射手踢出球的速度又极快，大大超出人的反应速度。一个好的守门员往往在射手开球之前就要预见球会往哪个方向飞。这时候，守门员不仅需要**眼观六路，凝神气定**，更重要的是凭借自己的经验对射手的动作进行预见。[85]91—92

开发脑力，激发潜能。开发脑力的方法有**音乐、绘画、演说、写作**。这些都是自我表达的能力。[9]500 其中，**演说是最高能力的展示**，是其个性、阅读量、观察力、思考力和表述能力的试金石。人们会为了发表公众演说而不懈地努力，没有什么会如此迅速有效地激发人的潜能。一个成功人士所具备的素质，包括勇气、个性、学识、判断力等，都会如一幅画卷般被展开。各种的脑力都被开发，思维能力和表达能力也都被激活。文思泉涌而出，语句精雕细琢，演讲者从自己的教育、经历、先天与后天能力中汲取力量，全力赢得听众的赞同和掌声。所有这些努力都会充分调动人的潜能。[9]504 为了成为演说家所做的努力，能够大大提高人的脑力。

> ### ● ● ● 成功哲言：用脑做事
>
> 用脑做事彰显思维的力量、理性的力量、大脑潜力的力量。学会**先谋后事**的思想方法，在没有想好最后一步之前，决不迈出第一步。学会**先胜后战**的预测方法，心中要有成功的胜算。学会**谋定而动**的工作方法，要发挥想象、猜测的力量，弥补缺失的信息，在信息不完全的情况下，能够做出正确的判断与决策。学会**虑定而动**的决断方法，看准合适的时机，下定决心，选择正确的路线。行之以智计，灵活多变，见招拆招，**应对不确定性**，最终迈入成功的殿堂。

5.3.7.5　用手的艺术

成功在你的手上。要想在与人生风浪的搏击中完善自己，成就自己，享受成功的喜悦，赢得社会的尊敬，高歌人生，只能凭自己的双手去创造。[5]89

心脑手三位一体。裴斯泰洛强调"脑、心和手"的全面教育。我认为这个顺序应该改为心—脑—手。"心灵手巧""得之于心，应之于手"都是将"心"排在第一位。我在前面讲过**用心做事有三点**：一是注意你的思想方法，二是带着感情做事，三是调整好你的心态。"脑"是排在第二位。大脑主管思维，知道做什么、为什么、如何做。因此，"心"的工作范围远超大脑。"手"是排在第三位。灵巧的双手将技术转变成技能，将技能苦练为技巧，将技巧升华为艺术。心脑手是三位一体的关系。

5.3.7.6　用生命做事

用生命做事是做事的最高境界。这样的人把事业看得高于一切，用生命去做事，这是一种"不入虎穴，焉得虎子"的献身精神，是综合用心、用情、用脑、用手、用胆量做事的**涌现性**，是用燃烧的生命去做事，是要付出鲜血和生命的代价。第二次世界大战爆发后，德军疯狂轰炸英伦三岛，英国面临亡国危险。首相丘吉尔说：我们绝不投降，绝不屈服，我们要战斗到底。我们将不惜任何代价保卫我们的本土。[86]58

十年磨一剑。世界上有个"10000 个小时"的成功定律。神经系统科学家兼音乐家丹尼尔·列维京告诉我们：要在一个领域里成为专家，至少要经历一定时间的练习，这个神奇的数字是 10000 个小时。这被称为 10000 个小时**成功定律**。马尔科姆格·拉德威尔研究了甲壳虫乐队成为世界级的摇滚乐队，整整经历了 10 年时间。10000 个小时相当于**每天练习 3 个小时**，或者一周练习 **20 个小时**，共计 10 年的练习时间。[87]229—230

⊙●●● 成功哲言：用命做事

　　用生命做事是做事的最高境界，这样的人把事业看得高于一切。用生命去做事，用燃烧的生命去做事，为了事业，付出鲜血和生命。

典型战例分析

怎么看＋怎么想＋怎么做＝成功。这个公式可以用《三国演义》第 18 回的典型战例来阐述其中的道理。**同样的事实**，不同的看法、不同的想法和不同的做法，决定了战争的胜败。

曹操起兵讨伐张绣，张绣联合刘表迎战曹军，**双方互有胜负**。就在此时，曹操忽然得知袁绍将要乘虚进攻曹军的大本营许都，曹操无可奈何，只得急忙收兵撤退。

事实一：两军交战，曹操突然撤兵。怎么看？怎么想？怎么做？

张绣看到曹操撤退，决定立即乘胜追击。

这是张绣的看法和做法。

谋士贾诩急忙劝阻道："千万不可贸然追击，如果追击有可能吃大亏。"

这是贾诩的看法和做法。

张绣认为"敌退我追"是用兵之常理。他不听贾诩的劝告，联合刘表队伍一同追击曹操军队。他追上曹军断后的部队后，交战的结果是大败而归。

这是张绣的想法和做法的结果。

这种结果说明了一个道理，张绣、刘表是按照常理出牌，不知变通，结果失败。但贾诩料事如神，机关何在？

事实二：追击曹军，反而大败而归。怎么看？怎么想？怎么做？

张绣战败回来后，惭愧地对贾诩说："还是你先前说得对啊！我的力量确实比不过曹操，因此不能取胜，后悔没有听你的话。"

对待失败这个事实，你怎么看？张绣将失败的原因归咎于敌我双方力量对比的悬殊。那么贾诩是怎么看呢？

贾诩却说："现在你应该赶快掉过头去追曹军，一定会打一个大胜仗！"

贾诩没有时间进行详细解释，只让张绣赶快掉过头去追曹军，原因是战机稍纵即逝。

张绣、刘表都疑惑不解，道："我们乘胜追击反而吃了大亏，现在我们打了败仗，你却让我们果断追击，这是什么原因呢？"

贾诩胸有成竹地说:"现在的情况已经发生了变化,和以前不同了,你们只管去追击,**越快越好**,假如不胜,**你取走我的项上人头!**"

贾诩为何如此自信?为何有如此必胜的信念,敢拿自己的人头打赌?他是如何想的,我们不得而知!

刘表不相信贾诩的计策,**坚决不愿再出兵。**

刘表表态了:反对贾诩的决策。刘表怎么看、怎么想,我们也不知道,因为文章没有交代。但怎么做是肯定的:**放弃再次追击! 放弃意味着失败!**

张绣虽然有些疑虑,但是相信了贾诩的话,重新整顿了**残兵败将**,再回去追赶曹操的军队。

张绣用脚表态了:对贾诩的决策,虽然持怀疑的态度,但是坚决执行了!这说明张绣的执行力还是很好的!

这一次,两军接触,厮杀一阵,果然曹操军队抵挡不住,丢下许多车马粮草,急急忙忙、慌慌张张地逃走了。张绣大获全胜,满载而归。

事实三:残兵败将再次追击曹军,大胜而归。为什么? 怎么看? 怎么想? 怎么做? 让我们来大揭秘!

张绣得胜回来后,急切地问贾诩:"一败一胜的原因究竟是什么?"

张绣不愧为一员大将,知道及时总结成败的原因。

贾诩此时才详细解释其中的道理。

贾诩解释说:"这其实没有什么奇怪的啊! 因为曹操是个十分懂得用兵的人,他必定不会不做防备就随便退却的。你虽然也善于用兵,但**不是曹操的对手**。曹操退却的时候,定会留**精兵断后**。你去追击他,当然要吃亏了。"

贾诩解释的第一层意思是:**观敌先料将**,知此知彼,为将者要有自知之明。"你不是曹操的对手",这是怎么看的结论。

贾诩接着解释说："但是曹操打了胜仗后急着撤退，这就很不正常了。我猜测很可能是因为有人进攻许都，或者朝廷内部出了问题。"

贾诩解释的第二层意思是：反常必有妖，对反常的原因进行猜测。这在信息不确定的情况下，猜测是一种想象力，弥补了信息缺失的空当。这就是怎么想的威力。事实上，贾诩的猜测是对的。袁绍将要乘虚进攻曹军的大本营许都，但是曹操封锁了这个信息，贾诩是得不到的，只能靠猜想！

贾诩继续解释说："你第一次追击，他已经把你打败，他就放心了，一定亲自带领主力先走了。留下断后的士兵不会有太大的战斗力，自然都不是你的对手。你第二次是出其不意地追击他们，怎么会不打胜仗呢？"

贾诩解释的第三层意思是：情况已经发生了变化，强弱的对比发生了有利于我方的变化，外加逆向思维，出其不意，取胜是必然的。这是怎么想、怎么做的决策。

从这个典型案例的分析中，我们可以证明怎么看＋怎么想＋怎么做＝成功这一公式的合理性和科学性。

6 成功学的原理是什么

6.1 成功的六大原理

这是奥里森·马登在《成功学原理》（第2版）总结出来的。据奥里森·马登说，这些原理适合每一个人（for everyone），不受时间的限制（in anytime）。这六大原理分别是：

正确的思想，伟大的性格，天赐的机遇，宝贵的健康，美好的人生（有理想、有抱负，有目标，有自信，有热情，有君子之风）和成功的职业。[9]目录1

奥里森·马登还写了另一本书，名为《思考与成功》，英文书名是 *The Miracle Of Right Thought*，直译是"正确思想的奇迹"。这本书实际上是对《成功学原理》中"正确的思想"展开的专题论述。

这六大原理各是如何运作的？六大原理之间的相互关系是什么？六大原理与成功之间内在的、必然的因果关系是什么？关于这些问题，世界级的成功导师奥里森·马登都没有进一步说明。

6.2 成功学的原理是什么

我根据自己的系统研究，结合几十年工作的体验和认知，提出成功是座金字塔的概念、成功是条链条的概念、成功是个闭环的概念。这三个概念构成成功学的原理。

6.2.1 成功是座金字塔

特赖因指出："思想（且不论好坏）—行为—习惯，这就是**人生的规律**。"

查·霍尔细化了特赖因的规律，他说："有什么样的思想，就有什么样的行为；有什么样的行为，就有什么样的习惯；有什么样的习惯，就有什么样的性格；有什么样的性格，就有什么样的命运。"

西塞罗认为："**习惯能造就第二天性。**"换言之，性格是第二天性。

赫拉克里特说："**你的性格决定你的选择。**"性格会自动采取无意识的行为，这就是第二天性的本性选择。这种推理也符合世界著名管理大师彼得·德鲁克的观点"**正是通过性格，领导才得以实现**"。领导是干什么的，答案是做决策的。而决策是通过性格来实现的。这样就**讲通**了，性格决定选择的**逻辑关系**也就建立起来了。

选择就是决策。决策又可分为战略决策和战术决策。而**战术决策是以技术为基础**。列宁说过："战术是由军事技术水平决定的。"朱德总司令更清楚地阐述了战术与技术的关系，他说："技术是战术的基础，技术搞不好，战术也无法弄好，也不能解决现代战争中歼灭敌人的问题。"

能力的本质是知识和技术。知识是技术之母，要将知识转化为技术。知识概括起来有哲学、自然科学、社会科学三大类。自然科学又可分为基础知识和专业知识。技术是**最低层、最实在、最直接解决问题的本事。任何技术的核心是方法**，任何方法都涉及流程和步骤的问题。因此，提升能力的普遍途径就是增加知识和发展技术。**要将知识发展成科学，要将技术发展成艺术。**

技能是技术服务的形式。任何技术都有三个层次：**技术、技巧与艺术。**技术是基本功，技巧是技术的提高，艺术是技术的顶峰。要想提高自己的能力，首先要掌握正确的方法，然后勤学苦练。**改变操作的顺序就可以产生技巧。**苏沃洛夫指出**将技术转化为技能的重要性**，他说："虽然胆略、斗志、勇敢精神时时处处都需要，但如果**没有技能，那也徒劳无益。**"

刘亚洲中将在思想的前面加了一个观念。他说："观念的改变是最大的改变，也是最根本的改变。这是伊拉克战争给我们的第一个启示。**观念决定思路，思路决定出路，思想和观念引导目的**，目的演变为行为，行为养成习惯，习惯造就性格，性格决定命运。"

将上述名人关于成功的思想连贯起来，就形成一个自上而下的"金字塔"结构。观念—思想—行为—习惯—性格—选择—战略决策—战术决策—技术。思想观念位于塔尖，技术处于最底层。

技术虽然在最低层，却是决定成败的关键。斯大林曾说，没有掌握技术的人才，技术就是死的东西。有了掌握技术的人才，技术就能够而且一定能够创造出来奇迹。

现代企业的竞争在脖子以上。权威专家认为，当前企业国际竞争，一般在以下八个层级上展开：第一级是产品和服务，这是初级、最前端、最直接的市场较量；第二级是技术；第三级是管理；第四级是人才；第五级是团队；第六级是机制；第七级是规则；第八级也就是**最高级的竞争是：观念、意识、思维。**[88] 序XIX

金字塔概念的实践意义：金字塔概念统一了许多矛盾的说法，例如，**性格决定成败，决策决定成败，战略决定成败，细节决定成败。**原来这些论述都是金字塔的一层结构而已。性格是决策的高位概念，战略是细节的高位概念。金字塔概念强调的是顶层设计，成功源自领导者的意识，始于决策者的观念，成于决策者的思维。最底层的细节失败，多数情况下还有"**转败为胜**"的机会。处于战略层面的失败，则是"**伤筋动骨**"的失败，必须进行"大手术"，方可有"起死回生"的机会。如果处于高层的思想、意识、观念出现问题了，就有"**全军覆没**"的危险，须有"**大智大勇**"者挺身站出来，才能力挽狂澜于既倒、智扶大厦之将倾。

6.2.2 成功是条链条

如果将"金字塔"放倒，就形成一条链条。这是系统论的思想，各个环节相互联系、相互为用、相互影响。

链条概念的实践意义：在这个链条上，每一个节点都很重要。"绳子都是从细处断"，失败都是在薄弱的环节上。任何一个环节"**掉链子**"，都会以全局失败而告终。这就是"**一着不慎，满盘皆输**"的道理。

6.2.3 成功是个闭环

存在决定意识，屁股决定脑袋，经济基础决定上层建筑。最底层的技术会影响、改变最高层的思想意识。科技兴国、科技是第一生产力、科技创新驱动这些概念的形成，都是"**技术对意识的反作用**"。如此一来，技术与观念就联系在一起，构成一个无始无终的闭环。

闭环概念的实践意义：成功可以从任何一个环节发动起来，然后顺着这个环，形成良性循环。

成功哲言：成功原理

成功是座金字塔，塔尖是**意识、观念和思维**。意识改变一切，观念引导思维，思维产生思想。塔身是**性格、决策和管理**。思想决定行为，行为养成习惯，习惯造就性格，性格产生决策，决策产生产品，产品需要管理。塔的底部是**产品、服务和技术**。

> 成功是条链子，将金字塔倒下就形成一条链子，其中任何一个环节的断裂，都会导致全局失败。
>
> 成功是个闭环，将链条的首尾连接起来，就形成一个闭环，从胜利走向胜利。

7 成功学的哲学原理是什么

任何学问要做到极致，都会进入哲学境界，成功学也不例外。要想将这个专题讲好，首先要对哲学有个概括性的认识，其次是探讨成功学中的哲学原理。哲学原理是个大问题，需要搞清楚以下几个问题：①哲学新知；②意识控制心态；③态度决定一切；④积极心态就是正确的心态；⑤成功学中的哲学。

7.1 哲学新知

对于哲学，我系统阅读了几十本哲学名著，颇有一些学习心得。我认为，哲学的全部内容包括：宇宙观（世界观）、人生观、价值观、认识论和辩证法。

物质主义与观念主义的整合。哲学的根本命题是物质与意识的关系，认为物质是第一性的是唯物主义，认为意识是第一性的是唯心主义。西方哲学界一般将二者对立起来，我国哲学界普遍认为唯物辩证法是绝对的真理，这是毋庸置疑的。近年来，我学习了古今中外的一些心学后，觉得物质主义与观念主义是"一枚硬币"的两面，可以整合起来。

我国历史上出了一位大哲学家王阳明，他的心学曾经被认为是唯心主义，因为他主张"心外无物，心外无理"。但他同时提出"知行合一"的思想，受到国内外学者的普遍追崇。王阳明是"三不朽"的人物，被誉为中国历史上的"完人"。美国小说家和自由记者恰克·帕拉尼克曾说：**人终有一死，活着并不是为了不朽，而是为了创造不朽。**王阳明已经去世近500年，但他的思想一直流传下来，预计还会继续流传下去，真正创造了"永垂不朽"！

国际上一些世界级的励志学者——拿破仑·希尔、奥里森·马登、安德鲁·卡耐基都主张**"心想事成"**，"心在哪里，哪里就有宝藏；志在哪里，哪里就有时间"，"改变思想，改变命运"，"思想是所有能量的主宰，能够解决所有的问题"。这些论述与王阳明的心学在本质上大体是一致的。

知行合一是实践与理论的整合。物质是第一性，意识是第二性，存在决定意识。这是唯物主义的观点。知识来自实践，科学来自经验，行动高于一切，行动解决一切，这些概念都是源自物质主义。但另一方面，思想就是力量；精神就是力量，而且是强大的力量；一切成败最终取决于顽强的意志和百折不挠的坚持。这些概念源自观念主义。反映哲学这个根本命题的是认识论，**实践—认识—再实践—再认识**，如此无限循环，认识不断深化。感性—理性—再感性—再理性，如此无限循环，认识不断发展。存储—记忆—印象—观念是感性认识阶段，观念—概念—理念是理性认识阶段。无限循环就形成一个闭环，强调从实践开始，就是行；强调从认识开始，就是知。**真正的认识论是"知行合一"。**

辩证法与哲学范畴的整合。辩证法是哲学的普遍规律，有三大规律——对立统一律、质量互变律和否定之否定律。**对立统一律是辩证法的核心**，老子"一阴一阳之谓道"讲的就是对立统一律。对立统一律是指导人类看待问题、分析问题的**思维方法**，任何事物都有两重性。**质量互变律**，由量变转为质变，质变后又转为新的量变，这就是质和量互相转变的规律，用来**指导人类不断提高工作质量的工作方法**。人类的一切工作都存在质量互变的规律。**否定之否定律的本质是破旧立新。**因为没有否定就没有发展，也就没有旧事物的灭亡和新事物的产生，更没有事物发展的前进性。**否定之否定律是人类不断创新的思维方法。**

哲学范畴是对立统一律的衍生物。由于有对立统一的规律，才派生出哲学的一些范畴，例如个别与一般、现象与本质、原因与结果、形式与内容、偶然与必然、自由与必然、可能性与现实性、有用与无用等，如何看待这些范畴的方法就是辩证法。庄子是我国最早认识到有用与无用辩证关系的哲学家。哲学的范畴都存在**两重性**的问题，而两重性是辩证法的核心。

传统哲学与系统哲学的整合。系统论已经上升为一种哲学思想，叫作系统哲学。例如，宇宙是一个超级巨系统，世界是一个超大系统，国家是一个巨系统。传统哲学的概念应加入系统哲学，用系统的观点整合哲学各个流派的知识，使之系统化。

思想的根源是意识。人类的一切思想、观念的源头是意识。**何谓意识？** 意识当动词用，是"觉察到"的意思。意识当名词用，是指客观事物刺激大脑产生的感觉和思维。感觉是感性的东西，是**最简单的心理活动**。思维是思考"**是什么**"和"为什么"的心理活动。人要是失去意识，就会失去感觉、失去察觉和失去思维。思想是"客观存在反映在人的意识中经过思维活动而产生的结果"。人类失去意识就失去思维，失去思维就必然失去思想，这在临床上是恒定不变的现象。因此，我们可以得出结论：意识是思想的根源。

意识分显意识、前意识、潜意识和自我意识。显意识、前意识、潜意识的概念来自弗洛伊德，这是对人格理论的最大贡献。[80]21—22 美国国家工程院院士托马斯·L.萨蒂说："**直觉和灵感是潜意识的，智慧是有意识的。**""潜意识"是行动的初步处理，"有意识的"是二次加工。[89]127 美国奥里森·马登指出："当他意识到自己一定要实现心中所想的时候，他才可能**发挥无穷的潜力**。"[9]436 这说明潜意识是通过显意识来调动和激发的。**自我意识是自我实现的意识**，这是人类之所以不同于其他动植物的主要因素。[80]289

意识是人类自己的主宰。意识是人类的灵魂，是肉体的主宰，是一个人的"最高领导"。这种认识来自我的灵感，事情的经过是这样的：

2023 年 10 月 15 日一觉醒来，一看表是 5：55。我实际只睡了不到 4 个小时，因为凌晨 1：50 我才上床睡觉。**我突然想到"意识"才是真正的"最高领导"**。人性是个二元结构，这是哲学。人的身心健康这句话就是二元结构的最好体现。"身"是我们的肉体。"心"是我们的心灵。用哲学的语言讲，"肉体"是物质性；"心灵"是意识性。这些知识我过去学过，已经整理写成了文章。但在此前整理成功链条时，我竟然没有想到，没有将其"串"进去。今天凌晨我突然"串"起来，这就是"通"了。这是不是人们常说的"灵感"来了？

这个"通"发生在一天紧张的工作之后，由睡眠状态转为清醒状态的一瞬间，是我还躺在床上的时候。这就是欧阳修所说的灵感产生的"三上"（枕上、马上、厕上）中的枕上，以及西方人所说的"4B"灵感中的床上。顺便解释一下，"4B"灵感（Bed, Bar, Bus, Bath）是指"床上、酒吧里、公交车上和浴室里"，由于每个英语单词的第一个字母都是"B"，故简称"4B"。

经过这样一番思想上的"乱折腾"，我终于将思想的脉络搞清楚了、弄明白了。经过追本溯源，我真正认识到"**意识**"才是"**总司令**"，是"**心态**"**的总开关**。"**心态**"**只是扮演一个**"**副司令**"**的角色，是二级开关**。两个"司令"都有心情好和心情不好的二元结构。"总司令"心情好的时候，就产生"善念"，心情不好的时候，就产生"恶念"。"副司令"心情好的时候就是"积极心态"，心情不好的时候就是"消极心态"。这样就"**一通百通**"了。

我后来再读《思考致富》，拿破仑·希尔的结论是"所有的成就、所有辛苦所得的财富，**都有其意念源泉！**"何谓意念？按照拿破仑·希尔的解释，**意念是**"**自我意识**"。他说："一切的成就，一切的财富，都始于**一个意念，即自我意识**。"这下更加印证了我的灵感是对的。

意识是怎么发生的？ 意识是感觉神经受到刺激的感觉印象，传入大脑，通过运动神经产生行动的过程中产生的。中间有个时间间隔，并依附于存储的感觉印象和从它们抽取的概念。[90]58 此外，**意识也来自人体的内部**。当动作来自"在我们之内"存储的感觉印象，而不是来自"在我们之外"的即时的感觉印象的时候，意志就是在我们自己个体中的感情。[90]59

意识发生的机制是什么？ 无解！意识发生在大脑，这是毫无问题的。"**存在决定意识**"的哲学原理是成立的。但大脑中**数千亿个神经细胞**如何一起产生功效而**生成意识**？这是生物学上一个**无解的**问题。[91]116 此外，还有一个现象不好解释：**存在不一定产生意识**。例如，面对海洋未必一定会产生海权意识。

意识和思想如何转换——实践。 为什么存在不一定产生思想？这里面存在意识和思想的转换问题。冯友兰提出，人类有三大实践：**做人、做事、做学问**。

做事在生产斗争中，做人在阶级斗争中，做学问包括科学实验。"存在决定意识"这种论断是没有错的，但意识是如何转换思想的？答案是"实践产生思想"。实践是所有人类行为的高度概括。按照这个逻辑，行为—思想，这种关系与行为—习惯—性格—命运的关系如何？事实上，思想和行为是相互影响的，是双向作用的。

有意识与无意识之间的转变。意识是可以转变的。剑桥科学家威廉·伊恩·彼得摩尔·贝弗里奇在《科学研究的艺术》中指出："一开始，要有意识并且艰难地去做一件事，但是通过不断的练习，最后会变成自动的和无意识的过程，也就是说，养成习惯了。"[92]41 有意识的训练，就会养成无意识的习惯。养成的习惯反过来会让人采取自动的和无意识的行为，比如司机遇到紧急情况会下意识地急踩刹车，就是多次有意识训练的结果。反过来，潜意识的灵感出现，会引发有意识的深入思考。

成功哲言：哲学基础

哲学的核心问题是**物质性与意识性**的问题，是实践与理论的问题，是行与知的问题。**知行合一**，是实践与理论的统一，是合二为一的整合，是"**正、反、合**"的结合，是"一枚硬币的两面"。二者是相互为用的关系，**这本身就是一种辩证法**。一切成功的"意念"源自"意识"，一切成功的"结果"来自"行动"。意识通过实践转化为思想，思想通过实践丰富了意识。这些就是怎么看、怎么想和怎么做的哲学基础。

7.2 意识控制心态

意识控制心态。人的心态是个二元结构，由积极心态和消极心态组成。积极心态和消极心态共处于人的大脑中，那么控制它们的上一个环节是什么？由谁来控制这个开关？这一直是我思考的问题。由于思想是心理活动的产物，而意识是思想的根源；心态是心理活动的状态，所以，意识也是心态的根源。换句话说，**意识控制心态**。忧患意识、风险意识、竞争意识、问题意识、安全意识、合作意识等都是人类重要的意识。

意识的力量远超思维的力量。这是稻盛和夫的观点。他认为在"意识"里蕴藏着巨大的力量。一般人认为，头脑"思考"，包括逻辑演绎、推理推论、构思战略等是最重要的。但心中"意识"到什么，并不是多么了不起的事情。但是稻盛和夫认为，"意识"的重要性，要远远超过思考。在我们的人生中，"意识"所具备的强大力量是其他任何东西都无法比拟的。"意识"是人们一切行为的根源和基础。证明这一点的，就是现代文明社会所走过的历程。[93]174

7.3 态度决定一切

"态度决定一切。"这是布莱恩·摩根的论断。[6]51 何谓态度？态度就是人们对事情的**看法和采取的行动**。有人对 26 个英语字母分别赋予 1—26 的数值，以百分比计算。结果：

Luck 运气是 47%；Love 爱是 54%；Money 钱是 72%；Leadership 领导力是 89%；Knowledge 知识是 96%；Hard Work 努力工作是 98%；Attitude 态度是 100%。（A+T+T+I+T+U+D+E=1+20+20+9+20+21+4+5=100）

这个算法游戏在一定程度上反映了真实的现实状态。

态度决定未来，行动成就梦想，知识改变命运，领导创造奇迹，大爱超越想象，运气必不可少。

态度决定高度。你对失败的态度，会决定你失败之后东山再起的高度。[38]175 当然，失败具有杀伤力，它会消磨人的意志力，使人变得萎靡。但最重要的是，**你对待失败的态度**。天才发明家托马斯·爱迪生先生，在用电灯照亮摩根先生的办公室前共做了 1 万多次实验，在他那里，**失败是成功的试验田**。他对《纽约太阳报》的记者说："年轻人，你的人生旅程才刚刚开始，所以我告诉你一个对你未来很有帮助的启示，我没有失败过 1 万次，我只是发明了 1 万种行不通的方法。"[5]53

心态就是心理上的态度问题。根据系统论的观点，心态虽然是由若干性格组成的，但它已经失去每个性格固有的特征，是一组性格组成的结合体的涌现性。性格可以有几十种，甚至上百种，但心态只有两种：积极心态和消极心态。

心态决定成败。心态直接控制怎么看；怎么看控制怎么想；怎么想控制怎么做。"心态决定成败"是拿破仑·希尔的一个著名诊断。[1]83 心态只有两种：**积极心态**——积极、乐观、向上；**消极心态**——消极、悲观、放弃。**心态问题贯穿于怎么看、怎么想和怎么做的全过程中。**心存消极态度的人，看到的、想到的和所做的都是负面的东西，对自己是如此，对他人是如此，对世界是如此，对未来是如此。心怀积极态度的人，则与之截然相反。

7.3.1 心态对怎么看的影响

心态决定观念。心态控制你的看法，影响你的观念。面对同样的事物，为什么不同的人会有不同的看法？答案是心态使然。例如，对于一个甜圈饼，"乐观者和悲观者之间的差别十分微妙，乐观者看到的是甜圈饼，悲观者看到的是甜圈饼中间的'洞'"。事实上，**人的眼睛看到的往往并非事物的全貌，而是只看见自己想寻求的东西。**乐观者和悲观者各自寻求的东西不同，因而对同样的事物，就采取了两种不同的态度。[94]187 同样的道理，对于失败，乐观者看到的是失败中的经验和机会，期待东山再起；悲观者看到的是一片漆黑，一蹶不振。两个犯人从牢房的铁窗望出去，一个人看到了泥土，另一个人看到了星星。[94]69

观念引导思路。两个欧洲推销员到非洲某个国家去推销皮鞋，他们发现那个国家的人向来都是打赤脚。打赤脚是同样一件事，是一种事实。第一个推销员立刻失望起来："这些人都打赤脚，怎么会要我的皮鞋呢？"于是，他放弃努力，沮丧而回。另一个推销员看到这个国家的人都打赤脚，惊喜万分道："这些人都没穿皮鞋，说明这里的皮鞋市场存在着广大的空间。"于是，他想方设法，引导这个国家的人购买皮鞋，最后满载而归。这就是一念之差导致的天壤之别。[7]130 积极心态的人看到的是未来的市场，并想方设法开拓市场。消极态度的人看到的是现状，没有信心、勇气和智慧去改变现状。

7.3.2 心态对怎么想的影响

心态控制你的想法。奥里森·马登指出："当我们以一种**更快乐和更平和**的心情去面对人生的时候，我们就会很容易获得成功、健康和好运。而只要我们认识到了这一点，就能激发我们**更好地控制我们的思想**。"[9]16

端正态度，找到正确的思考方向。如何积极地处理事情呢？……坚定不移地相信自己，充满自信地期待……将所有的**精神与意志**全部集中在我们的期望与解决问题的方法上……**强烈的期望**将赋予我们活力，使我们积极完成自己的目标……**强烈的愿望**……决心在我们的心中建立了**一个模型**，这样我们的意志将按照这种模型努力把它再现于现实生活中。这是一幅精神图画，为我们带来了**积极性、建设性与创造力**……将自己的理想铭记于心，果断地消灭阻止他获得成功的敌人，摆脱懦弱与优柔寡断，为自己的理想而努力奋斗。[9]8 **有了正确的思考方向，才会有正确的思考路线。**

思想决定出路。爱默生说过："是思想进入我们的手和脚，控制我们身体的行动，控制我们的语言，控制我们的行为。"[95]257

行为养成习惯。"播下行为的种子，你就会收获习惯；播下习惯的种子，你就会收获性格；播下性格的种子，你就会收获一定的命运。"(《成功之路·成功之钥》)

7.3.3 心态对怎么做的影响

心态控制你的做法。奥里森·马登说过："我们必须要有**很好的心理状态**，才能靠我们的头脑和双手做好我们的工作。"做事要有平常心，急功近利、急于表现、想露一手的心态，都会严重影响你的行为，最终的效果往往是适得其反。积极心态能够带来成功，消极心态必然走向失败。

• • • 成功哲言：意识心态

意识改变一切，态度决定一切。意识是人类自己的主宰，是人类的灵魂。意识控制心态，心态决定成败。意识和心态**双向**控制怎么看、怎么想和怎么做的问题。

7.4 积极心态就是正确的心态

拿破仑·希尔指出，**积极心态是一个结合体，由下列特性组成**：信念、正直、希望、乐观、勇气、主动、慷慨、宽容、机智、友善和有常识。消极心态与积极心态有着相反的特性。[1]13

乔恩·M.亨茨曼认为长久的成功所需要具备的特质，包括勇气、眼光、执着、冒险精神、机会、努力、牺牲、技能、自制和诚实，这些从来都不会改变。[52]18 在现实世界中，成功需要的是努力、预备、争取、决断力、诚实和仁慈。[52]97 勇气是正直忠诚的基石[96]125，而正直是其他所有品德的核心。[52]53

由此观之，**积极（正确）心态是一大组性格的涌现性。**

7.4.1 积极心态的主要性格

我从名著和成功人士的特征中提炼出 18 种性格，当然它们并不是全部。读者还可以添加其他更多的性格。这 18 种性格**按照工作的逻辑顺序**依次排列如下：**勇气**、担当、正直、进取、**自信**、乐观、热情、开放、**谦虚**、自律、忍耐、包容、**独立**、理智、沉稳、刚柔、坚持、忠诚。

勇气：排在第一位，原因是，因为有了勇气，你才**敢看、敢想、敢做**，勇于承认错误和承担责任，并有**再次崛起的勇气**。很多的成功都来源于失败后的重新崛起。丘吉尔认为，勇气是人类最重要的特性，是"保证其他品质的品质"。因此，担当、正直、诚实、进取的性格都需要勇气。

凡是有危险的事，要么冒险，要么放弃。布鲁克斯的名言"**成功始于胆量**"是有一定道理的。但是，**小心即为大胆**，大勇若怯。美国传奇式人物、著名拳击教练马托说："英雄和懦夫都会有恐惧，但**英雄的恐惧是谨慎，懦夫的恐惧是害怕**。"曹操说过："为将当有怯弱时，不可但恃勇也。将当以勇为本，行之以智计。但知任勇，一匹夫敌耳。"

冒险需要一些必要条件——**判断力、预测力、谋略和勇气**。[6]153 有人善于谋略、观察、分析、判断、计划，样样有条不紊，但缺乏做出决断的勇气，所以需要**房谋杜断**。没有勇气,任何谋略都不会成功。

勇气由两部分组成。**勇气的结构 = (愿意 + 决心 + 目标) + (信心 + 忍耐 + 坚持)**。第一部分是冒险的开始,愿意冒险,决心赌一把,在没有保证成功的情况下,大胆向目标迈出第一步。第二部分是冒险的实施阶段,需要坚定的信心,忍受各种艰难困苦,坚持到底。[6]156

冒险是因为**有更高的追求目标**。决定冒险与否,是按照目标的价值进行考虑的。[38]154 冒险是因为有更高的目标想要去完成。[38]167 苏轼说:"天下有大勇者,卒然临之而不惊,无故加之而不怒,此其所挟持者甚大,而其志甚远也。"外科医生冒险为高危病人做超大风险的手术,是为病人追求更长时间的生存期。当然,**承担风险也要量力而行**。

担当:清代金缨说过:"大事难事看担当,逆境顺境看襟度。临喜临怒看涵养,群行群止看识见。"[97]49 曾国藩说:"天下事在局外呐喊议论,总是无益,必须躬身入局,挺膺负责,乃有成事之可冀!"

正直:美国管理大师彼得·德鲁克认为,"正直"是领导的"试金石"。"正是通过性格,领导才得以实现。""如果领导缺乏正直的性格,那么无论他多么有知识、有才华、有成就,也都会造成重大损失。"[28]94 马丁·路德说:"一个国家的财富……在于……**正直的品格**。"

进取:进取是贯彻行动始终的**内在力量**,是将理想转化为行动的**发动机**。有进取心的人,不需要别人提醒,**主动去做事情,不断追求新的目标**。为了实现目标,有进取心的人,同时具有**好学、上进**、积极、主动、专心、细心、耐心、勤思、坚持等特质。成功之路虽有千万条,但归根结底只有一条,那就是**勤奋好学**,终身学习,随时充电。如果你每天优哉游哉地过着安稳、舒适的日子,**安于现状,不思进取**,那么你离失败不远了。

进取,要有**主动求变的意识和求变的精神**。要主动发现问题,不断完善和不断创新。要密切观察社会,察觉时代的潮流。要关注行业的发展变化,做出准确的判断和预测。这些心理活动始终贯穿着思考力。你的思考力受制于你的认知能力。

认知能力与知识、常识和见识有着密切的联系。因此，你要主动学习大量的相关知识，不断积累预备性的常识，不断扩大自己的见识。"只有那些**不满足于现状**、渴望着点点滴滴地改进自己、时刻希望攀登上更高层次的人生境界，并愿意为此挖掘自身全部潜能的年轻人，才有希望达到成功的巅峰。"[13]23

自信：卫鞅曰："疑行无名，疑事无功。"美国作家爱默生说："自信是成功的第一秘诀，自信是英雄主义的本质。"拥有自信，坚信自己的目标一定能够实现。坚持不懈，很多障碍都会**不攻自破**，很多"不可能"就可以变成"可能"。自信会产生自尊、自重、自立、自强的人生态度。自尊、自重、自立、自强才能影响别人对你的看法，才会赢得别人的信任与尊重。

坚定的信念产生自信。布莱恩·摩根认为："坚定的信念是成功的基石。"诸葛亮认为："计疑无定事，事疑无成功。"(《便宜十六策·察疑》)心理学研究证明自信是成功的**首要必备条件**。因为你自己都不相信自己，别人又如何相信你？ [45]457

自信激发无穷的潜力。美国记者奥里森·马登指出："一个人只有当他拥有自信的时候，当他看到自己的闪光点的时候，当他意识到自己一定要实现心中所想的时候，他才可能发挥无穷的潜力。"

自信的高度决定成功的上限。"有多少自信，就有多少成功。"[7]3 "一个人的成就，绝不会超过他自信所能达到的高度。"[6]114 你的最终结果，往往取决于你开始从事它时所定的目标。

领导的自信会增强团队的战斗力。拿破仑亲自率领军队作战时，同样一支军队，其战斗力会在无形中**增强1倍**。这是因为拿破仑的自信和坚强，在无形中激发了将士的战斗潜力，使他的部队增强了战斗力。[6]112

自信力的来源。自信力是一种能量，能量来自何方？ 知识、技术、才智、毅力和勇气。我根据自己外科生涯半个多世纪的经验，**自信心来自五个方面**：第一是有本事，雄厚的知识，丰富的经验，善于谋划，形成本事的底气；第二是身体条件好，精力充沛；第三是心理素质好，**精力——精神力量——旺盛**，情绪稳定，不恐惧、不紧张、不焦虑；第四是学习和借鉴他人成功的经验；第五是获得他人的充分信任与大力支持。

缺乏自信是自己最大的敌人。一个人遇到的最大对手就是自己。有时候，人不是被别人打败的，而是被自己给打败的。[9]433 缺乏自信的人，开会时坐在后排座位上，龟缩在角落里，躲避他人的视线，逃离公众的目光，不敢站起来发言。[9]505

乐观：乐观是对生活的一种态度，一种信念。"相信事情总是在向好的方向发展，而不是在向坏的方向发展，我们是在走向成功而不是在走向失败，生活会越来越幸福而不是越来越悲惨。这种信念要比任何一种习惯对生命都更有价值。"[13]序二 4

乐观多半是其他几种特质共同的结果——热诚、幽默感、希望、信心、克服恐惧的能力及坚定的意志力。**养成乐观的习惯**，会使你成功的机会大为提高。(《一年致富法》)

一个人要想取得成功，首先，他必须以乐观的态度思考问题，然后**进取性地、创造性地、建设性地、创新性地思考问题**。[9]439

热情：何谓热情？安德鲁·卡耐基说；"**热情（热忱）是将内心的感觉表现到外面来**"，表现在语言、眼睛、面部表情、肢体语言，更主要的表现是乐于助人。只要你有热情，做什么事都会充满活力、充满阳光和充满激情。

布莱恩·摩根提出一个公式：**热情＋行动＝成功**。[6]130 黑格尔讲："没有激情，任何伟大的事业都不能完成。"热情远胜于知识，情商远大于智商。伟大的物理学家、诺贝尔奖获得者爱德华·亚皮尔顿说："一个人想在科学研究上有所成就，行动的果敢和热情的态度远比专门知识重要得多。"[6]133

培养持久热情的方法是不断确定一个又一个的明确目标，不断制订计划，一个又一个地实现目标。这样做，可以提供兴奋和挑战，如此，就可以帮助一个人维持热忱于不坠。(《拿破仑·希尔成功学全书》)

光有热忱是不够的，它在很大程度上取决于你行动的**自信力度和胜算概率**。[6]140 这样，上面的公式就可改写为：热情 + 自信 + 胜算 = 成功。

杰克·韦尔奇为了实现公司的目标，**理智和情感的工作都要做**。公司所有的管理活动都要与远景目标保持一致。[41]102

开放：开放的心灵（大脑）允许你接纳新事物、新思想、新观点；**开放的心胸，是亲和力最重要的特质**。（《致富之道·成功与致富的说服术》）此外，开放也是一种自信的表现。

谦虚：松下幸之助认为："**建立在谦虚基础上的自信，是良好修养的一种表现。**"[98]162 稻盛和夫认为："**越成功，越伟大，就越应谦恭行事。**"[19]1 乔布斯在演讲中说：求知若饥，虚心若愚。[31]98

自律：自律使你得以控制自己——控制你的思想和行为；自律能使你塑造出你的**思维模式**，以配合明确目标；自律要求以你的理性来平衡你的情绪，在做决定时**兼顾你的感情和理性**。自律指导你的思想，控制你的情绪，并且以积极心态导引你的命运。（《成功之路·成功之钥》）

忍耐：忍是隐忍，耐是耐心。当条件不成熟时，要学会忍耐和等待。有时忍耐是明智的选择。忍辱负重、不厌其烦都是忍耐的具体表现。忍耐是一种策略，同时也是一种性格磨炼，它所孕育出的是好胜之心。[5]155 隐忍也是制胜之宝。心里暗暗发誓、盘算，慢慢积累力量，等待时机，一举用胜利来雪清以前的耻辱。洛克菲勒有句名言：**能忍人所不能忍之处，才能为人所不能为之事**。[5]156

包容：法国作家雨果有句名言："世界上最广阔的是海洋，比海洋更宽阔的是天空，比天空**更宽阔的是人的胸怀**。"包容允许不同思想、不同观点和不同性格的人在一起做事。**只有包容才能宽容，只有宽容才能容忍；只有容忍才能避免和别人发生冲突**。（《致富之道·成功与致富的说服术》）求同存异，得理也饶人，向敌人学习是三条简单的和谐法则。

包容是一个人的格局，而**格局决定结局**。曾国藩有这样一句名言："谋大事者首重格局。"什么叫格局? 它有很多的说法。我认为, **格局首先是志向**, 谋大事、成大事是格局的第一要素。第二是**眼光**, 是对事实的看法。同样的事实, 人们有不同的看法, 便体现了各自不同的心智。第三是**度量**。有容乃大, 要容得下各种不同类型的人。这种胸襟并非人人都具备, 因为宽阔的胸襟需要雄伟的气度。在行为上予以宽大, 化潜在的报复行动为出人意料的慷慨举措。治人之道, 奥妙在此, 政治的超凡境界也由此产生出来。[16]84 猛将张飞义释严颜, 曹操宽大处理、高规格接纳张辽, 都是格局大的表现。

独立: 自强自立, 独立思考, 自由选择。首先是经济独立, 能够独立生存。用郑板桥的话说: "流自己的汗, 吃自己的饭。"其次是人格独立, 有自我尊严, 有自主权利, 有独立之人格。第三是思想独立, **独立思考, 独立判断, 有自由之思想**。

理智: "理智表现为一种**明辨是非、通晓利害以及控制自己行为的能力**……成为一种持续的倾向时……你便拥有了**理智的性格**。"[8]211 理智的推理过程中, 一般也含有**联想和想象力**。

沉稳: 沉稳具有**统率其他性格**的作用。"一个镇定沉着、心态平衡的人能统一起他的**所有精力**。"[13]280 沉稳是**沉着 + 稳重**, 是对身体的自我控制。只有内心宁静, 才能外表沉稳。西方临床医学之父威廉·奥斯勒说过: "所谓沉稳, 就是在任何情况下都保持冷静与专心, 是暴风雨中的**平静**, 是在重大的危急时刻**保持清明的判断, 是不动如山、心如止水**。"[56]6

成熟的外科医生就像战场上的将军, 临危不惧, 处变不惊, 遇险不乱, 是因为他对疾病的情况**了然于胸**, 对可能的变化**成竹在胸**, 手上有丰富的经验, 胸中有清明的判断, 对未来有成功的胜算, 如此, 他才能沉着冷静, 忙而不乱, 有序应对, 化险为夷。

刚柔: 曾国藩说过, 近来见得天地之道, 刚柔互用, 不可偏废, 太柔则靡, 太刚则折。由此可见, 内刚外柔是一种很好的性格。曾国藩还有一句名言: "含刚强于柔弱之中, 寓申韩于黄老之内, 斯为人为官之佳境。"

坚持：坚持反映的是一种志气，一种尊严，一种目标，一种毅力，一种意志和一种恒心。这些是坚持的内在动力。"三军可夺帅也，匹夫不可夺其志。"（《论语·子罕》）。安德鲁·卡耐基将目标、志气、坚持联系在一起，他说："朝着一定目标走去是'志'，一鼓作气中途绝不停止是'气'，两者合起来就是'志气'。一切事业的成败都取决于此。"英国首相本杰明·迪斯累里一言以蔽之，曰："成功的秘诀在于坚持目标。"（《一年致富法》）美国四星上将乔治·巴顿说过："战胜困难的最好方法，就是尽量让自己**再多坚持一分钟**。"[99]6 阿尔伯特·哈伯德说过："成功与失败就差最后的那一步。"[7]37 美国前总统柯立芝说过："只有顽强和坚韧，才能无往而不胜。"

忠诚：乔恩·M. 亨茨曼最开始强调成功的秘诀是正直、眼光、承诺、自信和做决定的勇气，后来加了这一条：**谨慎地甄选在他身边工作的人**。一定要保证他们能和自己持有一样的**价值观**，确保他们具有高尚的人格，即使在压力下也**不会变节**，要确保他们是聪明的、善解人意的，并且对他们的**忠诚怀有信心**。[52]63

> **成功哲言：积极心态**
>
> 积极（正确）心态是一大组性格的涌现性。我从名著和成功人士的特征中提炼出18种性格。这18种性格按照工作的逻辑顺序依次排列如下：勇气、担当、正直、进取、自信、乐观、热情、开放、谦虚、自律、忍耐、包容、独立、理智、沉稳、刚柔、坚持、忠诚。

这18种性格组成了积极心态，这些性格之间是**相互联系**、**相互为用**的。这18种性格是任何人都不可能全部具备的，但"虽不能至，心向往之"，就是**通向成功的指路明灯**。

7.5　成功学中的哲学

7.5.1　成功与失败是一对矛盾

成功必然有成功的条件和经验，失败必然有失败的原因和教训。成功不会自动形成经验，因此需要总结。我的体会是：**经验 = 经历 + 验证 + 反思**。我的体会与研究领导力的世界级权威本尼斯的认识是一致的。他说："在你对经历进行了思考、分析、检验、质疑和反思，并最终理解了它们之前，这些经历就还不是真正属于你的。"[2]130

研究失败的教训与学习成功的经验同样重要，而且从失败中可以学到更多的东西。本杰明·富兰克林说过："**使你伤痛的事，最能教育你的心。**"[38]171约翰·纪林格说过："**失败是我真正认识自己的最好机会。**"[38]109

南非将军简·史马兹说："一个人的失败，不是被对手打败，**而是被自己打败。**"[38]79 此话不假，不管外面的环境有多险恶，你所要打的最大的一仗，不是外在的，而是内在的。如何来打好这一场仗呢？从培养正确的态度开始。

心理学家萧登·考伯说："**所有重大的战争，都在内心。**"此话也不假，人们最大的争战，就是对抗自己的缺点和失败。[38]116

前车之鉴，后事之师。分析刘邦的成功和分析项羽的失败一样重要。通过研究别人的大败局，我们不但可以避免同样的错误，少走弯路，而且可以获得对错误的免疫力，直奔成功的高速公路。[68]译者序2—3 研究总结无非就是**寻找规律性的东西**，即寻找共同的特征。不同行业、不同企业的失败有着相同的哲学原因。

7.5.2　成功和失败可以相互转化

自大 + 憎恨 + 不尊重你的对手 = 灾难，是王安电脑由成功转为失败的原因。[69]105 由于永不放弃的毅力和决心，林肯终于登上美国总统的宝座。他在29 年间经历了 10 次失败。[100]217 他将每一次的失败轻描淡写地说成："这不过是滑了一跤而已，**并不是死了爬不起来了。**"[5]57 他面对失败有着钢铁般的毅力，说："你无法在天鹅绒上磨利剃刀。"[5]56

失败的十大原因是：①缺乏与人相处的技巧；②负面的心态；③用非所长；④不专心；⑤决心不足；⑥不愿改变；⑦巧取心态：想抄捷径；⑧只靠才华：不

下苦功；⑨资讯不足；⑩没有目标：不知道自己要什么。[38]194—202

如何从失败中学习：①分析失败的原因是由环境、别人还是自己造成的；②判断所发生的事，确实是失败，或只是没有达成目标；③分析失败中含有多少契机；④分析自己能从中学到什么；⑤分析自己是否感激这段经历；⑥如何化失败为成功；⑦分析谁能在这件事上帮助你；⑧分析自己下一步该做什么。[38]177—182

订立东山再起的计划

①订立目标（Finalize Your Goal）：有目标才有计划，有计划才有行动，有行动才能产生结果，有结果才能带来成功。②拟定计划（Order Your Plans）："没有做准备，就是为失败做好了准备。"富兰克林的这句话，虽然有点奇怪，却一点也不假。③不畏失败，采取行动（Risk Failing by Taking Action），不停地向前走。④迎接失误（Welcome Mistakes）：从来不犯错的人，也从来不会有所成就。⑤凭借性格，向前迈进（Advance based on Your Character）。⑥不断地重新评估进度（Reevaluate Your Progress Continually）。⑦为求成功，研究新策略（Develop New Strategies to Succeed）。

莱思特·梭罗指出："一个竞争性很强的世界，只给你两条路走——或是失败，或是成功；如果想要成功，你就得有所改变。"[38]226—230

成败的差别就在一点点。成败之间的差别有时很大，有时却很小。这取决于竞争环境和竞争对象。拿破仑·希尔在《人人都能成功》中指出："成功与失败之间的差别有时很小，不过是**更多的一点什么东西**。"[17]60 爱因斯坦说，他 99 次都失败了，但第 100 次成功了，成败之间只差 1 次。因此，你要想在高手如云的激烈竞争中脱颖而出，只需比别人**多看一点点，多想一点点，多做一点点，多坚持一点点**。成败往往就在最后冲刺的几步，行百里者半九十，就是没有坚持最后的几步。**这就是成功学中的质量互变规律。**

7.5.3　成功公式的哲学思想

任何理论都是有边界条件的，任何决策都是有边界条件的，任何物理公式和化学反应都是有条件的。**成功同样是有条件的**。首先，要有正确的意识。其次，要有积极的心态。这两个条件始终影响着怎么看 + 怎么想 + 怎么做的全过程。它们之间的关系可参见第 1 页图 1-1。

7.5.4　具有普遍性的命运公式

人类不全是正确的意识，也不全是积极的心态，那么结果会怎么样呢？人类的意识也是二元结构：**善念与恶念**。行善或作恶就在一瞬间，其结果却是天壤之别，或成为天使，或成为魔鬼。意识中的善恶是人类的情性。一般而言，情性反应优先于理性认识。**由外界刺激引起的第一反应一定是情感——好恶、爱憎、恐惧、焦虑、羡慕、嫉妒等**。这些情感会直接影响到随后的理性认识。

7.5.4.1　心态有两种：积极与消极

积极心态者，历经坎坷，最终走向成功。消极心态者，悲观放弃，不思东山再起，最终走向失败。成功与失败都是人生的命运。其逻辑顺序如下：意识（善念、恶念）—心态（积极、消极）—看法（观念）—想法（思想）—做法（行为）—习惯—性格—选择—决策—命运（结果）。

洛克菲勒认为态度起到决定性的作用。态度是每个人思想和精神因素的物化，它决定着人们的**选择和行动**。从这个意义上说，态度是人们最好的朋友，也是人们最大的敌人。[5]144

7.5.4.2　意识有两种：善念与恶念

意识有两条线：善念和恶念。与善念对接的是积极心态，与恶念对接的是消极心态。

我们可以**将成功公式扩展为命运公式**。命运公式具有更大的普遍性，适合更多的人群。成功公式只是研究成功人士的成功规律，为奋斗的人群指明努力成功的路径。事实上，失败的人群也是走的同样的路径，**只是方向相反而已**。

因此，路径的切入点是成败的分水岭。由此可见，方向的选择—战略决策—决定成败是有道理的。命运公式可见第 1 页图 1-1。

这个命运公式可以用下列一段话予以概括：有什么样的意识，就会有什么样的心态；有什么样的心态，就会有什么样的看法；有什么样的看法，就会有什么样的想法；有什么样的想法，就会有什么样的行为；有什么样的行为，就会有什么样的习惯；有什么样的习惯，就会有什么样的性格；有什么样的性格，就会有什么样的选择；有什么样的选择，就会有什么样的决策；有什么样的决策，就会有什么样的命运。

哲学并不神秘。哲学就在你身边，哲学就在你身上。哲学是一种认知、一种理念、一种战略、一种方向、一种愿景、一种战术。我在美国约翰·霍普金斯大学医学院做访问学者时，在讨论贲门胃底癌的治疗时，美国著名外科教授、我的导师约翰·L.卡梅伦，询问中国协和医院的访问教授：你们的哲学是什么？（what is your philosophy?）意思是你们对这种病怎么治疗？

这个问题涉及医院的办院哲学、医生做人的哲学、医生做事的哲学。

在战略层面，愿景是组织最重要的哲学；在战术层面，愿景是哲学的实践；在个人层面，愿景是哲学在每个员工行为上的体现。[2]235

如何处理"软价值"和"硬措施"的关系，也是一个哲学问题。杰克·韦尔奇认为："没有强硬的措施，软的方面就不会实现。软环境要以硬行动为基础。"[41]116

领导要用自己的哲学创造组织文化。正如沃伦·本尼斯所讲的："一个领导者会以最积极的方式把自己的哲学强加给组织，创造或者改造其文化。然后，组织遵照那种哲学行动，完成其使命；组织的文化具有了自己的生命。"[2]185

用好哲学，犹有神助。哲学思想是各种思想的根源。哲学应用得最广泛的是辩证法，辩证法是非凡的智慧。正如柏拉图所说："我必须使我们的管理者成为哲学家。"[52]8 古希腊最著名的外科大师克劳迪亚斯·盖伦说："好的医生也应该是哲学家。"我几年以前曾经说过：医有哲学，犹如神助。实际上，各行各业，均是如此。

善恶一念间，天地两重天。人类的本性中既有善念，也有恶念。**要用善念消除恶念。**古往今来，古今中外，一些伟大的人物，**善恶之念一瞬间，天使魔鬼两重天**，关键就在**意识的转变**。宋朝韩世忠原本是乡里的一个泼皮无赖，为乡里的一大祸害，后来改邪归正，成为有名的抗金英雄。唐玄宗年轻时是一代有作为的英明贤主，年老时因为骄奢淫逸而导致安史之乱，唐朝由盛世转为衰败。

化消极为积极，成就一番伟业。布莱恩·摩根认为："只要失败的人能从心底里清除他们的消极心态，那他们就一定能取得成功。"[6]55 要清除恐惧、焦虑的心态，使人具有一种进取心态。美国托马斯·爱迪生在上小学的时候，被老师和同学嘲笑很蠢，态度消极，但他在妈妈的鼓励下，积极向上，成为世界上伟大的发明家。

起点不是终点，奋斗才能攀上巅峰。一般情况下，父母的位置决定了孩子的人生起点。但是，很多官二代、富二代并没有走向成功，而一些出身寒门的人终成大器者，不乏其人。洛克菲勒坚信**"我奋斗，我成功"**的真理，命运是由自己的行动决定的，而绝对不是完全由出身决定的。[5]16 只有自立才能自强，只知道依赖父母的孩子，最终会成为不思进取的傻瓜和愚蠢透顶的废物。这正如康熙皇帝指出的："痴呆软弱，娇养所致。"真正在成功中扮演着极为重要角色的因素有"能力、态度、性格、抱负、手段、经验和运气等各种因素"。[5]19

● ● ● 成功哲言：成败转化

　　成功与失败是一对矛盾，在一定的条件下是可以相互转化的。什么样的条件？第一，转化成功公式的两个条件，即意识在善念、恶念之间转化，态度在积极、消极之间转化。这是人的变化。第二，从量变到质变，或积小胜为大胜，或屡战屡败致惨败。这是质的变化。第三，意外因素的参与，改变了事物发展的趋势和结局，这是运气，是天意，非人力可抗拒。这是机的变化。

简而简之，要而要之。如果要用一个词来概括"意识"，那么就是"察觉"；如果要用一个词来概括"心态"，那么就是"宁静"；如果要用一个词来概括"怎么看"，那么就是"眼光"；如果要用一个词来概括"怎么想"，那么就是"智慧"；如果要用一个词来概括"怎么做"，那么就是"言行"。只有"察觉"才能发现问题，遇到问题时要保持"宁静"的心理状态，在宁静中就会产生"眼光"，在宁静中就会产生"智慧"。智慧的行为表现在"言行"上。这就是极简的成功学哲学原理。

本章节告诉你怎么看、怎么想和怎么做的成功原理、原则和方法，并提出成功大公式：怎么看 + 怎么想 + 怎么做 = 成功。这个大公式有两个条件：正确的意识和积极的心态，进而将这个公式拓展为具有普遍性的命运公式。这些都是为你走向成功提供了一把金钥匙。但如何使用这把金钥匙去打开成功的大门，还需要你亲自去实践、实践、再实践，奋斗、奋斗、再奋斗，毕竟，卓越的业绩只能依靠自己去奋斗、去赢取，无法指望他人替你代看、代想与代劳。成功之道，概说如是!

参考文献

[1] 拿破仑·希尔，克里曼特·斯通. 积极心态带来成功 [M]. 明武，译. 北京：中信出版社，2011.

[2] 沃伦·本尼斯. 成为领导者（纪念版）[M]. 徐中，姜文波，译. 杭州：浙江人民出版社，2016.

[3] 稻盛和夫. 思维方式 [M]. 曹寓刚，译. 北京：东方出版社，2018.

[4] 钮先钟. 战略研究 [M]. 桂林：广西师范大学出版社，2003.

[5] 范毅然. 洛克菲勒写给儿子的 38 封信 [M]. 长春：吉林文史出版社，2019.

[6] 布莱恩·摩根. 成功人士的 12 个黄金法则 [M]. 沈葳，译. 北京：现代

出版社，2005.

[7] 阿尔伯特·哈伯德.自磨自砺 [M].韩可，译.北京：中国妇女出版社，2005.

[8] 文德.性格决定命运 [M].北京：中国华侨出版社，2015.

[9] 奥里森·马登.成功学原理（第 2 版）[M].北京：中国发展出版社，2004.

[10] 吉米·道南.成功的策略 [M].赖伟雄，译.天津：天津教育出版社，2012.

[11] 赵蕤.反经 [M].南京：江苏凤凰美术出版社，2016.

[12] 丹尼尔·卡斯特罗.正确选择　勇敢放弃 [M].魏青江，方海萍，译.北京：高等教育出版社，2006.

[13] 奥里森·马登.思考与成功：对自己进行投资，正确思考的奇迹 [M].北京：中国档案出版社，2000.

[14] 戴维·休谟.人性论（一）[M].石墨球，译.北京：九州出版社，2007.

[15] 曼松.世界文豪妙语精选 [M].西宁：青海人民出版社：1994.

[16] 巴尔塔沙·葛拉西安.智慧书 [M].李汉昭，译.天津：天津教育出版社，2008.

[17] 拿破仑·希尔，克里曼特·斯通.人人都能成功 [M].李润生，李海宁，译.武汉：湖北人民出版社，1988.

[18] 王梓坤.科学发现纵横谈 [M]，长沙：湖南教育出版社，1999.

[19] 稻盛和夫.活法叁：寻找你自己的人生王道 [M].蔡越先，译.北京：东方出版社，2009.

[20] 房秀文 . 兵商如铁 [M]. 北京：人民出版社，2007.

[21] 路杰 . 决策：定战略的胆与识 [M]. 北京：中国发展出版社，2007.

[22] 吴甘霖 . 管理王道：向杰出帝王学管理智慧 [M]. 北京：北京大学出版社，2007.

[23] 约翰·阿代尔 . 战略领导 [M]. 冷元红，译 . 海口：海南出版社，2006.

[24] 歌德·吉仁泽 . 成败就在刹那间 [M]. 北京：中国人民大学出版社，2009.

[25] 拿破仑·希尔 . 思考致富 [M]. 曹爱菊，译 . 北京：中信出版社，2008.

[26] 彼得·德鲁克 . 卓有成效的管理者 [M]. 许是祥，译 . 北京：机械工业出版社，2005.

[27] 胡泳 . 张瑞敏谈管理 [M]. 杭州：浙江人民出版社，2007.

[28] 彼得·德鲁克 . 管理：使命、责任、实务（务实篇）[M]. 王永贵，译 . 北京：机械工业出版社，2006.

[29] 郭树勇 . 战略演讲录 [M]. 北京：北京大学出版社，2006.

[30] 傅佩荣 . 智慧与人生 [M]. 北京：企业管理出版社，2005.

[31] 金正男 . 只为完美：乔布斯撼动世界的创想力 [M]. 千太阳，译 . 北京：中信出版社，2012.

[32] 游彪 . 正说宋朝十八帝 [M]. 北京：中华书局，2005.

[33] 约翰·S. 哈蒙德，拉尔夫·L. 肯尼，霍华德·莱福 . 决策的艺术 [M]. 孙涤，郑荣清，卢刚，等，译 . 上海：上海人民出版社，2003.

[34] 赵光忠 . 领导决策力 18 法则 [M]. 北京：中华工商联合出版社，2006.

[35] 金良灏 . 成功大揭秘：成功者的思维方式 [M]. 朴莲顺，译 . 延吉：延

边大学出版社，2006.

[36] 陈泰先 . 性格决定命运 [M]. 北京 : 中国华侨出版社，2002.

[37] 陈波 . 逻辑学读本 [M]. 北京 : 中国人民大学出版社，2009.

[38] 约翰・C. 马克斯韦尔 . 转败为胜 : 从失败走向成功的领导法则 [M]. 甘张梅君，译 . 北京 : 新华出版社，2003.

[39] 卢达・科佩金娜 . 每一次都做对决策 [M]. 李莹，译 . 北京 : 机械工业出版社，2006.

[40] 吴军 . 态度 [M]. 北京 : 中信出版集团，2018.

[41] 杰克・韦尔奇，约翰・拜恩 . 杰克・韦尔奇自传 [M]. 曹彦博，孙立明，丁浩，译 . 北京 : 中信出版社，2001.

[42] 詹姆士・艾伦 . 我的人生思考 [M]. 李汉昭，译 . 合肥 : 安徽教育出版社，2008.

[43] 赫尔曼・西蒙 . 思考力 [M]. 郑璐，范西蒙，姜欢，译 . 北京 : 中国人民大学出版社，2008.

[44] 斯坦金 . 拿破仑・希尔成功金言录 [M]. 呼伦贝尔 : 内蒙古文化出版社，2002.

[45] 丹尼斯・库思 . 心理学导论 : 思想与行为的认识之路（第 11 版）[M]. 郑钢，等，译 . 北京 : 中国轻工业出版社，2007.

[46] 撒穆尔・伊诺克・斯通普夫，詹姆斯・菲泽 . 西方哲学史（修订第 8 版）. 匡宏，邓晓芒，等，译 . 北京 : 世界图书出版公司，2009.

[47] 昂利・彭加勒 . 科学与方法 [M]. 李醒民，译 . 北京 : 商务印书馆，2018.

[48] 李津 . 思维 [M]. 北京 : 金城出版社，2005.

[49] 王永生 . 创新方略论 [M]. 北京：人民出版社，2002.

[50] 李嗣丞 . 决策决定成败 [M]. 北京：金城出版社，2008.

[51] 王健，等 . 王者的智慧 [M]. 太原：山西人民出版社，2008：

[52] 乔恩·M. 亨茨曼 . 胜者不欺：成为事业与生活的双重赢家 [M]. 冯蕊，译 . 北京：中国人民大学出版社，2006.

[53] 彼得·德鲁克 . 21 世纪的管理挑战 [M]. 朱雁斌，译 . 北京：机械工业出版社，2006.

[54] 彼得·德鲁克 . 管理的实践 [M]. 齐若兰，译 . 北京：机械工业出版社，2006.

[55] 曹岫云 . 稻盛和夫的成功方程式 [M]. 北京：东方出版社，2017.

[56] 威廉·奥斯勒 . 生活之道 [M]. 邓伯宸，译 . 桂林：广西师范大学出版社，2007.

[57] 莱德·约翰逊，格瑞格·哈泼 . 将帅之道 [M]. 杨壮，译 . 北京：中国社会科学出版社，2006.

[58] 诺埃尔·蒂奇，沃伦·本尼斯 . 决断 [M]. 姜文波，译 . 北京：中国人民大学出版社，2008.

[59] 塞缪尔·斯迈尔斯 . 品格的力量 [M]. 王正斌，秦传安，译 . 北京：中央编译出版社，2007.

[60] 张庆利，杜尚侠 . 正说汉朝二十四帝 [M]. 北京：中华书局，2005.

[61] 罗莎贝斯·莫斯·坎特 . 连胜的艺术 [M]. 孙伊，译 . 北京：中信出版社，2007.

[62] 王力 . 管理就是决策：第一次就把决策做对 [M]. 北京：人民邮电出版社，2015.

[63] 陈寿 . 三国志 [M]. 裴松之，注 . 上海：上海古籍出版社，2011.

[64] 史林 . 曾国藩和他的幕僚（第 2 版）[M]. 北京：中国言实出版社，2003.

[65] 曾国藩 . 挺经 [M]. 史林，注译 . 北京：中国言实出版社，1998.

[66] 佟明翔，谷兴，史卫民 . 一念之差：决定战争成败的拐点 [M]. 北京：中国言实出版社，2005.

[67] 杰克·韦尔奇，苏茜·韦尔奇 . 赢 [M]. 余江，玉书，译 . 北京：中信出版社，2005.

[68] 西武 . 木桶定律 [M]. 北京：机械工业出版社，2004.

[69] 克斯坦 . 成功之母 [M]. 俞利军，译 . 北京：高等教育出版社，2008.

[70] 盖伊·川崎 . 胜算：用智慧击垮竞争对手 [M]. 张力，译 . 北京：京华出版社，2006.

[71] 唐浩明 . 唐浩明评点曾国藩语录（上）[M]. 北京：华夏出版社，2009.

[72] 唐浩明 . 唐浩明评点曾国藩家书（下）[M]. 长沙：岳麓书社，2002.

[73] 比尔·乔杜里 . 六西格玛的力量 [M]. 郭仁松，朱健，译 . 北京：电子工业出版社，2005.

[74] 李天道 . 外国演讲辞名篇快读 [M]. 成都：四川文艺出版社，2004.

[75] 西莉亚·桑迪斯，乔纳森·利特曼 . 永不言败：斯顿·丘吉尔的领导智慧 [M]. 吉小茜，徐维光，译 . 太原：希望出版社，2005.

[76] 约翰·奥基夫 . 打破管理常规 [M]. 齐家才，等，译 . 北京：中国社会科学出版社，2005.

[77] 卡尼曼 . 思考，快与慢 [M]. 胡晓姣，李爱民，何梦莹，译 . 北京：中信出版社，2012.

[78] 白春礼，郭传杰 . 院士谈做人 求知 问学 [M]. 北京：学苑出版社，2003.

[79] 黎鸣 . 学会真思维 [M]. 北京：中国社会出版社，2009.

[80] 杰斯·费斯特，格雷格·费斯特 . 人格理论（第 7 版）[M]. 李茹主，译 . 北京：人民卫生出版社，2011.

[81] 鲁斯特，达尔泽尔 . 变中求胜：UPS 百年成功之道 [M]. 钱睿，等，译 . 北京：机械工业出版社，2008.

[82] 稻盛和夫 . 活法贰：成功激情 [M]. 曹岫云，译 . 北京：东方出版社，2016.

[83] 格林，艾尔弗斯，邓继好，周小进，译 . 战争的 33 条战略 [M]. 上海：东方出版中心，2007.

[84] 理查德·吕克 . 危机管理：掌握抵御灾难的技巧 [M]. 蒲红梅，译 . 北京：商务印书馆，2007.

[85] 中国科学院神经科学研究所 . 大脑的奥秘 [M]. 上海：上海科学技术出版社，2017.

[86] 乔宪金 . 四维演讲兵法 [M]. 北京；北京工业大学出版社，2008.

[87] 加洛 . 乔布斯的魔力演讲 [M]. 徐臻真，译 . 北京：中信出版社，2010.

[88] 盖伊·黑尔 . 领导者之剑 [M]. 杜豪，等，编译 . 北京：机械工业出版社，2006.

[89] 托马斯·L. 萨蒂 . 创造性思维：问题处理与科学决策 [M]. 石勇，李兴森，译 . 刘玮，审校 . 北京：机械工业出版社，2016.

[90] 卡尔·皮尔逊 . 科学的规范 [M]. 李醒民，译 . 北京：商务印书馆，2015.

[91] 威尔逊. 知识大融通：21 世纪的科学与人文 [M]. 梁锦塑，译. 北京：中信出版社，2015.

[92] 艾美·赫曼. 洞察：精确观察和有效沟通的艺术 [M]. 朱静雯，译，北京：中信出版社，2018.

[93] 稻盛和夫. 干法 [M]. 曹岫云，译. 北京：机械工业出版社，2015.

[94] 亦帆. 性格成功学 [M]. 北京：北京工业大学出版社，2006.

[95] 塞缪尔·R.韦尔斯. 观人学 [M]. 王德伦，译. 北京：中国商业出版社，2005.

[96] 尼娜·莱索维兹，玛丽·贝斯·萨蒙斯. 勇气 [M]. 李莉，译. 北京：中国人民大学出版社，2017.

[97] 金缨. 格言联璧 [M]. 陈焕良，注译. 长沙：岳麓出版社，2003.

[98] 松下幸之助. 经营沉思录 [M]. 猿渡清光，路秀明，译. 海口：南海出版公司，2009.

[99] 张志军. 霸气的力量 [M]. 南京：南京大学出版社，2005.

[100] 约翰·N.曼吉埃里，凯茜·柯林斯·布劳克. 思考的技术：思考力决定领导力 [M]. 李家强，译. 北京：高等教育出版社，2005.

道是人性

道生一,一生二,二生三,三生万物。

——老子

究天人之际,通古今之变,成一家之言。

——司马迁

我根据自己对人类人性的深入研究,得出**宇宙人性**的新概念。(参见本书另文)宇宙人性是一个系统。按照系统论的观点,任何一个系统都有其整体涌现性,那么宇宙人性的整体涌现性是什么?我一直找不到合适的词加以概括!这里面要搞清楚两个问题。第一个问题,什么是系统的涌现性?第二个问题,宇宙人性整体的涌现性是什么?

系统整体涌现性的概念。系统整体具有其他元素或组分及其总和不具有的特征,称为系统的**整体涌现性**。或者说,诸多组分一旦按照某种方式整合为系统就会呈现出来,一经分解为独立的组分便不复存在的特征,这就是系统的整体涌现性。

贝塔朗菲曾借用亚里士多德的命题"**整体大于部分之和**"来直观地表述这种整体涌现性,并获得广泛认可。从字面来看,这是一个量化的命题,容易引导人们把整体涌现性局限于系统的定量属性。此外，还有一种更简化的说法，即以下公式：

$$1+1>2$$

此公式直观形象并广为流传，但是这种说法从理论上讲是不严谨的。系统的整体涌现性**固然有定量的内涵**，但它首先是指系统的**定性特征**，整体具有组分之和所没有的新特质，即新的**定性特征**。几种化学成分（底物）经过化学反应而产生的化合物，具有与底物完全不同的化学性质。一堆自行车零件无法派上用场，一经组装为自行车，它就是一个交通工具。

系统的整体涌现性归根结底源于四种效应：**组分效应、规模效应、结构效应和环境效应**。[1]21—22

整体涌现性的概念问题解决了，宇宙人性的整体涌现性是什么？我一直在思考这个问题，但没有找到合适的词。2021 年 10 月 18 日，我再读钮先钟的《战略家》时，突然悟到一个新概念：道性。大家都知道有德性、人性、个性等概念，我今天提出"道性"，算是概念创新。**道性的本质是"道"**，那么，问题又来了，什么是"道"？这是一个比较高深的问题，需要进行广泛深入的研究，本文重点探讨以下四个问题：

1. 道的概念是什么，即道的定义是什么；

2. 什么是道，运用枚举法列出道的种类；

3. 道是什么，即道的本质是什么；

4. 宇宙人性的涌现性。

1 道的概念是什么

《现代汉语词典》第 7 版对"道"的解释有：①方向、方法、道理；②技艺、技术；③学术或宗教的思想体系。它对"道理"的解释有：①事物的规律；

②事情或论点的是非得失的根据、理由、情理；③办法和打算。看起来，"道"是一个多义词，在**不同语境中具有不同的意义**。但道是无所不在的。它在一切之上，又在一切之中。[2]111

2 \ 什么是道

人们将道归纳为：天地之道、心灵之道、处事之道、君子之道、交友之道、理想之道、人生之道等。张宏儒整理《资治通鉴》600 条语录，将道分为七个方面：为政之道、为君之道、为臣之道、为人之道、用人之道、用兵之道、理财之道。

当然，我们还可以列出很多的道，但这些"**道**"太过笼统，操作性比较差，也不容易记忆。比如说，"为政之道"有几条？"用兵之道"有几条？"为人之道"有几条？"用人之道"有几条？每一条的概念是什么？这样，我们就可以将这些"道"分解成一些简单扼要的概念，然后对这些概念进一步抽象，**形成高位的概念**。这就是我在下面要做的工作。

2.1 道是规律

《现代汉语词典》对"规律"的解释是："事物之间的内在的**本质联系**。这种联系不断重复出现，在一定条件下经常起作用，并且决定着事物必然向着某种趋向发展，也叫法则。"

掌握规律，运用规律。孙膑认为："知道，胜"，"不知道，不胜"。他还认为："安万乘国，广万乘王，全万乘之民命者，唯知道。""知道者，上知天之道，下知地之理，内得其民之心，外知敌之情；阵，则知八阵之经（规则）；见胜而战，弗见而诤（止），此王者之将也"。[3]156

2.2　道是道理

庄子将老子"道法自然"的思想具体化，说："**天地有大美而不言，四时有明法而不议，万物有成理而不说。圣人者，原天地之美而达万物之理。**"（《庄子·知北游》）。意思是：天地有最大的美德，却沉默无言；一年四季有明确的规律，却从不议论；万物有它固定的道理，却不加解释。圣人正是通过推究天地的美德而知晓了**万物生成的道理**。道理有大小之分，**小道理要服从大道理**。

2.3　道是思想

思想有两种基本的含义：一种是古人经过实践、思考、总结的思想，**这种思想是过去完成时**。另一种思想是活的思想，是对当下问题思考的结果。前一种思想需要学习、继承与借鉴；后一种思想需要实践与思考。

孙子的主要战略战术思想有"**先胜而后求战**"，不打无准备之仗，不打无把握之仗。他认为，战前稳操胜算的主要办法是做好"**庙算**"。他说："夫未战而庙算胜者，得算多也，未战而庙算不胜者，得算少也。**多算胜，少算不胜，而况不算乎。吾以此观之，胜负见矣。**"

"庙算"是最高决策者在战前根据敌我双方政治、经济、军事、地理情况的分析、综合、判断，并做出决策。"知己知彼，百战不殆"，要求主观指导与客观一致 。"致人而不致于人"，力争把握战争的主动权。"攻其无备，出其不意"，强调用兵的突然性。"兵因敌而制胜"，依据敌情决定战法。孙子说："水因地而制流，兵因敌而制胜。""兵无常势，水无常形，能因敌变化而取胜者，谓之神。""知天知地，胜乃可全"，重视气候、地理因素对战争的影响。[3]79—87

曹操以道御之，无所不可。在"争天下"这个问题上，曹操与袁绍的一段对话可以概括其军事思想纲要。袁绍的打算是："吾南据河，北阻燕、代，兼戎狄之众。南向以争天下，庶可以济乎？"操曰："吾任天下之智力，**以道御之，无所不可。**"由此可见，袁绍注重的是**地盘实力**，曹操强调的是主观指导，而最后的结果是曹胜袁败，**道的力量决定成败**。

2.4 道是原则

孙膑高度概括地提出四条制胜的基本原则。他说："兵之道四，曰阵、曰势、曰变、曰权。"阵，就是战斗队形。势，就是创造有利的态势。变，就是临机应变，出奇制胜。权，就是权衡轻重、趋利避害。[3]151—155

尉缭提出"杀之贵大，赏之贵小"的原则。

孙子曰："明主虑之，良将修之，非利不动，非得不用，非危不战。主不可以怒而兴师，将不可以愠而致战。合于利而动，不合于利而止。**怒可以复喜，愠可以复悦**，亡国不可以复存，死者不可以复生。故明君慎之，良将警之。此安国全军之道也。"[4]95 聪明的君主应该慎重对待战争，优良的将帅应该警惕战争，这才是**安定国家和保全军队的重要原则**。

2.5 道是要领

李世民总结作战经验时说："吾自少经略四方，颇**知用兵之要**。每观敌陈，则知其强弱。常以吾弱当其强，强当其弱。彼乘吾弱，逐奔不过数十百步，吾乘其弱，必出其陈后反击之，无不溃败，所以取胜，多在此也。"[3]422

2.6 道是路线

道是路线图（WAY）。战略目标确定了之后，还有个路线选择的问题。条条大路通罗马，你选择哪条路线？领导者要提供一个**明晰的路线图**，负责解释决策过程中的关键步骤，并选择一个可靠的行动方案。[5]230 当然，一名领导者必须保持灵活性，要根据变化情况改变原来的路线图。

梦想是潜在的路线图。本尼斯认为，通过拥抱和"经营"一个真实的梦想，领导者就真正地肩负起塑造未来的责任。**一个梦想就是一张路线图**。它告诉你怎样前往与命运碰头的约会地点；梦想就是一系列富有想象力的假设，摸

索着走向存在于我们意识深处的栩栩如生的理想境界。[6]序Ⅷ—Ⅸ

直接路线与间接路线。李德·哈特提倡的"间接路线"（indirect approach），和孙子主张的"以迂为直，以患为利"思想路线是一致的。

2.7　道是方式

李广与程不识二人均为西汉时期的名将，都任边郡太守率军屯边，但二人治军**方式**完全不同。每次出击，李广不要求部伍整肃，至水草丰美之地，即停下宿营，宿营时允许士卒随便活动，夜间亦不派巡逻，更不要求僚属书写行军、战斗文书。而程不识恰好相反，要求部伍严整，重视军队纪律。司马光评述说："言治众而不用法，无不凶也。李广之将，使人人自便，以广之材，如此焉可也；然不可以为法。""效程不识，虽无功，犹不败；效李广，鲜不覆亡者！"这一评论是恰当的。

2.8　道是手段

手段、方式、方法严格来说都是属于"**术**"层面的东西。这里又说"道是手段"，自相矛盾吗？不！它们是**相反相成**的关系，是**一体两面**的关系。不同的道有不同的术，这也叫作目的与手段的统一性。梁启超在《儒家哲学：国学要籍研读法四种》中提出一个重要的观点："道不离术，术不离道。"

人做什么事都是有目的的。刘秀的政治目的在于取得天下，重建汉室。他接受邓禹的献策，要"**延揽英雄，务悦民心**，立高祖之业，救万民之命"。延揽英雄，务悦民心就是手段。

尉缭认为取胜的手段有三种，即"有以**道胜**，有以**威胜**，有以**力胜**"。他说："讲武料敌，使敌之气失而师散，虽形全而不为之用，此道胜也；审法制，明赏罚，便器用，使民有必战之心，此威胜也；破军杀将，乘闉发机，溃众夺地，成功乃返，此力胜也。"能熟悉这三种手段，就掌握了制胜之道了。

司马光在《资治通鉴》中说："夫立策决胜之术，其要有三：**一曰形**，二曰势，三曰情。形者，言其大体得失之数也；势者，言其临时之宜、进退之机也；情者，言其心志可否之实也。故策同、事等而功殊者，三术不同也。"

掌握好度。在使用手段的时候存在"度"的问题，过犹不及，物极必反，这也是艺术的精华之所在。赵蕤提出一个重要的概念："夫天道极即反，盈则损。"道极即反的概念涉及哲学层面，是量变到质变的飞跃。

2.9　道是理想

吴稼祥在《智慧算术：加减谋略论》一书中提出："道是理想，谋是桥梁……道与谋的统一，是目的与手段的统一。"在这里，道是理想，是目的，是人类做某种事的目标。这与前面讲的道是路线、道是梦想具有某种程度的一致性。

> **成功哲言：道的含义**
>
> 成功之道的"道"有多种含义，曰规律，曰道理，曰原则，曰要领，曰路线，曰方式，曰手段，曰目的，在不同的语境中有不同的含义。

3 道是什么

什么是道和道是什么，顺序若颠倒了，它们就有**本质的差别**。什么是道？是靠**枚举**的方法，说明什么是道；而道是什么？是用归纳的方法，阐明道的本质。那么，道的本质是什么？是哲学！

3.1　道是哲学

3.1.1　大道至简就是哲学

什么是"大道"？不同的领域，不同的行业，不同的专业，各有其道，例如，为医之道、为官之道、为将之道、经商之道、用兵之道等，将这些"道"综合起来、抽象概括，就成为"大道"——为人之道。大道至简，道唯一；大道演化，道无穷。这就是老子"道生一，一生二，二生三，三生万物"的哲学原理。

如何至简？一抓本质，各种道在本质上是统一的，为医之道，为官之道，为将之道，经商之道，本质上都是为人之道。**二抓哲学**，千流入海，**万法归宗**，各种道的最高境界都会进入哲学层面，都要遵守哲学的普遍规律，例如普遍联系规律、对立统一规律、质量互变规律、否定之否定规律。**三抓整合**，整合就是进行知识的**重组、重排、重构**。整合的基础是什么？是**精通**，是一门精、多门通。

3.1.2　道是人生哲学

人生哲学要回答的是一些带有根本性的问题。

人为什么要活着？稻盛和夫讲得很清楚："我所思考的'活法'，也就是我的人生观，立足于做人最基本的伦理观和道德观。我一生着力彻底地贯彻这样的伦理观和道德观。正因为是基于最朴实的做人的原则，所以能够超越国家、语言、民族和宗教的障碍，普遍地为人们所接受……具体来说，就是**正义、公正、公平、诚实、谦虚、努力、勇气、博爱**等等。用这些词汇表达的伦理观和道德观，适用于企业经营，适用于日常工作，适用于人生的各个方面，它就是**万般皆通的'原理原则'**。"[7] 自序 2

3.2　道法自然

这是老子的哲学思想，《道德经》曰："**人法地、地法天、天法道、道法自然。**"大自然本身就是我们最好的老师。了解自然法则，人们就有路可循，可以发展壮大。**生存之道，适者生存，优胜劣汰**。庄子将老子"道法自然"的思想具体化，说："天地有大美而不言，四时有明法而不议，万物有成理而不说。圣人者，原天地之美而达万物之理。"

4 宇宙人性的涌现性：道性

4.1 道是人性

唐太宗论治国之道时说："为君之道，必须先存百姓。若损百姓以奉其身，犹割股以啖腹，腹饱而身毙。若安天下，必须**先正其身**，未有身正而影曲，上治而下乱者。朕每思伤其身者不在外物，皆由**嗜欲以成其祸**。"(《贞观政要》)

唐太宗在评价隋文帝时说："此**人性至察**而心不明……每事皆自决断，虽则劳神苦行，**未能尽合于理**。朝臣既知此意，亦不敢直言。宰相以下，惟即承顺而已。朕意则不然，以天下之广，四海之众，千端万绪，须合变通，皆委百司商量，宰相筹画，于事稳便，方可奏行。岂得以一日万机，独断一人之虑也。且日断十事，五条不中，中者信善，其如不中者何？以日继月，乃至累年，**乖谬既多，不亡何待？**岂如广任贤良，高居深视，法令严肃，谁敢为非？"(《贞观政要》)

唐太宗的治国之道，**从人性着手**，先正其身，节其物欲；举贤任能，法令严明，无人敢为非。

道是人性，道是人心。"道"不是做了什么，而是怎样做，以及为什么这样做。曹操用人之道的核心，就是八个字——洞察人性，洞悉人心。曹操的**用人之道是通过八条用人之术来实现的**：①真心实意，以情感人；②推心置腹，以诚待人；③开诚布公，以理服人；④言行一致，以信取人；⑤令行禁止，以法制人；⑥设身处地，以宽容人；⑦扬人责己，以功归人；⑧论功行赏，以奖励人。[8]115

反过来认识，人性就是道性。宇宙人性的涌现性，就是道性。

4.2　道是习惯

奥斯勒说："我所要讲的，只有一个'道'字，……生活哲学……不是……大道理……大计划，而是一条道路……一种习惯。""**生活只是一种习惯**"，也就是一连串不需要经过大脑的行为。[9]110—111

其实，人格由习惯养成，道是自然而然的习惯。每个人在思想上、言语上、行为上，都有一套自己的生活哲学，行之而不自觉。其实，有而不觉，那才是最好的，如果自以为是，那才最糟。**生活哲学是自然养成的。**[9]109

食物、睡眠与愉快的心情，有了这三样，再加上适当的运动，你们也就掌握了健康之道。[9]99

做人的规律是什么？**是习惯**！是思维的习惯，是学习的习惯，是做事的习惯，是行为的习惯，这些构成一个人的生活规律。德国大哲学家康德，生活、学习、工作非常有规律，几点工作，几点学习，几点散步，几点会客，都安排得井井有条。赵蕤认为，安居时知道自己要做什么，行走时知道要到哪里去，做事时知道所依靠的条件，行动时知道何时该停止，这就是道。

习惯养成性格，性格反过来又成为一种习惯。几种性格构成人格。人格的涌现性是个性。以此推算，**宇宙人性的根在习惯。**

4.3　道是智慧

绝大多数兵书都是阐述战争的具体技术，而《孙子兵法》则是阐释战争之"道"。我们**命运的斗争**不是枪林弹雨，而是学业、人脉、求职、创业等。这些斗争，需要的是道，而非术，即我们不用手持刀枪剑戟进退杀伐，而要将深刻的智慧应用于生活，设计自己的**人生胜负手**。[10]220 理性是人类的一种本性。理性之巅是战略智慧，战略决定成败。

4.4 道定成败

姜太公曰:"故义胜欲则昌,欲胜义则亡,敬胜怠则吉,怠胜敬则灭。"[11]65 钮先钟先生认为这是姜太公的"至道之言",可以想见其重要性。什么是道? 根据姜太公的意思,**道是该干什么! 守道则胜,违道则败**。根据现代管理学知识,"该干什么"就是"做正确的事",看起来,古今同理。

孟子曰:**得道者多助,失道者寡助**。寡助之至,亲戚畔之,多助之至,天下顺之。以天下之所顺,攻亲戚之所畔,故君子有不战,战必胜矣。

● ● ● 成功哲言:道是什么

成功之道的"道"是什么? 这是关于道的定义或道的概念。道的高位概念是哲学,因为大道至简,道法自然,例如天体运行之道、动植物的生存之道等。你的人生哲学塑造了你的人性。成败取决于人性的较量,背后是人性博弈的规律。因此,**成功之道的"道"是人性!**

参考文献

[1] 苗东升. 系统科学大学讲稿 [M]. 北京: 中国人民大学出版社, 2007.

[2] 胡军. 哲学是什么 [M]. 北京: 北京大学出版社, 2015.

[3] 中国军事史编写组. 中国历代军事家 [M]. 北京: 解放军出版社, 2004.

[4] 胖宇骞, 王建宇, 牟虹等. 孙子兵法 孙膑兵法 [M]. 北京: 中华书局, 2006.

[5] 迈克尔·罗伯托. 哈佛决策课: 如何在冲突和风险中做出好决策 [M]. 张晶, 译. 北京: 中国人民大学出版社, 2018.

[6] 沃伦·本尼斯. 成为领导者(纪念版)[M]. 徐中, 姜文波, 译. 杭州:

浙江人民出版社，2016.

[7] 稻盛和夫 . 活法（修订版）[M]. 曹岫云，译 . 北京；东方出版社，2009.

[8] 易中天 . 品三国（上）[M]. 上海：上海文艺出版社，2006.

[9] 威廉·奥斯勒 . 生活之道 [M]. 邓伯宸，译 . 桂林：广西师范大学出版社，2007.

[10] 叶修 . 深度思维 [M]. 成都：天地出版社，2018.

宇宙人性的起源、演化与结构

人之共同之处就在于人性。

——卢梭

应该成为什么样的人？应该怎样生存？在搞清楚这些问题之前，我认为首先要明白"人是什么"，这是一种对人的认识或者说是人性观。

——松下幸之助

人来源于动物界这一事实已经决定人永远不能完全摆脱兽性，所以问题永远只能在于摆脱得多些或少些。

——恩格斯

抓住本质，复杂问题简单化。

——稻盛和夫

导读

人类的本性是什么？几千年来，哲学家、学者、宗教人士和思想家对此争论不休，**没有定论**。本文试图将人类放在宇宙的历史长河中，**在更大的空间、更长的时间里**探究人类的本性。于是，我将这样的人性称之为**宇宙人性**，这样的理论称之为**宇宙人性理论**。

研究这样宏大的课题，需要**海量的多学科知识**；需要运用**十几种理论**去收集、组织、分析资料；**需要利用哲学统摄海量的资料**；需要付出大量的时间和精力去思考、判断、取舍、整合与创新。

我对这个课题之所以**持续感兴趣**，是来自外科临床决策的困惑，于是着手研究**思维与决策**。在研究思维与决策的过程中，我发现"**决策的根源是人性的较量**"，于是又转入对**人性、人格、性格**的研究。在研究过程中，我发现人类对自己的**人性居然没有统一的认识**。于是，我又**转换视角**，改变方法，将宇宙作为超级系统，将人类作为小系统，用系统论的观点和方法去研究人性。

在 20 多年的研究中，我总结出"**知识大整合的六种方法**"。这成为我整合宇宙人性的**指导思想和行为总则**，是谋篇布局、材料取舍、重组重排的**有力武器**。

我经过 20 多年的**资料收集与分类整理**，又经过 3 年多时间的写作与修改，**六易其稿**，终于整理完稿。

宇宙人性是由 **6 对矛盾、12 种性质**组成的复合体。它们分别是：物质性 VS 意识性，生物性 VS 环境性，动物性 VS 人类性，社会性 VS 民族性，情性 VS 理性，恶性 VS 善性。我将它们形象地比喻为一个**纺锤体**。

这是一个全新的**人性观**，既是对过去人性研究的集大成，又是从新的视角运用新的理论的一种大胆创新。结果如何，需要专家学者、广大读者评判，需要时间和实践的检验，我对此**持开放和欢迎的态度**！

几千年来，哲学家、学者、宗教人士和思想家在思考人类的本性时，提出了许多问题，并为此争论不休。人们为什么有如此行为？他们通常能意识到自己在做什么吗？他们的行为是隐蔽的无意识动机的结果吗？有些人是天生善良，而有些人则是本性邪恶的吗？所有的人都可能成为好人或坏人吗？人的品行主要是自然的产物，还是主要受环境影响的制约呢？人们的相似性是对人们最好的描述，还是独特性主宰着人的特征呢？对于这些问题的讨论，绝大多数是基于**人格理论家个人的看法**，带有一些政治、经济、宗教和文化考虑的色彩。[1]前言 3

我在研究思维与决策的过程中，领悟到人类所有的一切决策，归根结底是**人性的较量**，因此产生了研究人性的兴趣。我阅读了**几十本有关人性、人格、性格**等方面的专著，发现所有学者、专家对人性的认识都有"**偏见**"。迄今为止，没有一个学者能从**更加宽泛的时空范围**去研究和整合人类整体的人性。我试图做这项"前无古人"的事情。但是，我深知没有广博的知识是做不成的，没有多种理论的指导是不行的，没有深度哲学的思辨能力是不行的，不下一番苦功夫是不行的！因此，我开始了艰苦的心路历程，**首先是海量读书，掌握知识。**

学习多种生活常识。常识是"恒常"的知识，是所有知识的基础。常识是人们所具备的一般知识，是比专业知识更重要的知识。生活处处皆学问，生活处处有常识！常识是一切知识包括哲学的基础。科学思维起源于日常思维，哲学思维起源于日常生活。奥里森·马登说过："我们需要这样一个人，他将**常识与理论相结合**，不会因死抠书本知识而远离了实际生活。"[2]5

学习多学科的知识。知识的力量不仅在于知识的数量，而且还在于知识的结构和种类。知识数量越多，知识种类也就越多，对人性的认识就越深刻。**我是外科学教授**，对医学和外科学掌握得较多、较深，这对理解人性有着**得天独厚**的条件和基础。我也对生物学、分子生物学、生理学、心理学、社会科学、人文学等都有一定的涉足和了解，但需要重新大量充电学习。至于人类学、脑科学、人格理论等方面的专业知识，我过去略知一些皮毛，现在需要集中精力进行补课。**科学知识是系统化的知识**，是经过时间和实践验证的可靠知识。我以**历史和现实的科学知识**作为研究材料，在多种学科层面上进行**知识大整合**。

学习理论知识。一种理论就是一种工具，用来解释和组织材料。研究人性这样的大课题，**仅靠一种理论是绝对不够的**，需要学习许多的理论。因此，我**重新大量学习**哲学、认识论、辩证法，而管理学、系统论、控制论、信息论、进化论、人性论、"新三论"、自组织理论等理论对我来说都是全新的知识，我需要花时间去学习，掌握其要点和要领。

将目标聚焦在人性上。由博转约，在上述大量阅读、摘抄的基础上，我集中目标、集中心智、集中时间、集中精力，整合能够收集的关于人性方面的各种知识，进行分类归纳整理，并计划从以下几个方面入手：

1. 人性研究的现状和存在问题；

2. 从宇宙的视野认识人性；

3. 研究宇宙人性理论的理论工具；

4. 宇宙人性理论的基本假设；

5. 宇宙人性的结构是什么；

6. 宇宙人性的涌现性——道性（详见另一篇文章《道是人性》）；

7. 宇宙人性在决策中的作用——结构决定功能，（详见另一篇文章《人性之根　决策之本：人性决策法则》）。

1 人性研究的现状和存在问题

人格理论是研究人性的工具。"每一个人格理论家都有一种人性概念。"[1]12 每种人格理论代表的是一种世界观。不同的人格理论家持有不同的世界观，从而产生了不同的理论。这些理论概括起来有六个维度。

1.1 人性概念的六个维度

人格理论家在**人性的有关基本问题**上是存在分歧的。每种人格理论反映了该理论创建者的**人性假说**。这些假说可以置于若干个不同维度加以考察，以此把各个人格理论家区分开来。六个维度可以作为考察每个理论家的人性概念（人性观）的框架。[1]10

第一个维度，**决定论 VS 自由选择**。人们的行为是由他们无法控制的力量决定的吗？人们能否选择他们愿意做的一切呢？人们的行为是不是有部分自由，同时又有部分被决定呢？决定对自由这个维度与其说是一种科学事实，不如说是一种**哲学方向**的问题。然而，理论家在这个问题上的立场左右了他们对人的看法，使他们的人性观具有了不同的色彩。

我认为，这个维度的本质是：人性是**遗传决定**的，还是**自由选择**的？

第二个维度，**悲观主义 VS 乐观主义**。人们注定要过着忧愁、充满矛盾和烦恼的生活呢，还是他们可以改变，成为心理健康、幸福且能充分发挥作用的人呢？一般说来，相信决定论的人格理论家倾向于悲观主义（斯金纳是个明显的例外），而相信自由选择的人通常是乐观主义者。

我认为，这个维度实际上是关于人类**情性**的一种表现。

第三个维度，**因果论 VS 目的论**。简言之，因果论（causality）主张行为是过去经验的函数，而目的论（teleology）则根据未来目标或目的来解释行为。人们当前的行为是其过去经历的结果呢，还是由于其对未来将要发生的事的期望所导致的呢？

我认为，这个维度实际上是关于人类**理性**的一种表现，是一种认知的问题。

第四个维度，**意识决定因素 VS 无意识决定因素**。人们通常能意识到自己在做什么以及为什么这样做吗？或者是无意识的力量在冲撞着他们，驱使他们去行动，然而他们对这种潜在的力量却全然不觉吗？

我认为，这个维度实际上是关于人类**意识性**的一些探讨。

第五个维度，**生物学因素 VS 社会因素**。人们主要是生物学的动物呢，或者说他们的人格主要是由他们的社会关系塑造的呢？该问题最具体的议题是遗传 VS 环境。也就是说，个人的特征主要是遗传的结果呢，还是由环境决定的呢？

我认为，这个维度实际上是关于人类**生物性、环境性和社会性**的讨论。

第六个维度，**独特性 VS 相似性**。人们的显著特征是他们的个性还是他们的共性呢？人格研究应该集中于使人们相似的特质，还是应该考察那些使人们相异的特质呢？

我认为，这个维度实际上是关于人性的研究，是研究共性呢，还是研究**个性呢？研究共性的方法，是探讨人性的本质。研究个性的方法是研究本质的差异**。例如，研究中华民族的人性是研究共性，研究欧洲人的人性也是研究共性，但在比较两大地域人性的差别时，只能是研究个性。

人性研究的六个维度，实质上是 6 对矛盾。

1.2　人格理论的偏见

从理论上讲，现有的人格理论都是**偏见的产物**。奥尔波特较早地认识到这个问题。他承认弗洛伊德、马斯洛、罗杰斯、艾森克、斯金纳等人所做的贡献，但是他认为这些理论家没有一个能对**不断成长和变化的人格**给出令人满意的解释。奥尔波特反对排他主义，或其他只强调人格一个方面的理论。他向其他理论家提出重要的忠告：告诫他们**不要"忘记他们决定忽视的东西"**。换言之，没有哪个理论能够包罗万象，任何单一理论都不可能涵盖人性的所有方面。在奥尔波特看来，**广博的综合理论即使不能产生出许多可检验的假说，它也比狭隘的、具体的理论更可取**。[1]319

1.3 偏见的哲学根源

人格理论的不同不仅仅是术语上的不同，而是反映了理论家们在**人性看法上的分歧**。这些差别有其根深蒂固的哲学根源。每种人格理论都反映了创建者的个人人格，而且每个创建者都有其独特的**哲学倾向**。这种哲学倾向在一定程度上由其早期**童年经验、出生顺序、性别、训练、教育和人际关系**等塑造而成。这些差别有助于决定一个理论家是决定论者还是相信自由选择，是悲观主义者还是乐观主义者，是主张因果论还是目的论。它们也有助于决定该理论家是强调意识还是无意识，偏重生物因素还是社会因素，是重视人的独特性还是相似性。但是，这些差别并不能排除这种可能性，即持有截然不同人性观的两个理论家有可能采用同样的科学方法收集资料和建立理论。[1]10

1.4 人格理论需要大整合

奥尔波特比较早地认识到现有人格理论的缺陷，提出需要建立一个"广博的综合的人格理论"，但没有提供如何整合的方法，也没有预测整合后的人格理论应该是什么样的。而且，他还有一点悲观的情绪，认为新整合的人格理论也许"不能产生出许多可检验的假说"。[1]319

我知道自己创造的"知识大整合的六种方法"，对人格理论的整合肯定会起到巨大的作用。但是，整合什么才是重点考虑的问题，另外，还需要整合现有人格理论没有涉及的学科与知识，这就要求我必须具有非常宽广的心智视野。

2\ 从宇宙的视野认识人性

人的思想从哪里来？它来自常识、知识、科学、理论、经验（体验）和哲学。一种知识、一种理论、一种思想就是一种世界观。**不同的世界观有不同的视野**，不同的视野所观察到的东西肯定是完全不一样的。只有整合不同视野的结果，才能得到**全面、完整、正确**的知识。

2.1 心智视野决定观察结果

我们的视野受到思想的禁锢。无论外界环境发生怎样的改变，本质上的思维方式与思考能力并没有多少改观。[3]178 在科学观察中，人们究竟看到什么是受到理论影响的，那么，人们就不应当脱离背景知识或理论框架去看待经验事实的科学发现问题。观察过程不仅**取决于感官的映象**，还取决于**观察者的理论和观点**。一旦视野发生相应的变化，你就会看到以前所看不到的东西。[4]25 总而言之，**观察结果受思想的影响**。

2.2 把心智视野扩大到宇宙的几十亿年

威尔逊曾经指出："社会科学家整体都对人性的基础毫不关注，对它深远的起源不感兴趣。"[5]258 卢梭认为："研究人们须从近处观察，研究人类则须从远处审视。"[6]15 但卢梭没说该从多远处开始研究人性。

我设想将人类放在**更宽广的视野——宇宙**，更久远的历史长河——几十亿年，来考察人类的起源、发展与演化，从而确定人性的起源、演化、结构和性质。对人性的研究，从宇宙起源开始，在几十亿年的历史长河中，**宇宙演化和生物进化逐渐形成了人类的宇宙人性**。

3 \ 研究宇宙人性理论的理论工具

近 19 世纪末，关于人类组织、解释和预测自己行动能力的研究取得了一些进展。**心理学作为研究人类行为的科学诞生了**，它标志着开始以更为系统的方法研究人格。[1]前言

心理学真的能全面解决人性的所有问题吗？答案是肯定的：**绝对不能！** 心理学只能研究近现代的人性，对几十亿年、几千年以来的人性，怎么用心理学去研究？研究人性这个庞大而复杂的课题，需要许多理论来帮助完成。

以集成理论作为研究工具，才有可能完成这个巨大的工作。这里，**集成理**

论是个新概念。所谓的**集成理论**，是集理论之大成，**将传统理论和前沿理论整合成一个工具包**，从不同领域、不同层次、不同侧面，来全面综合研究人性。

3.1　哲学思辨是总纲

一切理论都是抽象思维的结果。抽象大致可以分为下列三个层次：一是**表征的抽象**。它是初级的抽象，是对事物表面特征的抽象。二是**本质与规律的抽象**。它是对事物的深层次的抽象，抽象所得的结果可以是科学的概念、定理、定律、原理。各门科学本身就有若干等级的抽象；在各门科学内部与各门学科之间，还有形式、结构与功能的抽象。三是**哲学的抽象**。它是人类认识过程中最高层次的抽象，各种哲学范畴、规律就是哲学抽象的产物。[7]98

3.2　认识论是方法论

认识论是哲学的重要组成部分。这里将其单独列出来，是要强调认识论是作为认识人性的一种方法论。我将人类作为认识的对象，人类自己认识自己。人类就是通过认识论提高认知能力，而认知能力的核心是思维与判断，这是一切理性的基础。

3.3　系统论整合要素、结构和功能

用系统论的观点，把人类看成一个开放的大系统，具有系统的一般特征。从那个世界中产生出来的，并且反映出那个世界的一般特点。[8]70 人类来自自然，有自然属性——物质性，遵从大自然的法则。人类来自生物系统，必然有生物的本质属性——新陈代谢（物质、能量、信息的交换）和繁殖。人类来自动物系统，必然有动物的本性——本能和自由运动。人类来自社会系统，必然有社会的本质属性——阶级性和文化性。

3.4　"新三论"是新的系统工具

系统论、控制论和信息论被习惯性地称之为"老三论"。耗散结构论、协

同论和突变论被称为"新三论"，是研究系统的新工具。

3.4.1　耗散结构理论

伊里亚·普利高津的耗散结构理论，第一次揭示了自然界**从简单到复杂、从无序到有序、从非生命到生命演化**的必然性。耗散结构理论揭示了远离平衡的开放系统只要具备一定的条件，就会发生**自组织，形成耗散结构**。这些条件大致有：①系统必须是开放的；②系统必须是远离平衡的；③系统内部必须存在非线性的相互作用；④系统由无序走向有序是通过随机涨落实现的。

普里高津认为"**非平衡是有序之源**"，他因创立耗散结构理论而荣获1977 年诺贝尔化学奖。[7]160

3.4.2　协同论

哈肯的协同论是系统论的重要分支理论，主要研究远离平衡状态的开放系统在与外界有物质或能量交换的情况下，如何通过自己内部的协同作用，自发地出现时间、空间和功能上的**有序结构**。各种自然系统和社会系统从无序到有序的演化，都是组成系统的各元素之间既相互影响又协调一致的结果。[7]161

3.4.3　突变论

托姆的突变论是系统论的重要分支。该理论将系统内部状态的**整体性"突跃"**称为突变，其特点是**过程连续而结果不连续**。突变理论可以被用来认识和预测复杂的系统行为。突变理论蕴含着丰富的科学哲学思想：内部因素与外部相关因素的相互作用；**渐变与突变的质量互变关系**；**确定性与随机性**的内在联系。[7]162

3.5　自组织理论是新的系统科学群

在"新三论"的基础上，再加上**混沌理论、超循环理论**，便组成了新兴的**系统科学群——自组织理论**。自组织是指某些相关的要素按照彼此的相干性、协同性或某种默契关系**自发形成特定结构与功能的过程。这是客观事物自身自主组织化、有序化的过程。**[7]160

3.5.1 混沌理论

混沌理论是非线性科学概念。混沌英文为"Chaos",源于希腊语,**原始含义是宇宙初开之前的景象**,基本含义主要指混乱、无序的状态。混沌是指现实世界中存在的一种貌似无规律的复杂运动形态。其特征是原来遵循简单物理规律的有序运动形态,在某种条件下突然偏离预期的规律性而变成了无序的形态。这个理论是解释系统运动由有序到无序的原理。[7]162

3.5.2 超循环理论

这个理论深入地刻画了从非生命向生命进化的中间阶段。超循环理论认为,生命在起源和发展过程中,有前生物化学进化阶段和生物学进化阶段,并在这两阶段之间有一个分子自组织过程。这个分子自组织过程采取了超循环的组织形式,即经过循环联系把自催化或自复制单元连接起来,其中每一个自复制单元既能指导自己复制,又对下一个中间物的产生提供催化帮助,自复制循环之间耦联必然形成一个更高层次的循环。[7]176 **超循环理论解释了生物进化两个阶段之间的自我复制过程。**

3.6 现代分子生物学是微观世界

关于宇宙人性的研究是从宏观到微观的,宏观大到宇宙,微观小到分子。生命的物质基础由蛋白质和核酸两大类生物分子组成,而细胞是构成生命最基本的单位。[9]76 蛋白质是由许多氨基酸组成的高分子化合物,执行着代谢、运动、呼吸、免疫等重要生理功能。核酸可分为两大类:一种是脱氧核糖核酸(DNA),另一种是核糖核酸(RNA)。核酸是生物遗传的物质基础。大多数学者把细胞生命看作真正的生命,细胞生命出现之前是**前生物化学进化**,细胞生命出现之后是**生物学进化**。前者是受化学规律支配的化学过程,后者是受生物学规律支配的生物学过程。一旦生命出现,进化过程就转变为由变异、遗传、自然选择等因素驱动的生物进化。[9]77 生命体自从诞生之后就显示出新陈代谢和繁殖的特征，其目的是保存生命，延续生命。延续生命的一种方式是繁殖后代。

4 宇宙人性理论的基本假设

为什么叫宇宙人性？因为我从宇宙起源开始研究人性，这样的人性必然具有宇宙的特征，因此称之为宇宙人性。

任何理论的建立，都需要一些**基本假设**，人格理论也不例外。例如，罗特提出的人格理论是**社会学习理论**，有五个基本假设：第一个假定，人们与他们所处的环境相互作用；第二个假定，人类的人格是习得的；第三个假定，人格基本上是统一的；第四个假定，动机受目标的指引；第五个假定，人们具有预期各种事件的能力。[1]432

宇宙人性理论需要解决的问题。宇宙人性理论是一个全新的人性理论。目的是解释人类的三大根本问题：①人类是如何进化来的；②人类与动物整体的区别是什么；③人何以是人。

宇宙人性理论的基本假设。我对宇宙人性理论进行了六个基本假定：第一个假定，人性是宇宙起源的结果；第二个假定，人性是生命起源的结果；第三个假定，人性是生物进化的结果；第四个假定，人性是社会发展的结果；第五个假定，人性是文化传承的结果；第六个假定，人性是文明教化的结果。

4.1 宇宙的起源

以宇宙起源作为认识人性的起点。人类的性质和起源是密切相关的。人类是这个宇宙极其微小的一部分，是一步一步演变发展而来的。我研究人性，将人类放在**宇宙的起源、生命的起源、生物的进化**这样无限大的视野和 50 亿年的历史长河中去认识。这样得出的人性是**人类的广义人性**。

将人类放在宇宙的空间去认识，恐怕是一个微不足道的、非常渺小的"小小粒子"，但同样具有宇宙的特性——**物质性**。物质是运动的，物质之间是有联系的，这是哲学。**人类的人性必然遵从大自然的法则。**

宇宙大无边，但科学家认为总是有个起源的。关于宇宙起源和演化的假说有很多，但能够解释较多事实并获得一定观测事实支持的，则是 1948 年美国物理学家伽莫夫提出的**大爆炸宇宙论**以及由此发展而来的**暴胀宇宙论**。

按照这两个学说，宇宙起源于一个极高温、极高密状态下的"**原始火球**"（约 10^{35}cm），是通过瞬间的大爆炸或暴胀的方式产生的。

按照**大爆炸宇宙论和暴胀宇宙论**的观点，形成后的宇宙之演化，大体经历了基本粒子形成阶段、辐射阶段或核合成阶段和实物阶段。目前，支持大爆炸宇宙论和暴胀宇宙论的主要科学事实有三个：第一，河外星系的谱线红移是宇宙膨胀的重要证据；第二，宇宙中普遍存在的氦的丰度约为 30%；3K 微波背景辐射被证实是大爆炸的遗迹。[7]33 这个理论被当代英国物理学大师史蒂芬·霍金所提倡，并为科学界人士所接受。[10]237

宇宙诞生距今 135 亿年，物质和能量出现，原子和分子出现，化学的开始。[11]395

4.1.1　太阳系的形成

人类居住的地球只是太阳系的一个行星，比太阳系更大的是银河系。康德作为哲学家，提出了**星云假说**。太阳在大约 **50 亿年**前由一块自转气体云形成，而气体中含有更早时期超新星的碎屑。云块中的大部分气体经演化而形成太阳，或者被向外吹走。然而，有少量较重的元素会聚集在一起，并形成绕太阳做轨道运动的天体——行星，地球即是其中之一。[12]67

4.1.2　地球的起源

地球起源约在 46 亿年前，大体经历了地球内部圈层的形成和演化、地球外部圈层的形成和演化和地壳运动和海陆变迁三个阶段的演化，造成了地球上今天的丰富地貌。[7]34 正像拉斯科克斯和其他一些地方的洞穴画证实的那样，至少是在 5 万年前，欧洲大陆的原始人就已经发展出了原始形态的艺术。[8]87

4.1.3 宇宙的灭亡

根据热力学第二定律，任何能量变成热量之后，就不能完全回收（或者说不再能够起作用），因此，一个封闭系统的能量会慢慢消耗掉，最后，整个系统会陷入混乱而瓦解消灭，这称为熵（entropy）。太阳是一个系统，地球上的所有能量都来自太阳。根据法国地质学家、考古学家、伯格森的学生德日进当时的计算，地球只能继续存在 150 亿年。后来，科学家又重新计算，结果发现地球只能再存在 100 亿年。因为太阳只能再存在 100 亿年，能量就会消耗完，由此可预见一切都将归于虚无。[13]58 这倒验证了中国的哲学：无中生有，有中生无。

结论：以宇宙起源作为认识人性的始点，人类最根本的属性是**物质性**。而物质性本身具有的特征是运动性和普遍联系性。人类的肉体就是人类的物质性，是其他性质的载体。**人类的人性必然遵从大自然的法则。**

4.2 生命的起源

以生命起源作为认识人性的第二个切入点，也是第二个时间节点。

整个宇宙是一场大的演化活动。现代分子生物学的研究表明，生命的物质承担者是以蛋白质和核酸为主体的多分子物质体系。因此，生命的起源问题本质上也就是**多分子体系是如何形成的问题**。一般认为，原始生命大致经历了如下阶段：

从无机分子到有机分子。由于原始大气层含有大量的 CO_2、CH_4，H_2O，H_2S、NH_3 等无机分子，这些无机分子在宇宙射线、太阳能、火山能、闪电、陨石碰撞等作用下，生成了氨基酸、糖、嘌呤、嘧啶、核苷酸、卟啉等有机小分子。1953 年，美国科学家米勒通过模拟实验为这一过程提供了证据。

从有机小分子到生物大分子。有机小分子合成出来后，随雨水汇集到原始海洋中，经过亿万年的积累，原始海洋就有了富含有机小分子的"营养汤"，当"营养汤"的浓度达到一定程度时，氨基酸通过脱水缩合为蛋白质分子，核苷酸通过脱水缩合为核酸分子。

从生物大分子到原始生命。在原始海洋中，蛋白质和核酸等生物大分子相互结合，形成了多分子体系。**多分子体系的形成则标志着原始生命的诞生。**因为分子体系内部形成了信息传递、控制和调节的新关系，产生了生命的自我更新、自我繁殖和自动调节的基本特征。这就是系统论、信息论、控制论和自组织理论所阐述的过程。原始生命是最简单的生命形式，尔后出现了一系列的演进过程。[7]35 这个过程继续下去，出现了更高的层次——细胞。细胞逐步发展到多细胞组成的生物机体。[8]74-75 有机物生成，**生物学开始，距今 38 亿年。**[11]395

从无意识到意识。当一物之结构趋于复杂时，抵达某一程度就会出现意识。[14]251 **有机体复杂的结构会孕生意识能力。**[13]58 哈贝马斯特别关注"意识形态"问题。所谓意识形态，是指在一种细心安排的历史观的主导下，形成一套在逻辑上具有一致性的符号系统。这套系统把个人对周遭环境的认知、评估以及对未来的憧憬，与团体的行动纲领和策略联结起来，以便维系或改变社会。[14]260

从简单到复杂，由低级到高级。任何复杂的有机体都是从单细胞发展起来的，这是一个不争的事实。人类是最高级的动物。

生物的环境性。纵观全球的生物，有明显的**地域性**和**气候性**，二者合起来可称之为环境性。南、北极生物、热带生物和温带生物的多样性、生物特性都有显著的差别。

生命科学的革命。艾弗里证明 DNA 是**遗传物质**，揭开了分子生物学研究的序幕，被认为是分子生物学革命的开端。**DNA 双螺旋结构**的发展已被公认为是生命科学革命的标志。关于 DNA 在生物体中所具有的进行自我复制和控制蛋白质合成的特殊功能的阐明，是 DNA **模板学说**的主要内容，也是生物学

革命的中心问题。**操纵子学说的建立使人们有了基因调控的思想观念。**[7]178—180

1986 年，著名分子生物学家、诺贝尔奖获得者杜尔贝柯在《科学》杂志上发表了题为《癌症研究的转折点——人类基因的全序列分析》的短文。杜尔贝柯的短文，被认为是人类基因组计划的"标书"，在全世界引起了巨大反响。20 世纪 80 年代初，正是分子生物学研究相关技术大发展的时期，DNA 克隆、测序技术取得了重大进展，基因表达技术日趋完善。在这样的科学思想路线和技术条件下，人类开始选择和接受"人类基因组计划"（Human Genome Project）。[7]264

人类基因组计划的总体目标是：联合国际力量，用 15 年（1990—2005 年）时间，投入 30 亿美元，测定含有 30 亿个**核苷酸即碱基对**的人类基因组全序列。用这种大撒网的方法把人的所有基因一网打尽，发现人类全部约 **4 万—6 万个基因**，解读所有遗传密码，**揭示生命的奥秘**。[7]265

2000 年 6 月 26 日，是人类生命科学史上一个值得纪念的日子。这一天，参与人类基因组计划的美国、英国、德国、法国、日本、中国政府和有关科学家同时向全世界宣布，**人类基因组全序列草图已经绘制完成**。这个消息震动了全球，各大媒体争相报道。人类基因组工作草图（框架图）的完成，标志着人类基因组计划取得了根本性的进展，标志着人类在认识自我的过程中迈出了关键的一步，是"**人类认识自我的奇迹**"。[7]267

初步分析结果表明：第一，人类基因数量少而精。从基因数量上看，人类仅为细菌的 5 倍、果蝇的 2 倍。人类大约有 60% 的基因与果蝇相似，和老鼠比较甚至可达 90% 的相似性。**与人类的近亲猿猴比较，不同基因数的比例仅为 1%。**看来生命界并不是以基因数量的多少来体现生命形式的高等复杂，而是如何利用控制这些有限的基因来区分生命形式的高等与低等。[7]268

结论：以生命起源为第二个切入点和时间节点来认识人类的本性，其最根本的属性是生物性、生命性、意识性和环境性。

4.3 人类的起源

以人类起源作为研究人性的**第三个切入点**，也是第三个时间节点。进化论是研究人类起源的重要理论工具。

进化论的基本观点是**简单—复杂，低级—高级**。将人类的起源再向前推就是**生命的起源**。将二者连贯起来，就会发现人类起源和发展的轨迹是：无机物—有机物—有机小分子—生物大分子—单细胞—多细胞—有机体（动植物）。在适宜的环境中，植物沿着菌藻植物—苔藓植物和蕨类植物—裸子植物—被子植物的方向进化；动物则沿着无脊椎动物—脊椎动物—鱼类—两栖类—爬行类—鸟类—哺乳类的方向进化。[7]35 **人类是从哺乳类动物中衍生出来的。**

4.3.1 动物如何演化为人类

弗洛姆从**进化论的观点来看待人性**。在动物演化过程中，人类作为一种独立的物种出现，此时他们失去了大部分的动物本能，但是获得了"**大脑的加速发展，使自我意识、想象、计划和怀疑成为可能**"。本能的削弱和大脑的高度发达，两者的结合使人类成为与其他所有动物截然不同的物种。[1]159

将人类与动物整体相比，要回答以下两个问题：第一个问题是"何为人"，第二个问题是"人类如何从其他动物中脱颖而出"。[15]103

在 300 万年当中，人类由非洲的类人猿祖先发展到结构上堪称最早的现代智人（Homo sapiens），大约是在 20 万年前。在此期间，**人类大脑的体积增加了 4 倍**，其中，大多的发展出现在**新皮层**（neocortex）。这个部位能产生较高的心智功能，尤其包括语言和以符号为基础的产物——**文化**。[5]141

人类大脑是 4 亿年试错的结果，人性产生了一种洋溢着动物的灵巧与情绪，结合了**理性**以及对**政治、艺术**的热情，创造出求生新技能的特质。[5]152

美国国家工程院院士托马斯·L.萨蒂认为：**创造性思维是一种天赋**，其实践程度将人类和所有其他形式的生命区分开来。[16]193

4.3.2 人类是大自然之骄子

人类是如何演化过来的？这要从人类的起源说起。

脊椎动物起源距今约 5.3 亿年。哺乳动物起源距今约 4500 万年。灵长类动物起源距今约 1000 万年。南方古猿起源距今 100 万—440 万年。能人起源距今 40 万—200 万年。直立人起源距今 20 万—200 万年前。早期智人起源距今 3.4 万—20 万年前。现代智人起源距今 3.4 万—13.5 万年。

600 万年前，人类和黑猩猩是最后的共同祖先。250 万年前，非洲的人属开始演化，出现最早的石器。200 万年前，人类由非洲扩张到欧亚大陆，演化为不同人种。30 万年前，人类开始日常用火。7 万年前，人类出现认知革命，有了能够描述虚拟故事的语言。至少在 5 万年前，拉斯科克斯和其他一些地方发现了洞穴画，证实欧洲大陆的原始人已经发展出原始形态的艺术。

1.3 万年前，智人成为唯一存活的人类物种。1.2 万年前，人类开始农业革命，驯化动植物，出现永久部落。5000 年前，最早的王国、文字、金钱和多神教信仰出现了。4250 年前，最早的帝国出现了：萨尔贡大帝的阿卡德帝国。500 年前，科学革命出现，人类开始取得前所未有的能力。欧洲人开始征服美洲和各大洋，资本主义兴起。200 年前，工业革命出现，家庭和社群被国家和市场取代。[11]395—396

四大文明古国，古巴比伦 (位于西亚，今地域属伊拉克)、古埃及 (位于西亚及北非交界处，今地域属埃及)、古印度 (位于南亚，地域范围包括今印度、巴基斯坦等国) 和中国都有 5000 多年的文明史。

4.3.3 人类何以为人

人类何以为人？换句话说，人类与动物的区别是什么？文献中已经有许多的记载。

4.3.3.1 人类与动物的区别是什么

现代科学研究证明，动物尤其是高等动物，都有思维、语言、情感、智慧，有的猴子会使用工具，狗熊能直立行走。那么，人类与动物最根本的区别是什么？这就要分析人类有哪些特质是其他动物所没有的。

冯友兰的额外特征说。冯友兰说，所谓人性者，即人之所以为人，而以别于禽兽者。[17]152 动物与人类有本质的区别，质变必然有其固有特征。当两个事物在种属上真的不同时，它们会有更多的共同点，但必然会有一些不同性质的特征，是另一个事物所完全没有的。那个有额外性质的事物肯定比另一个事物更高。这两种事物之间存在一个**层级体系**。[18]61

人类的额外特征。人类是一种特殊的高级动物，是从动物中分离出来，必然有一些其他动物不可企及的、独一无二的特征。那么，人类区别于其他动物的特性是什么？这有许多的不同说法：有人说，人是会站立行走的动物；有人说，人是无毛的两足动物；有人说，人是会思维的动物；有人说，人是会进行语言交流的动物；有人说，人是会制造和使用工具的动物；有人说，人是唯一会脸红的动物；有人说，人是唯一会笑的动物。

亚里士多德说，"人天生是社会的动物"，"人是理性的动物"，"人是天生的政治动物"。艾德勒认为将人定义为"理性动物"，是最好、最准确的。[18]59 拉兹洛认为："人成了社会文化动物。"[8]87

4.3.3.2　如何评价这些不同的说法和定义

人为什么会站立行走？虽然有的猴子和狗熊也能直立行走，但都是简单的或短暂的行为，不是常态化的行为。所以，**站立行走是人类的一个显著特点**，这点应该是肯定的。迈克尔·艾伦·帕克将各家关于直立行走（bipedalism）对人类进化意义的观点进行了归纳，即运送说、视野说、散热说、节能说、收获说和展示说。

运送说：直立行走将人类的双手从行走中解放出来，意味着可以将食物运送到更安全的地方，比如树洞或小山脚下。除了运送食物，在觅食时，我们的祖先还可以更好地运送孩子。

视野说：直立行走能产生更宽阔的视野，及时发现更多的食物源和危险情况。

散热说：直立的垂直姿态以很小的身体面积暴露于太阳照射下，有利于身体降温。

节能说：通过数据表明，对于长时间持续的行走而言，直立行走能节省能量。

收获说：直立行走使人科动物获得树木果实的机会增加，从而改变了我们祖先的饮食结构。

展示说：直立行走有助于展示正面身体，使个体看起来更强大，并有助于交配行为的成功。[9]79

4.3.3.3　站立行走的利与弊

从哲学的角度分析，有一利必有一弊，在一方面出现进化，在另一方面就会出现退化。人类直立行走也是如此。直立行走的第一个好处是视角高，视野大，看得远；第二个好处是将双上肢解放出来，使手的功能变得灵巧，可以制造各种工具；第三个好处是手的不断进化可以促进脑的不断进化。这样，**人类体力方面的劣势转化为智力优势**，人类的大脑得到了很好的发育与进化。

直立行走减少了太阳照射的受热面积，有利于身体降温。但其结果是**体表的毛发逐渐退化**，使人类逐渐成为无毛的动物。到了严寒季节，无毛则无法御寒，人类被迫学会外加毛皮、衣服来御寒。

但真正使人类与其他动物渐行渐远的原因不单纯是直立行走，通常认为**两足直立行走、制造工具、发达的大脑、语言和意识以及社会组织**等特征是人与动物的本质区别。[9]78 这些特征共同作用的结果是出现了人类特有的文化和文明。因此，**文化和文明才是人类与动物的本质性区别**。

人类用双手创造了文化。人有脑，狗也有脑；人有心，狗也有心。但人有两手和十指，狗没有，其他一切动物禽兽都没有。**因为人有两手，所以才能制造种种的器具，所以才能产出种种的工业**，人类文化才能从石器时代进化到铜器时代、铁器时代，乃至有了煤、电、原子能等，形成了今日世界的文明。依照唯物论的说法，从石器到原子能，这一切都叫作人类的生产工具。[19]26

手、脑、嘴的联合作用。人类一切的内心活动，均依赖语言予以传达。人类又经过嘴和手的配合并用，**用手帮助嘴来创造文字**，作为各种声音之符号。人类有了文字以后，人的心灵更扩大了，情感、思维、理智等种种心智能力无不突跃地前进。这真是人类文化史上一个划时代的大标记。一人写一本书，万人皆可读。而任何一个人，也可用万种器具，读万卷书。[19]29

4.3.3.4　人类与动物的根本区别是什么

达尔文认为："尽管人类和高等动物之间的心理差别是巨大的，然而**这种差异只是程度上的差别，并非种属上的差别**。"[18]58 笛卡尔认为："仅仅是程度上的区别，**不会造成本质的区别**。"[18]58 这两种观点，谁对？根据哲学质量互变规律，达尔文是错的，笛卡尔是对的。那么，什么是**人类与动物的本质区别**？

人类有高度发达的大脑。这导致人类思维的方式与动物的思维方式出现截然不同。形象思维是人类和高等动物都具备的思维形式，不然狗就不会认识主人。但是只有人类有**抽象性思维、科学思维、创造性思维和符号思维**。

人类有非常丰富的语言能力。动物也是有语言的，尤其是大型高级动物，它们之间也是有语言交流的，不然，一些群居动物如何成为一个"群体"，如何"统一行动"。这些动物的语言，我们人类是听不懂的。相比之下，人类的语言更加丰富多彩。信息交流有口头语言和书面语言，**表现感情和性情有艺术作品**，还有传达意义和指导人类行为的许多信号和符号。所有这一切，确实是人类所取得的独一无二的成就。因此，人们相信，这些东西超出了其他物种所达到的成就。[18]76

只有人能做到的三件事：①只有人能从事艺术；②只有人能漫无边际地思想；③只有人能够结成**政治联盟**。人所做的这些特殊的事情表示人具有特殊的心智能力，即**推理能力**。[18]75

只有人类能不断提高技艺。动物只按照本能生产，在给定的物种中，无论它是河狸、蜜蜂还是鸟，准确来说，它们的生产都是一样的，代代如此，因为它们的本能都是一样的。法国博物学家亨利·法布尔说："在蜘蛛的一生中，蜘蛛织网不会有任何进步。而且，今天的蜘蛛仍在以千百年前的祖先同样的方式织网。"马谷尼先生指出："个体的人在他一生中，无论在哪门技艺上，都会提高他的技能；或者说，在人类历史进程中，都会提高其技艺。"因此。人是唯一能够制造工具、利用工具、创造性生产的动物。

只有人类会抽象思维。洛克在《人类理解论》中说："正是理解力，人的理解力，把人设定在其他感性动物之上。"他说："人和其他动物在感觉、记忆和想象力上很相像。但是，畜牲不能抽象……这些总体观念上的能力，可以把人和畜牲彻底区别开来。"人与动物思维的差别在理性上，即在抽象上，在大观念上。[18]50 从这个角度看，艾德勒将人定义为"理性动物"，是最好、最准确的。[18]59

只有人类才有科学思维。科学思维是人类近 500 年发展起来的思维。诚如克利福德提出的："科学思想不是人类进步的伴随物或条件，而是人类进步本身。"[20]37 在生存斗争中，人由于有预见结果的能力，有整理自然定律的能力，从而赢得了对其他生命形式的专政。[20]130

只有人类才有创造性思维。举一个例子就可以说明这个问题。蜜蜂的蜂巢、鸟儿的鸟巢、蚂蚁的洞穴，千万年来都是一样的，而人类的建筑千变万化。语言是思维的催化剂，人类的语言比动物的语言更加丰富而复杂。这使得人类的思维发展远远超过了动物。创造性思维改变了世界，手的功能灵活多变，会制造和使用各种复杂的工具，进而创造了世界。这使人类与动物渐行渐远。

只有人类才会使用符号思维。德国哲学家恩斯特·卡西尔也正是在此意义上把人看作是"符号动物"。他说："人不再生活在一个单纯的物理世界宇宙之中，而是生活在一个符号宇宙之中。语言、神话、艺术和宗教则是这个符号宇宙的各部分，它们是组成符号之网的不同丝线，是人类经验的交织之网。"他认为："符号化的思维和符号化的行为，是人类生活中最富有代表性的特征。"[21]179

只有人能漫无边际地思想。所有动物在遇到问题时都会思考，源自基本的生物学需要。它们必须解决问题才能在生存斗争中存活下来。它们用试错法或者如科勒所说的猿所做的**知觉洞察**（perceptual insight）来解决问题。它们利用它们的感官、肢体，**到处乱跑**。人类也以同样的方式来解决问题，但问题是人类还有另一种思维方式。他们思考那些绝不属于生物需要的与生存有关的问题，比如**数学问题、哲学问题、理论科学或思辨科学**的问题。人类在思考时往往不乱动，而是**静静地坐下来考虑什么是重要的，什么不那么急迫**。

只有人类才有价值观念。罗特和米歇尔两人创建的认知社会学习理论，把人假定为具有远见和认知能力的人，是有**思想、价值观念并受目标指引**的人。[1]457

只有人类才有自尊心。马斯洛将尊重的需要分为两个不同水平的需要——**荣誉和自尊**。荣誉是一个人对个人声望、被赏识程度或者对别人心目中如何看待自己名望的看法；而**自尊心则是一个人对自己的价值和信心的感受**。自尊心不只建立在荣誉或声望上，它反映了一种"对力量、对成就、对胜任、对主宰和能力、面对世界的信心以及独立和自由的渴望"。这类需要包括自尊、有信心、有能力和在别人心目中有很高的地位。换言之，**自尊建立在真正的能力上**而不仅仅建立在对别人的看法上。一旦人们满足了自尊的需要，他就开始跨入**自我实现**的大门，也就是马斯洛所说的最高层次的需要。[1]242 只有**人类才会被尊重和自我实现的需要而激发**。[1]246 世界上的人事万象确实如此，自尊的本质是相信自己的能力。自尊者才能自信、自立、自强。因此，自尊是一种情性的表现。自尊是人类所独有的。个人、家庭、民族、组织、国家都需要有自尊心。

以上特征交互作用产生的"合力"，使人类从动物界脱颖而出，成为动物世界的"霸主"。

结论：以人类起源作为研究宇宙人性的第三个时间节点，人类最根本的属性是动物性和人类性。人类性主要是指理性（大脑的发达、抽象思维和创造性思维），情性（自尊心）。

• • • 成功哲言：人性起源

　　成功之道的道是人性，那么人性是从哪里来的？从宇宙起源、生命起源到人类起源，来探究人性的起源，是合乎事物发生、发展、变化的哲学规律，是合乎认识事物的逻辑顺序，因此，其科学性是很强的。通过对三个起源的研究，我发现宇宙人性具有物质性、生命性、意识性、生物性、环境性、动物性、人类性、社会性、情性和理性。

4.4　人类的社会性——第四个切入点

4.4.1　动物界的群居性

达尔文早就注意到：柔弱的动物绝不会过独居生活。动物界广泛存在一项**基本法则**：任何物种只要其个体保护自己的能力不足，就一定过着群居生活，借助集体增强自身力量。

4.4.2　群居产生社会性

　　无论是动物还是人类，群居产生了社会性。社会性必然**有组织**，有组织就必然**有领导和纪律**，有领导和纪律就有政治。蜂群、蚁群、狮群、狼群、猴群、象群、牛群、马群等这些动物世界，都有"王"的领导。社会性还表现为**社会化分工**，狼群、狮群、蚁群在集体捕猎时都是分工协作的。

4.4.3　人类独特的社会性

　　人类群居是不得已而为之。人类由于没有足够强壮的身体支持自己独居生活，所以，人类也是基于群居的本能而采取群居的生活方式，以抵御残酷的外部环境，此外，为了弥补身体柔弱的不足，**不得不手工制造工具。**[22]15

　　人类群居可以结成政治联盟。这是人类的社会性与动物社会性的本质区别。很多动物是群居的、集体性的，而只有人类才能结成政治联盟。[18]75 从这个角度来讲，人是唯一的政治动物，这句话是对的。人类是唯一在他们的生活中设计出制度和法律的动物。[18]80 从这个角度来看，亚里士多德关于"人是理性的动物""人是天生的政治动物"的论断是正确的。

只有人类群居才能产生伦理道德。人类伦理道德是来自先验主义，还是经验主义？若经验主义者以绝对的优势取胜，伦理道德的论据就会更着重于社会选择。[5]346 稻盛和夫认为是正义、公正、公平、诚实、谦虚、努力、勇气、博爱等。用这些词汇表达的伦理观和道德观，适用于企业经营，适用于日常工作，适用于人生的各个方面，它就是万般皆通的"原理原则"。[23]2 爱因斯坦认为："（伦理）源于我们天性中避免痛苦和免遭灭亡的倾向，源于个人对其周围人的行为积累起来的情感反应。"[24]459

冯友兰在《活出人生的意义》一书中指出，**社会性自人类开始即有，人不能离开社会而生活，每个人在社会中都有位分。**人在社会中，必居某种位分。此某种位分，即表示其人与社会的关系，即决定其对社会所应做的事。**人与人的社会的关系，谓之人伦。**凡社会的分子，在其社会中，都必有其伦与职。[17]184

人伦关系在做事上体现出来。尽伦尽职的行为，是道德的行为。凡是道德的行为，都必与尽伦及尽职有关。为父者，尽其慈是行义；为子者，尽其孝亦是行义。行义的行为是道德的行为。道德的行为，不是为利的行为。[17]185

社会越进步，对于个体的限制就越小。在原始社会中，社会范围固然只限于家族或部落。其范围比我们现在的社会小，但若从个人与社会对立的观点来看，则其对于个人的限制，比我们现在的社会更有过之。因此，社会组织越进步，则其对于个人的限制越小，这是真的。[17]180

结论：以社会性作为研究的第四个切入点，人类最根本的属性是社会性。人类的社会性与动物的社会性，本质区别在于德性。

4.5 人类的文化性——第五个切入点

人类文化发展简史。250 万年前，最早的石器出现；30 万年前，人类开始日常用火；7 万年前，人类出现了语言；5 万年前，艺术出现了；1.2 万年前，人类开始农业革命，驯化动植物，出现永久部落；5000 年前，最早的王国、文字、金钱和多神教信仰出现；4250 年前，最早的帝国出现：萨尔贡大帝的阿卡德帝国；500 年前，**科学革命出现**，人类开始取得前所未有的能力。欧洲人开始征服美洲和各大洋，资本主义兴起；200 年前，**工业革命出现**，家庭和社群被国家和市场取代。[11]395—396

文化发展分三个阶段。美国摩尔根在《古代社会》一书中，全面地阐述了社会进化的思想。在摩尔根看来，文化进步主要表现为技术的演进，他认为**生产技术和生产工具的发明和发现**正是划分每个阶段的具体标志。[9]31

第一，**蒙昧时代。**

（1）低级蒙昧：以野果和坚果为食物。

（2）中级蒙昧：食用鱼类和使用火。人类在 30 万年前，就开始日常用火。这应该是人类最早的文化活动。

（3）高级蒙昧：发明弓箭。

第二，**野蛮时代。**

（1）低级野蛮：陶器制作技术。

（2）中级野蛮：动物的驯养（东半球），用灌溉法种植玉米和使用土坯、石头来建造房屋（西半球）。

（3）高级野蛮：使用铁器。

第三，**文明时代。**

文字的发明和使用。文字是人类文化史上一个划时代的**大标记**。[19]29 5000 年前，人类社会出现了最早的文字，因此也可以说人类**文明时代只有 5000 年的历史**。

文明是相对于**蒙昧时代和野蛮时代**而言的，是文化的精华部分。**文明以文字出现为标志**，也不过几千年的历史。因此，**文化是个大概念，文明是个小概念，文化中包含文明，文明是文化的精华。钱穆认为，人本与禽兽相近，其具此高贵之品格德性者，由于"人文化成"而始有。[19]41

赫伯特·西蒙认为，人类的生物进化过程，大概跨越了 100000 代，而**农业出现之后的进化则只有 400 代左右。每一代以 30 年计算**。在后一阶段，几乎没有证据能够表明人类物种发生了生物性变化，却有大量证据表明，人类社会经历了持续的**文化变迁**。一些观察家据此推测，**文化演进已经代替基因进化**，成为人类物种持续变化的主要途径。[25]63

拉兹洛说："**人成了社会文化动物**。"[8]88 西班牙巴尔塔沙·葛拉西安认为："人生而野蛮，是文化将其提升而异于禽兽。文化人成为人：文化愈高，其人就愈伟大。（Man is born a barbarian，and only raises himself above the beast by culture.）"[26]57

人类社会，在精神方面出现了信仰、宗教、部落、民族、国家、政府、法律、法规、伦理、道德、语言、文字、体育、艺术等；在物质方面，出现了村镇、城市、建筑、生产工具、生活用品；在科学技术方面，出现了火器、石器、青铜器、铁器等。近代科学技术的发展超乎人们的想象。这些进步，使人类一跃成为食物链的最高端，成为世界的绝对霸主。

结论：以文化性作为研究的第五个切入点和时间节点。人类与动物渐行渐远的最根本原因是文化性。什么是文化？文化是生活环境、生产方式和生活方式所产生的一切人类所创造的东西。地理和气候条件决定了生产方式，技术和工具决定了生产力，生产方式决定了生活方式。文化分为物质文化和精神文化两个方面。其核心是"人造"，与"自然"形成对照。而文化性的差别则体现在种族性和民族性两个方面。

4.6　人类的文明性——第六个切入点

文明以文字的发明和使用为标志。人类的文明历史只有 5000 多年。人类文明的标志是**文字的发明和使用**。埃及是古文明的发源地之一。希腊人的文化建筑在埃及人所创立的基础之上，罗马人又从希腊人那里发展文化。中华文明五千年，标志是甲骨文。我们的现代文明更是从四面八方东拼西凑起来的一件百衲衣。[27]15 **文化交流互鉴，文明杂交发展**，这是人类文明发展史的一大特征。

古代文明阶段和近代文明阶段。 古代文明的成就有城市、贸易、简单机械等，古代艺术、科学、国家、军队、基督教等；近代文明的成就有电气、机械、学校、科学，代议君主制、立宪君主制等形式，国际法、成文法等。[28]4188

文明时代的个体作为。《英汉词典》对于文明的解释是：文化是人类文明的理想状态，其特点是**完全消除野蛮状态和非理性行为**，充分利用物质、文化、精神和人力的资源，以及个人在社会结构中的完全适应，**真正的文明乃是需要为之奋斗的理想。**[29]932

三种奋斗的理想。 冯友兰认为，人生所能获得的成就有三：学问、事功、道德，即古人所谓的**立言、立功、立德**。通俗地说，人生有三大事：学问（立言）、事功（立功）和道德（立德）。[17]3 我们可以将冯友兰的话换用另一种说法：人类全部生活、生产活动可概括为**做人、做事和做学问**。做人是道德层面，做事是事业层面，做学问是科学研究层面。

结论：以文明性作为研究的第六个切入点和时间节点，**人类与动物渐行渐远的另一个根本区别是文明性。**

什么是文明性？人类文明性的标志就是文字的发明和使用。文字促进了人类语言的发展、大脑的发育，突破了语言交流在时间和空间上的局限性，成为人类积累知识和传播科学的重要媒介。

什么是文明的表现？《现代汉语辞海》对其的定义是"**懂礼貌，有教养的**"言行。

两种文明。 关于"文明"（civilization）一词，《英汉辞海》有多种解释，概括起来是**物质文明和精神文明**两类。[29]932 物质文明以城市化、先进的科学技术、艺术、增长的人口和复杂的社会机构为特点。精神文明是指文明、文雅、斯文，举止言谈符合习惯模式：思想、风度或趣味的高雅。**真、善、美**是当今任何一种人类文化、任何一种文明的三大价值。这三条既有客观标准，也是主观标准。简而言之，**文明性是一种德性。**

● ● ● 成功哲言：人性演化

> 通过对人类的社会性、文化性和文明性的序贯研究，我发现这是一个**递进的过程**。社会性滋生出文化性，文化可分为两种：物质文化和精神文化。物质文化的核心是才智，是理性；精神文化的核心是伦理，是德性。文化性发展出文明性，也可分为两种：物质文明和精神文明，它是对理性和德性的进一步发展。

5 | 宇宙人性的结构是什么

人性是人类的根本性质。人性是人类的共性。包括狄德罗、伏尔泰和康德在内的一些 18 世纪的哲学家，要么是无神论者，要么有贬低上帝的观念。每一个人都是普遍人性观念的一个具体例子，无论是出于原始质朴的自然状态，还是出于高度文明的社会之中，他们都具有相同的根本性质，因而，我们全都被包含在对人性的相同的定义和观念之中。换言之，**人类的根本性质自人类出现以来，就没有发生改变。**

人性是由其结构决定的。人性的结构是什么？几千年来，古今中外的许多哲人、智者、宗教人士都有不同的论述，至今也没有形成一个共识，也没有一个集大成者能将许多不同的观点整合起来。所谓**集大成**，并不是胡拼乱凑、杂乱无章的堆积，而是集各家之已成，形成一种新的、完整的、系统的、合乎逻辑的知识体系。

5.1 人性结构的既往研究

希腊哲学对人性结构的影响。希腊哲学影响西方 2000 年来哲学思潮的演进及发展。像当代英国的科学哲学家怀特海，就曾经这样表示："西方 2000 年来的哲学，都在替柏拉图哲学作批注。"由此可见，希腊哲学思想影响力之深远。提起希腊的哲学文化，人们在脑海里自然就会想到**苏格拉底、柏拉图和亚里士多德**这三位古哲的名字。

5.1.1　人性结构的原子观

在苏格拉底之前，有一位力主严格机械论与原子论思想的首倡者，他就是**德谟克利特**。在有关宇宙起源方面，德谟克利特力称：原子作为物质最基本又不可分割的最小单位，当是构成宇宙最根本的要素。而对于人的存在来说，不只是人的肉体，就是人的灵魂，也都是由原子构成的。就因为德谟克利特依据这种物质或纯元素的原子观，去诠释万物的构成以及人的存在结构，后世学界便称他是西方**最早的一位唯物论者兼原子论思想的代表人物**。[10]269

5.1.2　灵魂和肉体的结合体

对于柏拉图而言，人是什么呢？人的结构之要素为何？答案人是由**灵魂和肉体所结合的一个人**。灵魂，它是一个人存在的核心。肉体又为何？是理念世界的一种影像。[10]268

亚里士多德的观点与柏拉图相同。人的存在结构，和宇宙中的存在事物一样，都是形式与质料相结合的产物，即拥有潜能与实现的存在物。人是**灵魂与肉体相结合的人**，灵魂是一种形式或一种实现；而身体对于灵魂而言，它即是一种质料或一种潜能。[10]270

5.1.3　灵、魂、体三合一

希伯来宗教文化对人的结构的看法。其最主要的代表思想是：人，即受造的人，原本就是灵（spirit）、魂（soul, life）、体（body）三元要素的构成者。而且，**希伯来宗教文化将灵魂分解开来**。

5.1.4　心物合成的二元结构

印度原始佛教哲学的人论思想。佛教，或称原始佛教，是在公元前 6 世纪由印度的释迦牟尼所创立。谈到人的结构，其在教义中称，是由心物合成的有情众生。原始佛教（哲学）主张，色、受、想、行、识五蕴的因缘和合，即为有情众生的组成要素。这里的色，是指物质，受是指感情，想是指表象，行是指意志，识则是指意识或悟性。[10]274

5.1.5 心与物的二元论

经验主义学派是 17 世纪左右出现于英国本土的一个哲学学派。由于其重视经验的认知能力，强调知识仅仅来自经验，从而跻身近代西方思想界的舞台，以**洛克、贝克莱及休谟**这三位哲人为主要代表。对于人的结构这一课题，洛克出于经验认知的基点，认为人是心与物的构成者。只是，**心是什么呢？**他认为，**心就如白板一般**，全不带有任何先天的思想或观念；有的，也仅仅是一些后天的或有关外在事物的印象（impression）。[10]276

笛卡儿也主张人是心、物的构成者。这里所说的心，是指一种正在思想的**主体**（Res cogitans）；心，也指能够判知一切事物的**理性我、意识我、精神我或灵魂我**。至于物，则是指一种能占有空间之物，也是指在空间中能够作自我延展的事物（Res extensa）。这里的物，亦是指身体或躯体。[10]275

这里出现了一个**心与脑**的概念混淆问题，也是科学家、哲学家争论不休的问题。

什么是"心"？心是一种思维器官！心在哪里？它却没有解剖学上的具体位置！

脑是思维的器官，有确切的解剖位置，在脑壳里。

到底是"心主思维"还是"脑主思维"？人们经常说："用脑子想一想"，也经常说："用心思考一下"。这样，心似乎等同于脑。其实不然，**心是心，脑是脑！**

它们的区别在哪里？脑在脑壳里，这是有科学根据的。心在哪里？心在**大脑与身体互动的"磁场"里**，这是我的推断。为何这么说？因为假如将大脑从人的脖子上切断，大脑是完整的，它会思考吗？不会，连命都没有了！大脑的思考需要"身体"的感知与互动。这种互动是有电子流的，既然有电子流，就会形成磁场。**这个磁场就是"心"的位置**。因此，用心思考比用脑思考范围大、力量大。这个猜想需要进一步进行科学验证，或许**量子理论**会在这方面有所建树。

5.1.6 心物合一

斯宾诺莎从理性的思辨角度，看出实体（Substance）是包括我们人类在内的大自然界中一切事物的存在特性。因而他表示：**心、物并不可严分，心与物终究是实体内的一个部分**。[10]275 **心物合一是一体两面的关系**，而非二元对立的关系。

5.1.7 知性、理性、情性和德性

英国维·休谟在《人性论》中论述了人类的**知性、理性、情性和德性**。他对人性研究的重要性予以高度评价，说："一旦掌握了人性，我们在其他领域就有希望很容易**获得胜利**。"[30]9

5.1.8 人类性、动物性和文化性

冯友兰认为，人不但是人，而且是生物，是动物。**人有人之性，亦有生物之性，动物之性**。他在《新理学》中指出："我们说，生物之性，动物之性，亦是人所有的，但不是人之性，而是人所有之性……饥而欲食一类的欲求，是人与一般动物所同有的。但对于一般动物，于欲食时，只有能食不能食的问题。人于欲食时，在有些情形下，虽能食，而尚有应该食或不应该食的问题。"[17]161 这后一段所说的人类性，便是伦理问题、道德问题，即文化问题。

5.1.9 动物性、理性和文化性

美国塞缪尔·R.韦尔斯在《观人学》中将人性分为三层：动物性、智慧和宗教。[31]501 动物性是本能，人和动物无异。动物也有智力的高低，但没有达到理智的水平。宗教是道德和精神，宗教是文化的重要组成部分。

5.1.10 动物性、理性

奥里森·马登认为："世界需要有**动物般强健体魄的人**。要在高度集中的文明中生存，不论是男性还是女性都要具备动物的精髓。"[2]7 "我们要找寻的人也应是一个组合，**集众家之长**。他汲取他人的精华，剔除糟粕，他将是最高能力的化身。他目的明确，均衡发展，自控力强。他**不会违背自然的法则**，而削弱自己的洞察力。他的品质为世人称道，并对自然观察入微。"[2]9 这段话，可以概括为人类具有动物性和理性。

5.1.11 生物性、社会性和意识性

中国哲学家黎鸣认为，人类的共同属性至少有以下三个层次：其一，是人的自然关系属性，或曰人的**生物的根性**；其二，是**人的社会关系属性**，或曰人的社会属性，也即人与人之间的关联性；其三，是人的思维关系属性，或曰人的精神属性，也即人对自然、社会、他人、自身等的认识的属性。[32]6 简而言之，人具有**生物性、社会性和意识性**。

综上所述，人类真正从动物分化出来，成为一个独立的物种，其本质特征是**文化、灵巧的双手、理性和文明**。

250 万年前，人类将**石块打制成比较适用的工具**，人类社会则进入石器时代。这是人类进化迈出了重大的一步。这是形象思维和创造性思维共同作用的结果。

30 万年前，**人类开始日常用火**。这也是形象思维和创造性思维的结果。**火的作用很大**，而且是多方面的，例如可以取暖、预防猛兽的袭击、煮熟食物等。

20 万年前，智人在东非演化。人类大脑的体积增加了 4 倍。**灵巧的双手与劳动刺激了大脑的发育**。

5 万年前，拉斯科克斯和其他一些地方被发现洞穴画，证实欧洲大陆的原始人就已经发展出原始形态的艺术。这也是形象思维和创造性思维的结果。

1.2 万年前，人类开始农业革命，驯化动植物，永久部落出现。这也是形象思维和创造性思维的结果。**永久部落是民族的雏形。**

5000 年前，**文字出现**，标志着文明开始。文字记载中有了**概念**，而概念一定是抽象思维的结果。这样看来，**人类的抽象思维比形象思维和创造性思维出现的时间要晚很多。**

有人认为人发明了语言，是地球自然环境中**独一无二的发明物**，是同其他物种组成的类似的系统有本质的不同。[8]68 我认为这种观点不正确，因为科学研究结果证明，动物也是有语言的，鸟有鸟语，兽有兽言，连蜜蜂都有舞蹈符号来传递信息。因此，语言不是人类所特有，只是更高级、更完善而已。**换句话说，人类与动物语言的差别，只有程度的差别，没有本质的不同。**

5.2　宇宙人性的结构

如果将人类放在宇宙长河中去认识，将人类身上所有的特征综合起来，就是广义的、全面的人性，这可以称为**宇宙人性或广义人性**。如果单独对"人类性"的特征进行综合，那就是**狭义人性——人类与动物在整体上的差别。**

宇宙人性结构整合的工具就是哲学。哲学思辨和对立统一规律是组织宇宙人性特征的重要工具。许多先哲早就认识到人性存在两面性，例如我国战国时期儒家代表孟子提出"**性善说**"，而同时代的荀子提出"**性恶说**"。

世界各国人士也纷纷研究人性的两面性，例如，美国励志大师戴尔·卡耐基专门研究人性的优点和人性的弱点。英国休谟说："骄傲与谦卑是恰恰相反的，可是它们有同一个对象，这个对象就是自我。"

稻盛和夫的经验是："慎重和大胆必须兼备。"稻盛和夫本人对员工的态度，有时候很严厉，甚至如"挥泪斩马谡"般冷酷无情；有时候又如菩萨般充满人情味。兼备性质相反的两个极端，根据场合不同，运用自如。这就是所谓均衡的人格。[33]173

美国作家弗郎西斯·斯科特·基·菲茨杰拉德说："所谓一流的才智，就是心中同时拥有两种互相对立的思想，并且随时都能让两者正常地发挥它们的功能。"[33]173

英国赫兹里特在《论性格》中说："人类是理智的动物，因此，他永远是一个矛盾体。"

我以哲学思想为指导，以名人的论述为依据，对上述研究谈到的人类性质归纳整理如下：

5.2.1 物质性 VS 意识性

从人类诞生的时间来说，先有物质，后有意识。因此，物质是第一性，意识是第二性。这点是唯物主义论的观点，

人类的物质性。冯友兰说：人不过是万物中之一物。其在宇宙间，虽九牛之一毛，太仓之一粟，尚不足以喻其微小。[17]154 所谓物质性，就是客观实在性。实在概念不是一个科学上的概念，而是哲学上的概念。只有哲学而不是个别学科才把实在概念作为一个有学术意义的对象。[34]218 人类的肉体就是物质性。生命的物质基础由蛋白质和核酸两大类生物分子组成，而细胞是构成生命最基本的单位。

物质性具有时空特点。一切实在的东西都具有时间性，都是存在于时间的某个点上。[34]232 大部分的实在还具有空间的次序，有一个属于它们的特别的场所。宇宙中已发现的基本粒子不过几十种，化学元素不过 108 种，由它们构成的物体却有无穷的差异。[35]131 人类同样是有时空特征的。人类存在地球上，和黑猩猩最后的共同祖先大约是在 600 万年前。

物质性有结构、功能的概念。宇宙万物是由原子和分子组成的。原子和分子都是有结构的，原子是由原子核和电子组成的，电子是围绕原子核不停地运转。结构决定功能，这是一条宇宙法则。人类的身体是有结构的，同样的道理，结构决定功能。

人类的意识性。当有机物之结构趋于复杂时，抵达某一程度时就会出现

意识。[14]251 人类的意识分为**显意识、前意识、潜意识和自主意识**。在潜意识压抑力和动机中，哪些是应该得到遵循的，哪些是应该更好地加以限制或者升华的？这些向导（guides）正是人性的核心。[6]6 人类的意识存在于大脑之中。人类大脑活动——意识，有许多的功能，简述如下：

感觉、直觉和幻想。感觉是感性知觉，这的确是真正的最初的原动力，而概念往往只有通过进一步的概念中介才依赖它们。[36]161 紧随单纯的感觉，直觉是在概念思维还相当落后的阶段，首先使观念和行动运转起来。**直觉思维本来就比概念思维更古老**，有更强大的基础。我们一瞥即见整个情势，并采取相应的快速行动，从而避开滚下的石块，伸手扶住绊倒的同伴，捡起我们感兴趣的物体，而不必思考它。[36]166 科学研究需要相当**旺盛的幻想**，尽管不像后面要讨论的艺术家的幻想那么强劲。[36]169 一旦人们获得了以词语、记号、公式和定义固定的熟悉的概念，这些**概念就构成记忆和幻想的对象**。人们也能在概念中运用幻想，借助联想之线搜索该领域，直到人们找到满足问题的条件之组合的选择。**幻想的产物出自它们的组合**。如果人们察觉到使一切东西的意思明白，并给予答案，以线索的概念进行集合的话，那么，这尤其发生在解决理论问题的研究之中。[36]170—171

记忆、再现和联想。没有记忆就没有再现，没有再现就没有联想。不管怎样，联想不仅是分析的基础，而且也是组合的基础。[36]43 随着年龄的增长，我们感觉经验的范围和丰富程度相应地增长，它们之间可以联想的关联也随之增长。**分析、分组、形成新的综合**，任何小说和任何科学论文都表明了这一点。[36]44 **再现和联想的能力构成意识的基础**。意识根源于再现和联想：它们的丰富、容易、速度、活跃和秩序等特性决定了意识的水平。持续不变化的感觉几乎不能被称为意识。[36]50—51

观念、概念和理念。我们明确地认识到，概念不像单一的具体的符号的观念那样是短暂的实体。[36]141 马赫认为，作为与短暂的观念相对的概念的特征性的东西：通过聚集联想，观念在连续的转化中十分渐进地发展为概念。[36]142

概念是抽象的，而不是直接的、明晰的。**概念是一类对象或事实的共性**。

概念有高位、低位之分，每一个较高级水平的概念都利用较低级的概念作为基础。[36]147

我认为**第一信号系统**产生观念；**第二信号系统**产生概念与理念。这可以概括为：**感觉＋联想→感性→观念，观念＋抽象→理性→概念，概念＋判断＋推理＋组合→理念**。这样，我们就可以厘清一些概念上的混乱和误解。

第一信号是我们能够具体感知到的刺激而引起的具体信号，如声、光、味等，是人与动物所共同具备的，包括条件反射和无条件反射。例如，人类望梅生津，狗听到主人的声音就跑过来，都是第一信号。

第二信号是由抽象信号引起的条件反射，如语言、文字、有特殊意义的符号等，能被人所理解，例如文学作品、电影和电视。**第二信号只有人类所独有**。比如，谈虎色变是通过语言传递信息所引起的反射。

成功始于观念。因为"感性知觉的确是真正的最初的原动力"。[36]161 意识是感觉器官对外界的刺激传入大脑皮层后的反应。基于意识对物质的巨大反作用，观念是成功的原始动力。刘亚洲中将曾说："观念的改变是最大的改变，也是最根本的改变。这是伊拉克战争给我们的第一个启示。观念决定思路，思路决定出路，思想和观念引导目的，目的演变为行为，行为养成习惯，习惯造就性格，性格决定命运。"[37]242

物质性与意识性的关系。物质是决定性，**存在决定意识**，没有存在就没有意识。但意识又反作用于物质。认识到物质性与意识性的这种关系，就是要处理好**客观与主观**的关系。这是哲学的核心问题。

爱因斯坦认为："人的意志要比那些看似不可战胜的物质力量更强大。"[24]157 稻盛和夫认为，人的价值不仅仅是存在，还具备智慧，具备理性，具备心性，因而人被称为"万物之灵"。人是地球上进化程度最高的生物，人应该具备超越存在的伟大价值。人具备**意识**，能够思考，可以磨炼自己，可以创造比其他存在更为重大的价值，而这种价值就在于能够为社会、为世人做贡献。[38]3

将意志和意识与肉体机制结合在一起，我们能够推断，没有这种机制就没有任何意志和意识。[20]59

5.2.2 生物性 VS 环境性

生物遍布全球各地，生物的多样性是由环境决定的。适者生存，物竞天择。随着地球的气候及生态环境变化，许多生物灭绝了。人们逐渐意识到，大自然的法则威力无比，可以起到"鬼斧神工"的作用。

人类的生物性。生命起源于单细胞，也是生物体的基本结构。动物、植物和微生物构成生物。**生物的基本特点是生命性、新陈代谢和繁殖性**。希腊有位哲学家说："别人为食而生存，我为生存而食。"爱因斯坦认为："**人类的生物本性**实际上是不能改变的。"[24]242 威尔逊说："**不管我们喜不喜欢，人类就是一种生物**。"[5]221

人类的环境性。任何生物都具有环境性。不同的环境条件，对于生物的习性和品性有着直接的影响。热带植物和寒带植物的生长环境和品性是明显不同的。陆地动物和水生动物的习性和品性差异是显而易见的。人类也是如此。英国欧文说得非常清楚："**人是环境的产物**。"

200 万年前，人类由非洲扩张到欧亚大陆，演化为不同人种。[11]395 吉尔兹说过："**不受特定地区风俗习惯影响的人**，实际上是**不存在的**、从来没有存在过……也不可能存在。"[39]197

人格理论家斯金纳认为："作为一个物种……**自然选择**在人格的形成上具有其重要作用。"[11]387 人格理论家梅认为："五因素理论的核心成分包括性格适应，人们在适应环境时获得的**人格结构**。"[11]360

中国南方人和北方人的性格有差异，中国人和外国人的性格也存在差异，同样，非洲人和欧洲人的性格也有差异。就是在同一个地域生活的人，处于**顺境和逆境**，各自的性格也是不同的。

顺境中的人性。在顺境中的人，一切顺风顺水，事业风生水起，要抓住机遇，快速发展壮大。但此时人容易发飘，不知天高地厚，目空一切。因此，他应戒骄戒躁，防止紧行无好步，摔一个大跟头，跌一大跤，事与愿违。

逆境中的人性。人在逆境中比在顺境中可以学到更多、更深刻的知识，历练自己的性格。**社会是个大学校，逆境是个大课堂，低谷是块磨刀石**。社会是一本无字的厚书，你学得如何？磨得如何？主动权全在你自己，就看你的骨气、志气、意志、谋略、方法和手段。《红楼梦》第五回有一副对联：**世事洞明皆学问，人情练达即文章**。明白人情世事，掌握其变化规律，这些都是学问；经历起起伏伏的折磨、淬火之后，是看破世态炎凉、人心叵测后的一种沉静、淡然、宽容、理解、耐烦、坦诚和善待，恰当地整理、总结出来的经验就是文章。

人种与环境的关系。生物物种的特性，动物物种的演化，都是外界环境对生物的巨大影响所致。人种的演化也受外部环境的影响。马塞尔写道："人的本质必须在一种处境中。"一个人同存在的关系不同于一块石头同存在的关系。[40]418 林语堂认为："环境可以决定我们的精神，**我们的精神又何曾不可决定环境！**"[3]序1

在艾森克看来，人格维度的全部变异约有 3/4 可能来自遗传因素，而大约 1/4 来自环境因素。[1]352 我认为，这种观点是不正确的，最典型的例子是狼孩。孩子的遗传基因没有变，但在狼群里长大的孩子，习性和行为方式都像狼，这就是环境对人性的塑造作用。

5.2.3　动物性 VS 人类性

人类是从动物进化出来的，这是没有疑义的。因此，人类必然具有动物性。但人类是动物界的翘楚，人类何以是人？关键是**人类性，即有人味！**

人类的动物性。亚里士多德说："人是理性的动物。"这个定义难以符合近代人的口味。因为他们经历过两次无情的世界大战，无须强有力的心理学上的证据就很清楚：人类行为中只有多么小的一部分是**"有理性的"**。[41]48 进入 21 世纪的人类，仍然保留动物的本能。动物性的特征是什么？最显著的是本能！此外，血性、好斗、残忍、自私、地盘欲、权欲、性欲等，都是高级动物的显著特征。这些特征是大自然法则——**丛林法则**的必然结果。

人类的人类性。600 万年前，人类由黑猩猩分化出来，成为一个独立的物种；200 万前，人类由非洲扩张到欧亚大陆，演化为不同的人种。不同的人种形成不同的民族。因此，**人类性的物质基础是种族性和民族性**。

有研究证明，人类和黑猩猩之间的基因相似度高达 98.8%，说明人类与黑猩猩在遗传物质方面的差异不大，其最大的区别是：**高度发达的大脑、高度灵巧的双手、判断是非优劣的价值观念、非常强烈的自尊心、抽象思维和创造性思维的能力和非常丰富的语言能力**。这些能力共同创造了人类文化——精神文化和物质文化。文化使人类从动物界脱颖而出，成为动物世界绝对的"霸主"。因此，**人类与动物最根本的区别是文化**。

什么是文化？ 文化有许许多多的定义。我个人认为：**文化是在一定的自然环境和社会环境下的生产方式和生活方式所产生的一切人类创造的东西**。这个定义不长，但涵盖的内容很多，反映了文化的本质。**文化是环境的产物**，这个环境包括自然环境和社会环境。生产方式决定上层建筑，**文化是上层建筑的一种——精神文化**。生产方式决定生活方式，**文化是一种生活方式——风俗和习惯**。一切文化的本质是"人造"，与"自然"形成对照。这个定义可以解释不同的种族和民族具有不同的文化。因为文化是在不断地发展演化，所以**人类性的本质不变，但表现形式也是与时俱进的，是一个动态发展的过程**。

5.2.4　社会性 VS 民族性

人类具有社会性，动物也有社会性，那么**人类的社会性与动物的社会性有何区别**？我在前文已经详细介绍了。但是地球之大，人类社会不是"铁板一块，全球一色"。**人类社会群居产生了民族**。而不同的民族由不同的人种组成，不同的民族有不同的生产方式和生活方式，形成不同的风俗习惯、不同的宗教信仰，而这些共同构成了**不同的文化**。

人类群居产生社会性。人类能结成政治联盟。从这个角度来讲，人是唯一的政治动物是对的。只有人类通过理性形成了惯例、制度、法律，并靠此生存。这就是为什么人类家庭或者人类社会、政治社会，从一个部落到另一个部落，从一种文化到另一种文化，从一个时代到另一个时代，从一个世纪到另一个世纪，如此丰富多样的原因。人类是唯一在他们的生活中**设计出制度和法律的动物**。[18]80 随着人类社会的发展，**国家、政府、军队、政党、领袖**等出现了。

人类社会性中的伦理性。有社会就有政治，有政治就有阶级出现，最起码社会是分成统治阶级和被统治阶级两大阵营。有阶级就出现了人与人之间的**上下级和同级关系**。有社会就有社会化生产和社会化分工，也就出现人与人之间的**工作关系**。这些关系构成了**人伦关系**，人伦关系决定了**职责关系**，职责关系体现在**道德层面和法律层面**。

家庭是社会的细胞。家庭中有长幼辈分之分，尊老爱幼就是家庭的伦理道德。家庭财产的继承与分配既有道德义务，也有法制约束。人的社会性是在一定社会交往关系中形成和发展起来的，**把握个人，要从他所处的社会关系出发**，能够意识到自己是社会存在物，是人的心理不同于动物本能的特质。[42]195

人类社会性的进步。自有生民以来，人本来都在社会中。不过，其社会的范围，可随时有大小的不同；其社会的组织，亦可随时有疏密的差异。在原始社会中，社会范围固然只限于家族或部落。其范围比我们现在的社会小，但若从个人与社会对立的观点来看，则其对于个人的限制，比我们现在的社会更有过之。因此，社会组织越进步，则其对于个人的限制就越小，这是真的。

人类群居产生民族性。我一直在思索社会性的对立面是什么？我一开始觉得是"**个体性**"，因为人的实践活动是在人与人的交往中进行的。因此，人的心理既有个体化的一面，又具有社会属性。[42]196 我在网络上查寻社会性的反义词，答案是"**自然性**"。自然性放在这里肯定是不合适的。我绞尽脑汁地思考，**突然悟到"民族性"**。将人类的"个体性"放大在世界范围里看，就是民族性。不同的民族具有不同的"个性"，中华民族最显著的特点之一是"中庸"，不走极端。俄罗斯民族最显著的特点是能战斗，被世界称之为"战斗民族"。盎格鲁－撒克逊民族最显著的特点是**会理财**，为了保护私有财产，发明了很多的社会制度。

民族性具有种族性和文化性。一个国家可以是由多民族组成的，每一个民族都有其独特的种族性和文化性。**中华民族是民族大融合的结果**，由 56 个民族组成，有多种不同的文化。在一个国家内部，若民族矛盾解决不好是会出大事的，甚至爆发战争。

5.2.5 情性 VS 理性

"理性常常与情感相对照。" [43]49 情性是非理性的部分。米歇尔认为情感反应与认知是不可分的，这种连锁的认知—情感元素可谓是基础中的基础了。以**动态形式相互作用，交互影响，就是它们之间的组织关系构成了人格结构的核心。** [1]453 下面，我将探讨几个问题：①何谓情性？②情性的表现形式？③情性本身的力量？④情性对理性的作用？⑤何谓理性？⑥理性的表现形式？⑦理性本身的力量？⑧理性对情性的作用？⑨情性与理性的关系？

5.2.5.1 何谓情性

人类的情性。人格理论家罗特和米歇尔认为，人类是有理性、情感和社会性的特征。 [1]457—458 战国时期孟轲在《孟子·公孙丑上》中说："无恻隐之心，非人也；无羞恶之心，非人也；无辞让之心，非人也；无是非之心，非人也。"这四条说的就是人类的情性。所以，**人无情则不是人**。人格理论家米歇尔认为，人类的**"情感反应包括情绪、情感和生理反应"**。 [1]453 这是由人类的思维、认知过程与特定情境的交互作用决定的。

情商与胆商。美国心理学家戈尔曼出版了《情商》，主要讨论情感的力量、心的力量。戈尔曼在书中突出强调，**一个人的成功，不是因为他智商高，而是因为他情商高、胆商高**。情感智慧，不但与智慧有关，而且与意志有关。在能力的倾向与类型上，不同于头脑的智力，恐怕它还是**更深层次的心理倾向和心理能力**。

动物亦有喜怒。不仅人有喜怒，**其他动物亦有喜怒**，如家畜一鸡一狗，岂不亦有喜怒，与人共见。[44]435

大自然亦有性情。天地大自然亦有喜怒气象。暮春三月，江南草长，杂花生树，群莺乱飞。春气来了，草呀花呀莺鸟呀，莫不喜气洋洋，哪能说春无喜气？严冬肃杀，冰雪交加，草木萎枯。"天地大自然性情易见者曰风曰水。和风柔水，易令人喜。狂风湍水，易令人怒。"[44]435 可见天地**大自然亦有性情**，人的性情则从天地大自然中产生。

5.2.5.2 情性的表现形式

情性是一种精神。人类的情性表现为一个人的精气神。这就是国人经常讲的"气"——骨气、勇气、志气、霸气、豪气、大气、义气等。**情性是相互作用的。**休谟曾指出：不管情感是如何各自独立的，如果它们同时存在，它们都会自然地**彼此渗透**，当一种情感引起直接的欲望情感或厌恶情感时，后一种情感必定会获取新的力量和猛烈程度。[30]863

骨气是诸气之冠。有骨气的人骨头硬，能挺得起，站得直，不会贪生怕死，不会奴颜婢膝。有骨气才会有志气；有志气才会有勇气；有勇气才会有霸气；有霸气才会有豪气；有豪气才会有义气；有义气才会做应该做的事。蔡锷将军说："吾人以一隅而抗全局，明知无望，然与其屈膝而生，毋宁断头而死。此次举义，所争者非胜利，乃四万万众之人格也。"吴晗认为勇气指的是抱有正确、坚定的主张，始终如一地勇敢地为当时的进步事业服务，遭遇任何困难，都压不扁、折不弯，碰上狂风巨浪，能够顶得住，吓不倒，坚持斗争的人。[45]183

骨气来自何方？"忠义"二字而已！"忠"是忠贞不贰，"义"是正义。忠于国家、忠于民族、忠于人民、忠于党是大义。忠于上级、忠于上司、忠于兄弟、忠于朋友是小义。小义要服从大义。这就是中国自古"忠孝不能两全"的精髓。

志趣是一种情性。没有爱好就没有兴趣，没有志气也不会有兴趣。奥斯勒说："不论从事什么行业，成功的第一步就是要对它感兴趣。"爱因斯坦说："兴趣是最好的老师，它可激发人的**创造热情、好奇心和求知欲**。"莎士比亚说："学问必须合乎自己的兴趣，方才可以得益。"曾国藩说："凡人才高下，**视其志趣**，卑者安流俗庸陋之规，而日趋污下；高者慕往哲盛隆之轨，而日就高明。贤否智愚，所由区矣。"

什么是志气？《现代汉语词典》的定义是："求上进的决心和勇气，要求做成某件事的气概。"这说明**志气和决心、勇气、气概**是相互联系的。有志气，就有拼搏战斗的勇气，有坚韧不拔的意志。在科学研究领域，"若无某种**大胆放肆的猜想**，一般是不可能有知识的进展的"，爱因斯坦如是说。

有人问一位哲者："人为什么要活着？"哲人回答："呼吸！"问者不明白哲人的意思，哲人进一步解释说："呼是出一口气，吸是争一口气。"

励志大师安德鲁·卡耐基对志气进行了非常明晰的解释。他说，朝着一定目标走去是"志"，一鼓作气中途绝不停止是"气"，两者合起来就是"志气"。一切事业的成败都取决于此。

勇气是一种情性。持久的情感转化为现实需要勇气与牺牲。持久的情感能够克服前进道路上的困难！ [46]178

勇气来自何方？蔡锷将军说得好："求将之道，在有良心，有血性，有勇气，有智略。"良心、智略和血性与勇气有关。稻盛和夫对情性也有切身的感受，他说：这种**决不认输的志气**，也就是所谓的"燃烧的斗魂" [47]自序17。"**敢为天下先**"的精神，表现为敢想别人不敢想或想不到的东西，敢说别人不敢说的话，敢做别人不敢做的事，敢走别人没有走过的路。

大智大勇。唐代郭子仪说："大勇者，视天下无不可为之事，亦无不可胜之敌。"法国雨果在《悲惨世界》中说："最大的决心会产生最高的智慧。"英国弗莱彻说："深思熟虑是最大的勇气。"邹韬奋认为："由大智中产生大勇。"

大志大勇。北宋苏轼在《留侯论》中说："古之所谓豪杰之士，必有过人之节。人情有所不能忍者，匹夫见辱，拔剑而起，挺身而斗，此不足为勇也。

天下有大勇者，卒然临之而不惊，无故加之而不怒。此其所挟持者甚大，而其志甚远也。"

自信产生勇气和决心。马丁·路德·金说得好："有了信念力，我们才能从绝望之岭劈出希望之路。"对自己的能力有信心就是自信。自信、自尊、信念从本质上说是一回事。强大而持久的自信心造就了哥伦布的成功。自信产生信念，而信念是确定性的认识，能穿透重重迷雾看到最终的目标。[48]128—129

小心即大胆。小心与大胆是一体两面的关系。老子说："大勇若怯。"雨果说："谨慎比大胆要有力量得多。"因此，要把胆量放在心里，把谨慎放在手上，既要胆子大，又要步子稳。

直觉是一种情性。杰拉尔德·福特赦免了理查德·尼克松。他后来承认，做出这个决断，驱使他的不是原则，而更多的是一种直觉：在自己总统任期的短暂蜜月期结束之前，他必须要像人们所期待的那样拉自己的前任一把。[49]8情感因素在我们直觉判断和决策的理解上发挥了比以往更大的作用⋯⋯判断和决策是直接受好恶这样的情感所左右的，没有什么思忖和推理可言。[50]序XXII由此可见，直觉是一种感性的东西，感性的东西就是一种情性。

德性是一种情性。关于这方面的论述，详见后面的恶性 VS 善性。

5.2.5.3　情性自身的力量

情性是原动力。华鲁特曾说："一件伟大事业的完成，绝对少不了热情的原动力。"[51]27 马赫认为："我们务必不要低估情感的动力。"[36]185 稻盛和夫认为："热情成就事业。"[33]84 奥里森·斯维特·马登说：如果没有激情和渴望，就不要幻想取得任何成就。我们必须对未来满怀期望，坚定信念！我们必须果断行事，全力以赴！我们必须精力充沛，誓死拼搏！ [48]122 奥斯勒讲过：这个世界难道不是被感情或情绪所带动的？这个国家难道不曾有过浴血的激情？根深蒂固的爱国情操，深植于所有每个人民的心中，难道就不是激情？ [52]56

带着感情去做事。卓别林在《要为自由而战斗》的演讲中说道：我们头脑用得太多了，感情用得太少了。我们更需要的不是机器，而是人性；我们更需要的，不是聪明乖巧，而是**仁慈、温情**。缺少了这些东西，人生就会变得凶暴，一切也都完了。[53]280

情感的巨大力量。克劳塞维茨在《战争论》中写道：一位统帅必须具备某种巨大的感情，才能激发自己身上的力量。这种感情可以是恺撒身上的功名心，可以是汉尼拔身上的仇恨感，也可以是腓特烈大帝身上的宁愿光荣失败的豪迈感。这就是说，**激发自身的情感力量成就自己。**

英国蒙哥马利在《蒙哥马利回忆录》中写道：把军队带好，**懂得人的本性**是必不可少的。**人们蕴藏着巨大的情感力量**……如果对于人的因素持冷漠无情的态度，你将一事无成。但假如你能赢得官兵们的信任和信赖，使他们感到**他们的利益在你手里万无一失**，这样你就拥有无价之宝，有可能实现最伟大的成就。这就是说，**关心他人的情感力量成就自己。**

爱恨是强大的精神力量。休谟曾经指出："**但有理性决不能引起任何行动，或是使意志发生。**"[30]851 在动物世界，弱势的母亲为了保护自己的孩子，拼死战胜强大的入侵者；弱势的牛群，为了小牛犊的生命，勇敢地迎战强悍的狮子，甚至将狮子用牛角戳死或用牛蹄踩死。在人类世界，强大的母爱精神，可以克服千难万险，可以战胜一切困难，抢救自己的孩子。有人感叹说："**为女则弱，为母则强。**"古今中外，**国仇家恨**的情感作用，使许多人成为民族英雄，甚至成为历史伟人。爱因斯坦指出："在每项成就背后都是这种成就所依赖的情感动机，它反过来又被事业上取得的成功所强化和滋养。"[24]65

项羽破釜沉舟的情感力量。赵王歇被秦军围困在巨鹿（今河北平乡西南），请求楚怀王救援。而秦军非常强大，几乎没人敢上前迎战。**项羽为报秦军杀父之仇**，主动请缨，楚怀王封项羽为上将军。项羽率兵渡河，然后命令将士每人带三天的干粮，把军队做饭的锅碗全砸了，把渡河的船只全部凿沉，连营帐都烧了，并对将士们说："咱们这次打仗，有进无退，三天之内，一定要把秦兵打退。"在这一决胜的关键时刻，正是项羽**破釜沉舟的决心和勇气**令众将士置之死地而后生。经过九次的激烈战斗，项羽活捉了秦军首领王离，其他的秦军将士有的被杀，有的逃走，围困巨鹿的秦军土崩瓦解了。[54]121

热情开创新时代。有人问成功概率是多少，你或许答不出，但这并不重要。创造新事物，重要的不是统计数字，而是创造者的热情和意志。几乎所有的革命成功，都是靠革命者的热情和意志。[55]32 要想成功，要想取得卓越的成就，先得热爱乃至迷恋自己的工作。[55]33

带着激情去追梦。美国丹尼尔·卡斯特罗说：带着激情追梦，成功就会到来，这是通向真正成功的不二法门。[56]113 稻盛和夫对激情（PASSION）作了进一步的解释，采用 7 个英文词汇开头的字母组成。利润（PROFIT）、愿望（AMBITION）、诚实（SINCERITY）、勇气（STRENGTH）、钻研创新（INNOVATION）、积极思考（OPTIMISM）和决不放弃（NEVER GIVE UP）。[55]60 激情和感情在商业决策中起着非常重要的作用。这类情感会催生巨大的动力来促使人们成功执行产品开发项目。[57]141

当然需要注意，**过度的激情**也可能意味着使人失去理智，造成思维混乱或违反逻辑。因此，要发挥情感情绪对思维进程的积极作用，就需要正确把握情感情绪，对其进行调节和控制。[58]28

愿望成就新时代。稻盛和夫说：只有强烈的愿望才能开辟新时代。在无法完成任务时，人们总会列举许多条理由，结论是"因此不可能"。这也没有，那也缺乏，不可能的理由总能找得出来。如果大家都是这种精神状态，决不可能开拓新的事业。首先，就是应该**在什么都没有的前提下**，着手新事业。无论碰到哪种困难，一定要完成新项目，必须先有这种强烈的愿望。然后，为了达成目标，怎样**调集必需的人才、资金、设备、技术**等，要制订详细而明确的计划。在实施新项目的过程中，难免碰到预料之外的问题和困难，要克服它们，获得成功，必须有充分的自信、强烈的愿望，踏踏实实，一步一步去逼近目标。只要这样，我认为一定会梦想成真。[55]31

非理性创造世界。建筑大师诺曼·福斯特说："世界上所有的进步都源自非理性人。"这句话在中国能找到有力的实例，**秦始皇修"万里长城"，隋炀帝开凿"大运河"**，在当时都是非理性的行为，但至今造福于中华民族。古斯塔夫·勒庞在《心理学统治世界》中指出："大事变的发生是非理性的。**理性创**

造科学，而非理性创造世界。"

自信是成功的第一要素。 拿破仑、威灵顿等伟大的军事领导者都认识到一点：军队获胜的决心和对自己能力的信心在获胜的众多因素中是**第一位**的。[59]89信心，尤其是无比的信心，能够刺激我们想出解决问题的方法和对策。有自信的人也必能赢得他人的信赖。[60]3 美国作家爱默生说："自信是成功的第一秘诀，自信是英雄主义的本质。"美国成功学大师拿破仑·希尔说："自信心是生命和力量。自信心是奇迹。自信心是创立事业之本。"

永不言败的意志。 沃勒说："**尽管我们用判断力思考问题，但最终解决问题的还是意志，而不是才智。**"这说明意志的力量胜于才智。爱因斯坦说："由百折不挠的信念所支持的人的**意志**，比那些似乎是无敌的物质力量具有更大的威力。"这说明**意志来自信念**。西奥多·罗斯福说过："对于一个人来说，再也没有什么比矢志不渝更重要的了。如果你梦想成为一个伟人，或者在将来的某一天有所成就，那么，你应切记：不但要去克服无数的艰难和险阻，而且还要**承受无数的挫折和反复。**"[59]104 这说明**信念来自志气**。林肯总统说："绝不放弃，哪怕是失败一百次。"[59]84 温斯顿·丘吉尔首相说："永不言败。"（We Shall Not Fail）戴高乐总统说："我决不放弃！"

5.2.5.4 情性对理性的作用

情感引导认知。 虽然情绪通常被排斥在"理性的决策过程"之外，但越来越多的研究表明，情感在决策过程中是很重要的。"**一旦情感出现，它对思维的作用是不可避免的。**"[43]51 古人发愤著书、越王勾践卧薪尝胆都是情感的运用。"情感和情绪是我们如何**看待事物、做出决策**的基础。**情绪引导认知，评价导致情感。**"[61]237 林肯总统的一段话，很好地诠释了**情性—负责任—对理性**的作用，他说："每一个人都应该有这样的信心：人所能负的责任，我必能负；人所不能负的责任，我亦能负。如此，你才能磨炼自己，**求得更高的知识而进入更高的境界**。"

情性胜于理性。 松下幸之助认为知识、智慧和才能都很重要，但**最重要**

的是热情和诚恳，具备了这两点，无论做什么事都能取得成功。[62]315 另一方面，威尔·杜兰特指出：人是感情动物，只是偶尔表现出理性；人的情感会蒙蔽人的心灵。

情性对理性的作用。情感对创造性的影响是明显的。勇气和镇定有助于我们创造。勇气的反面，即恐惧，不仅会冻结我们的身体，也会冻结我们的头脑。[63]136 当焦虑、怀疑或沮丧时，你**不可能作出正确的判断**，也不可能利用好的想法和建议。当你担忧时，往往精神分散，不可能有效地集中注意力。许多人之所以在世上取得骄人的成就，一个重要的原因就是情绪不佳时**决不轻易作重大决定**。[64]245

威廉·詹姆斯说："对于**消灭控制力**，任何东西都没有**愤怒**来得彻底。"愤怒和理性对于大多数人来说，是互相对立的；其中一个出现，则另一个就会消失。愤怒破坏了亲密感情、妨碍了理智的判断、诱发了无情的屠杀、激起了无数的战争，并且可能比起其他单一的力量来说，愤怒会毁掉人们职业生涯的更多桥梁。这是因为它扭曲了我们对环境的感知，遮掩了我们批判性思考的能力，并且破坏了我们的自我控制。[63]41

人类情性的两面性。（积极的）情感常常是我们的**决策目标**。[43]51 激发爱国热情，激发家国情怀。激发民族主义，激发上进心，知耻而后勇，激将法，打的都是感情牌，都是激发情感。反之，消极的情绪会令人丧失斗志，缺乏动力，丧失创造性，扭曲判断。因此，要学会控制情绪，林则徐要制怒，刘邦会变脸，这些都是**控制情绪，转换情感**。

人性化决策就是为了满足情感的欲望。"理性的领袖关注人们的情感，以各种方式满足人们的欲望。"[43]47 韦尔奇人性化决策的做法非常有效。他关心胜出者，还向每一个人解释原因。他也很好地安排了**两个落败的候选人**。他要确保在两名落败的候选人听到任何传言之前亲口告诉他们，以免伤了他们的脸面和自尊心。[49]116 给失败者留足面子，让人家能下台阶，保护他人的自尊心，这就是高情商的表现——自己、胜者、败者都感到欣慰。因为人类是有尊严的动物。假如一个人没皮没脸，就与动物无异。

● ● ● 成功哲言：情性力量

拿破仑·希尔说："思考的力量是人类最大的力量。"这种论断**不一定正确。我认为情性的力量才是人类最大的力量。为何这么说？**因为情性是原动力，是发动机。只有激情才会追逐梦想；只有情感才会引导认知，进行不断的思考，产生创新的思想；只有情性是持久动力的来源，贯穿行动的始终，意志坚定，百折不挠，永不言败，永不放弃。**没有情性的动力，任何理性的决策、计划都不可能采取任何行动。**精神的力量远超物质的力量，同样的道理，情感的力量大于理性的力量。因此，调动人的情感，激发人的斗志，不仅是一种手段，更是一种目标。

5.2.5.5 何谓理性

人类的理性。什么是理性（rationality）？《现代汉语词典》给出的定义是：从理智上控制行为的能力。斯奈德认为："首先对于可能的得失，以及敌方行动的几率，做出冷静的**计算**，然后再根据计算结果来选择一条对于自己可能**最为有利的行动路线**。"[65]78 爱因斯坦在《人类生活的目标》中说：**追求真理和知识并为之奋斗是人的最高品质。**笛卡尔认为，每个人都**天生具备良知及理性。**这保证了只要**使用方法正确得当**，任何人都能**获得真理**。[66]73 这种认知是人们对事物的发生、发展和变化的一种认识，是主观对客观的反应，是一种主观知觉。事物不是独立的、静止的，而是处在一个特定的动态环境中。人们在认知的基础上，又根据自己的**能力、价值观**，结合环境的条件，确定你的目标（期望）。这些都是人类理性的表现。

人类最初的理性是针对宗教而言的。何谓理性？狄德罗在《百科全书》"理性"一条中指出，理性除了其他含义外，有两种含义是与宗教信仰相对而言的，一是指"**人类认识真理的能力**"，二是指"**人类的精神不靠信仰的光亮的帮助而能够自然达到一系列真理**"。启蒙学者眼中的理性，就是要用这种理性之光去启迪人类，去照亮中世纪宗教神学布下的黑暗和愚昧。康德在《答复这个问题："什么是启蒙运动？"》一文中指出："要有勇气运用你自己的理智，这就是启蒙运动的口号。"[67]209

玛克斯·奥勒留认为："**理性的特征**是面对自己的正当行为及其所产生的宁静和平而怡然自得。"[68]10 "排除幻想，**控制冲动，扑灭欲望，把握住你的理性**。"[68]153 休谟将人类的理性（human reason）区分为三种：①基于知识的推理；②基于证明的推理；③基于或然性的推理。[30]255 三者的共性都是推理，因此，**理性就是推理**。

人格理论家罗特和米歇尔的理论是认知社会学习理论。该理论认为人是以**目标指引其行为的动物，是目的论者**。人们总是在不断地为自己设立目标，所以，在指导自己的生活，使之成为有远见、有目的、统一的行为。[1]457—458 从认知社会学习理论中我们可以知道，人类具有**理性、情性和社会性**的特征。

赫伯特·西蒙在《人类活动中的理性》（*Reason in Human Affairs*）中对"理性"给出的定义是："**计算有效行动路线的能力**。"[25]96 这个定义不够精准。"有效的"一定是"理性的"吗？谋财害命可以致富，但是"理性"的吗？显然不是！因此，我们可以将理性理解为：

理性决策 = 正确目的 + 分析计算 + 推理想象 + 有效手段

目的是正确的，经过分析计算和推理想象，采取有效的手段，这样展开的思维就是**理性思维**，按照这样的思维制定的决策就是理性决策，所采取的行动就是**理性行动**。理性的决策过程是一个**计算和推理**的过程。

●●● 成功哲言：理性决策

理性决策是目的论，理性决策 = 正确目的 + 分析计算 + 推理想象 + 有效手段。目的是正确的，经过**分析计算和推理想象**，采取有效的手段，这样展开的思维就是**理性思维**，按照这样的思维制定的决策就是**理性决策**，所采取的行动就是**理性行动**。

理性是如何产生的？这涉及认识论的问题。人类的认识，一般分为感性认识和理性认识两个阶段，德国**胡塞尔**在二者之间加了一个**知性**的中间环节。胡塞尔认为，心灵主体的内在意识为"知性"的出发点和基础。心灵世界的主观性，才是客观知识的保证。

康德曾经把认识划分为感性、知性、理性三种。后来黑格尔也沿用了这一说法，可是他却赋予这三个概念以不同的含义。马克思也是采用了知性的概念，并对知性和理性加以区别。马克思在《〈政治经济学批判〉导言》中说：

> 我如果从人口着手，那末这就是一个混沌的关于**整体的表象**，经过更切进的规定后，我就会在分析中达到**越来越简单的概念**；从表象中的具体达到**越来越稀薄的抽象**，直到我达到一些**最简单的规定**。于是行程又得从那里回过头来，直到我最后又回到人口，但是**这回人口已不是一个混沌的关于整体的表象，而是一个具有许多规定和关系的丰富的总体了**。[69]118

从这段话来看，马克思也是运用了感性、知性、理性这三个概念的。马克思将这一公式称为"**由抽象上升到具体**"的方法，并且指出这种方法"**显然是科学上正确的方法**"。[69]118

马克思的这段话不太好理解。其中最不好理解的是"最简单的规定"，什么是"规定"？《现代汉语词典》的解释是：对某一事物做出关于**方式、方法或数量、质量的决定**。简单说，规定就是决定。那么，决定与认识的关系是什么，马克思没有进一步说明。还有什么是"**由抽象上升到具体**"？这句话也不好理解，但从"**从那里回过头来，直到我最后又回到人口**"这句话联系起来看，放在这样的**语境**中去理解，理性认识是要解决特定"具体"问题的。

王元化将马克思的这段话概括地表述，就是这样一个公式：从混沌的关于**整体的表象**开始（感性）—分析的理智所作的一些简单的规定（知性）—经过许多规定的综合而达到多样性的统一（理性）。王元化对"规定"这个概念也没有作进一步的解释。

根据我的理解，这里的"**规定**"是马克思自己内心确定的一些概念及其相互关系。这样就很容易理解了。这些概念和相互关系是如何产生的？应是通过知性的"理智"来实现的。**知性的理智表现在何处？**借用黑格尔的一句话来说："没有理智，便不会有坚定性和确定性。"

知性的分析作用。知性是作为**分析的理智**来进行的。凭借理智的区别作用，对具体的对象持分离的观点。它把我们知觉中的多样的具体内容进行**分解**，辨析其中种种特性，并把那些原来结合在一起的**特性拆散开来**。将它们的特殊原因与结果等关系逐个加以研究。[69]119—120 因此，知性的作用之一是将整体进行分解，分解成若干元素；然后区别对待，逐个研究；探讨**这些元素之间**的因果关系。

知性的抽象作用。知性将具体对象（整体）拆散成许多抽象成分（元素），并将它们孤立起来观察，这样就使具有多样性统一的整体内容变成简单的概念，片面的规定，稀薄的抽象。[69]119 因此，知性的作用之二是抽象：对分解的对象分别进行抽象，形成不同的概念。这种抽象是低级的抽象，故而是**稀薄的抽象**。高一级的抽象就成为**浓缩的抽象**。

知性的片面性和局限性。由于知性的思维方法是分解式的，我们并没有增减或改变其任何成分，却将整体对象的本来面目转变为**分散的、孤立的、抽象的、僵死的部分**。[69]118—120 这些部分不能代表整体的涌现性，会给人造成错觉。

理性的综合作用。王元化认为，理性是对知性的**许多规定**，进行综合而达到多样性的统一。若用马克思的话，它是"**由抽象上升到具体**"，又回到要研究解决的具体问题上来。

日本平原卓解读伊曼努尔·康德的《纯粹理性批判》，认为它是"**有色眼镜**"认识论：感性——有色眼镜；知性——整合信息的能力；理性——认识完全存在的能力。[66]130—134

感性的功能是"直观"。怎样直观地看，决定我们对**对象的认知方式**。休谟认为，知觉有**印象与观念之分**。**印象先于观念出现**。先是有感觉之印象，接着出现感觉之观念。[14]159 "观念"是指对一物**泛泛的认识结果**；"概念"则是指对其本质的明确认识。抽离出概念。[14]107 **感性是知性的基础**。这在临床上，就是临床医生在询问病人的病史和体格检查之后形成的印象（impression），这个印象就是临床诊断。

知性是反省思考的能力。知性的工作是针对感性直观所产生的现象进行**思考与判断**。这在临床上就是对印象（观念）进行不断的反思，决定采取必要的诊察手段，然后得出不同的概念和判断。概括地说，它们有**实验室的诊断**、**影像诊断和病理诊断**。这些就是知性的**分析**、**抽象**的作用。

理性具有统一知性之概念与判断的能力，这个工作称为推论。统一的过程就是综合的过程，综合的过程也是一个统一的过程。运用知性形成的**各种概念进行推理，形成综合性的判断**。这在临床上，就是将临床诊断、实验室诊断和影像诊断综合起来分析，在相互联系中得出**综合性的诊断**。这就是理性的综合、统一的作用。

综上所述，**感性—知性—理性**的过程，虽然人们运用哲学的语言进行了深入探讨，但还不够简洁明了。我认为，感性认识的结果是**观念**，知性认识的结果是**概念**，理性认识的结果是**理念**。这样，上述流程就转化为：**观念—概念—理念**，便于理解、记忆和使用。下面，我举一个医学上"损伤控制理论"的诞生和应用，来加以说明。

传统观念认为，对于严重创伤的病人，首次手术治疗是进行确定性修复或重建的最佳时机。但术后惊人的病死率，逐渐使人们认识到死亡的原因并非手术失败，而是继创伤及手术后的**内环境紊乱、生理功能障碍**，最终导致的**创伤三联症——低体温、凝血功能障碍和酸中毒**。这就是知性形成的**概念**。由于存在必须手术处理的外科情况，损伤控制（damage control，DC）的理念作为严重创伤和多发伤治疗的新策略应运而生，它改变了这类病人一定要在首次手术进行确定性手术的概念，更注重创伤后的**临时生命救护和控制病理生理性改变**。国内外学者对 DC 在严重创伤救治中的应用，从理论到实践均给予高度关注，从而提高严重创伤病人的救治水平。这充分体现了观念—概念—理念的发展过程及认知过程。

●●● **成功哲言：三种认识**

感性—知性—理性的认知过程，用哲学的语言解析不够简洁明了。我认为，感性认识的结果是**观念**，知性认识的结果是**概念**，理性认识的结果是**理念**（一组概念）。这样，上述流程就转化为：观念—概念—理念，便于理解、记忆和使用。

理性 = 推理 + 推论。在哲学及心理学文献中，人们通常用两种方式来定义理性——目的和过程。但可惜的是，这两种释义所指的并不是同一种现象。对目的的标准表述指的是**一般性推论**；对过程的标准表述指的是**正当理由**。[15]54—55 我们如何推理？推理表现在为**新结论寻找支撑的理由**，是通过诉诸理由达到这一目的的**特定过程**，是一个逻辑推导的过程。推论是指从已知信息推导出新信息的行为，从已知的结论推导出新的结论。所谓理性之心，是指对事物进行**推理判断**的心。[33]65 换言之，推理是论点、论据和论证统一的逻辑推理过程；推论是从一种结论到另一种结论的推导过程。

培养理智的性格。理智表现为一种明辨是非、通晓利害以及控制自己行为的能力……成为一种持续的倾向时……你便拥有了**理智的性格**。[70]211 此外，理智的性格应该拥有想象力和控制情绪的能力。

理性始于质疑。日本作家三木清在《人生探幽》中说："人的理性自由首先在于怀疑之中。"这句话道出**理性的源头**。亚里士多德曾说："思维是从疑问和惊奇开始的。"著名英国科学哲学家波普尔有句名言："**科学始于问题**。"笛卡尔提议，应该以"**怀疑方法**"作为哲学的出发点。[66]74 苏格拉底说过："疑问由哲学家的感知而来，**疑问是哲学之始**。"由此可见，人类的理性始于质疑，疑则不信，有质疑就必然有问题，因此，要学会提出聪明的问题。轻信是一切不幸的根源。这就是哲学。

理性在不断进化。人类这一物种是生物进化的结果。理性这种特性也是不断进化的。[15]9

胆识是理性的助力器。知识是你知道什么，以及为什么。见识是你运用知识而产生的智慧。胆识是你有勇气将见识付诸行动。对一个**不确定性问题的决策**，你要能决定下来、下定那个决心，不是需要更多知识，而是需要更多的见识，最需要的是更大的胆识。为什么呢？因为理性的作用是有限的，正确只是决心的必要条件而不是充分条件。理性有限到什么程度呢？一半的程度，也就是说，理性，只能为你下决心提供一半的支持。那么，**另一半靠什么？**靠胆识、气魄、主张、担当和坚持！[71]4

● ● ● 成功哲言：理性源头

　　理性是如何产生的？苏格拉底说："疑问是哲学之始。"亚里士多德说："思维是从疑问和惊奇开始的。"波普尔说："科学始于问题。"三木清说："人的理性自由首先在于怀疑之中。"这些论断道出理性的源头，我们不管遇到什么问题，都要先打个问号！

5.2.5.6　理性的表现形式

什么是理性思维？亚里士多德说过："求知是人类的本性。"[40]71 他还说：身体和灵魂共同构成了一个实体，没有身体，灵魂既无法存在，也无从发挥其功能。**理性灵魂具有科学思维能力。**[40]78 亚里士多德认为，理性灵魂存在着两种类型：第一种是**理论理性**，它给予我们关于确定原则或哲学智慧的知识。另一种就是**实践理性**，它为我们在自己所处的特定情况下的道德行为提供理性指导，这就是**实践智慧**。[40]82 理性选择则是最终实现理性的基本过程。理性选择关乎思维过程，而思维过程则是**判断与选择**的基础。[25]43 理性思维的核心是趋利避害。

"最好的思维我们称为**理性思维**，是那种能帮助人们达到自己目标的思维。"[43]43 需要特别指出的是，在理性思维中，除了逻辑推理之外，想象力和创造力也是必不可少的。正如赫伯特·西蒙所言："**想象力和创造力则是人类创造性地解决问题的源泉。**"[25]28

理性思维的流程。只有明确到底**要解决什么问题**，并且查找到问题的真正**根源**，才有可能使问题得到解决。明确问题—找出关键因素—确立行动方案，这是一个完整的思维流程。在做出决定之前，事先对问题本身进行分析和分类是完全必要的。不经过事先的分析，最后做出的决定可能不是自己原来想要的，甚至是相反的结果。[72]19

流程就是过程，只不过是将过程人为地划分为几个阶段或环节。每个环节又是一步接一步（step by step）。我认为在"确定行动方案"前，还必须有一个"情境分析"，这样才能使思维流程更加完美。于是，完整的思维流程是：明确问题—找出关键因素—分析情境—确定目标—确立行动方案。

> ● ● ● ● ● **成功哲言：思维流程**
>
> 完整的理性思维流程是：明确问题—找出关键因素—情境分析—确定目标—确立行动方案。

"思维流程相当于一种法则。就像我们必须使用一种严格的工艺来生产合格的产品一样，我们必须使用一种思维流程来保证我们的决策是相对可靠的。"[72]24 生产工艺流程决定产品的质量，思维流程也具有同样的道理和作用。

理性认识具有预见性。稻盛和夫认为："所谓'理性之心'，是指对事物进行推理判断的心。"[33]65 正确的理性认识能使我们预见将来，指导行动，不至于走错路。[73]106 理性认识可以帮助我们了解事物发展的规律。有了这种规律性的知识，我们就能够预测某些事物未来发展的结果，并据此预测去制定出相应的方针、计划，来指导我们的行动，使我们的行动不犯错误。理性的行动是根据推论。[10]116

科学是确定性的知识。英国斯宾塞说过：科学是组织化了的知识。这句话也可译为：科学是系统化了的知识。理性时代提出的观点必须依据科学——确定性的知识，以便所有大规模的改革都能获得成功。[74]54 科学是基于逻辑推理和假设检验之上的。[16]135 因果关系是科学的基本原则。[16]138 科学是人类所累积的有组织而客观的知识。[5]346

科学思维的六大要素。爱因斯坦曾说：科学的思维方式还有另一个特点，即那些用来建构其连贯一致的体系的概念，不带有情感色彩。对科学家而言，只有"存在"，没有什么愿望，没有什么价值，没有善，没有恶，也没有目的。[24]458 科学思维有六大要素，**我依据科学发现的逻辑顺序，重新调整了次序**，具体如下：①**好奇心**是科学家的一种重要品质；②**怀疑**是一种极有价值的思维素质；③**想象**是人类探索自然规律的一种重要思维形式；④**联想**是由此及彼地推测其他相似的一种思维技巧；⑤**幻想**是思维摆脱现实的束缚去塑造未知的事物；⑥**类比**是提出科学假说的一条重要途径。[75]31—33

科学思维使人类成为动物的霸主。在生存斗争中，人类由于具有认识原因、结果的能力，所以**预见导致先行**，这不仅由于他对过去经验的记忆，而且由于他有**整理自然定律的能力**，也就是他具有了科学陈述与概括经验的能力，从而赢得了对其他生命形式的专政[20]130，成为动物界的霸主。列夫·托尔斯泰说过：如果没有科学和艺术，人类会像动物一样过活，跟动物毫无区别。

科学知识不是万能的。赫伯特·西蒙指出：科学知识**并不是解决所有问题的魔法石**。[25]124 伦理和宗教仍然过于复杂，无法用当今的科学进行深入解释。[5]371

什么是理性决策？古罗马皇帝玛克斯·奥勒留说："如果智力是我们所共有的。那么使我们成为理性动物的那个理性也是我们所共有的。如果是这样的，那么告诉我们何者应为、何者不应为的那个理性也是我们所共有的；如果是这样的，那么我们是服从**一个共同的法则！**"[68]47

什么是共同的法则？古罗马皇帝玛克斯·奥勒留没有说明。2020 年 2 月 12 日凌晨 5 时许，我如厕时突然悟到理性决策的三步骤：**思虑—决断—行动**。思虑是诸葛亮所谓的决策思维。他说："思虑之政，谓思近虑远也。夫人无远虑，必有近忧，故君子思不出其位。思者，正谋也，虑者，思事之计也。非其位不谋其政，非其事不虑其计。故欲思其利，必虑其害；欲思其成，必虑其败……故仰高者不可忽其下，瞻前者不可忽其后……凡此之智，**思虑之至，可谓明矣**……夫危生于安，亡生于存，乱生于治。君子视微知著，见始知终，祸无从起，此思虑之政也。"从玛克斯·奥勒留"何者应为、何者不应为"的语境分析，这是决断中的**道德判断**，也就是玛克斯·奥勒留所说的："排除幻想，控制冲动，扑灭欲望，把握住你的理性。"[68]153

什么是决断？决断是建立在**诊断—判断—推断**的基础上做出干或不干的决定。对诊断所获得的信息、证据要进行判断、取舍、采信，并通过想象、联想和推理，做出推断。决断是下定决心，采取行动，实现目标。其中，**判断是一个重要环节，是取舍、采信的依据。推断是一种预测、预见，没有推断就没有决断**。决心是决定干，百折不挠地坚持下去，直到成功。因此，我可以用一个简明的公式来表示决断。

$$决\ 断 = 目\ 标 + 手\ 段 + 坚\ 持$$

大战略是理性的巅峰。[76]144 大战略家在行动之前都会思考、计划未来。他们的计划也不仅仅是积累知识、搜集情报，还包括冷静客观地看世界，用战役的模式思维，设计间接、微妙的**分步实施计划**，人们往往到后来才会慢慢明白其目的。这种计划不仅能够**欺骗、误导敌人**，对战略家来说，它还能让战略家内心镇定、目光长远，既能牢记长期目标，又能根据具体情况灵活反应：情绪更容易控制，目光更长远而清晰。

错误决策的原因。美国第三任总统托马斯·杰弗逊在演讲中说："现在，我即将开始履行同胞们**再度授予我的职责**，并以大家赞同的**原则精神**来办事。我并不惧怕任何涉及利益的动机会使我误入歧途；我不会冲昏头脑，以致不辨正道，但是，**人性的弱点和本人认识的局限性，有时会使我做出错误的判断而有损你们的利益**。因此，我需要选民们一如既往地加以涵容；这种需要肯定**不会因为执政年月的增加而减少**。"[53]74

什么是理性行为？威尔逊认为：人类行为的**最高指导原理**为理性思考。[5]287 理性思考产生理性决策，按照理性决策的行动便是理性行为。但**这里有一个"度"的问题**。列宁说过："只要再多走一小步，仿佛向同一方向迈出的一小步，真理便会变成谬误。"

理性决策占比很少。赫伯特·西蒙指出：人们往往会**跟着感觉走**，而这正是人类决策时（甚至在进行深思熟虑的决策时）所采用的决策模式。[25]23 一些专家估计美国企业决策中，应用理性决策技术的比例不超过 20%。这说明，完全不考虑计算、推理的决策**也可能非常成功**。那么，究竟是哪些因素在起作用呢? 这是决策行为研究方面的重要内容。这些因素包括**政治、直觉、风险倾向与伦理**等。[77]196

人类理性的有限性。赫伯特·西蒙认为人类的理性行为是由一把剪刀塑造而成的,而构成这把剪刀两侧刀片的,则是任务所在**环境的结构和行动者的计算能力**。[78]69 赫伯特·西蒙进一步指出:只有充分理解了理性的有限性,我们才能够设计出**适当的机制**,以便有效利用人类推理能力所赋予我们的力量。[25]3

何时停止搜索? 有限理性(bounded rationality)理论者认为,决策者受到**价值观、无意识反省、技能和习惯的限制**。他们还受到不充分的信息和知识的限制。决策者不会穷尽所有可能的方案再从中选择最佳者。相反,决策者倾向于寻找到符合最起码标准的方案之后就停止搜索。[77]197

以"满意"为追求。赫伯特·西蒙是**第一个认识到决策并非总是合乎理性和逻辑的人**。他后来获得诺贝尔经济学奖。他描述了真实的决策是这样的模式:①经理们用于决策的信息是不充分和不完备的;②决策受到"有限理性"的约束;③在决策时应当以"满意"为追求。[77]196

人类理性有限性的原因。关于对什么是**"正确"**的理解,可能因为人的价值观不同而有不同的理解,但其核心是各种利益的诉求。对**"有效"**的判断一定是正确的吗? 不一定! 这是由主客观的矛盾造成的。赫伯特·西蒙最大**的贡献就是认识到人类的理性是有限的**。从认识论来分析,它有下列几方面的原因:

(1)人类的知识相对于宇宙世界的复杂性和不确定性来说是远远不够的。就算你是决策的当事人,**"智者千虑,必有一失"**。

(2)人类所能获得的信息永远是不全面的,有些是不真实的。在信息社会的今天,信息是富余的、过剩的、大爆炸的,是真假难辨、鱼龙混杂的。**海量信息还有一个收集和处理的过程。**

(3)认识世界依靠的是归纳推理,而归纳推理的结论本身就存在或然性的问题。

（4）尽管是"理性思维"，但实际上人的理性都不可避免地受情感反应影响，只是或大或小而已。

（5）就算是有了正确的决策，你就敢下决心吗？

基于上述的理由，人类的理性，无论是个体决策，还是机构决策，**都是有限的**。因此，在制定决策目标时，由原来的**"效益最大化"**改为**"满意度"**，以达到**"足够好"**（good enough）为目的。

理性决策改为第一满意的决策。美国加州大学伯克利分校心理学教授彭凯平在评价赫伯特·西蒙的研究成果时说：赫伯特·西蒙第一次证明**决策与判断是人的思维活动**，它**不是建立在数学和逻辑基础上的**，而是建立在**人的感情、理念和经验的基础上**的。他把决策的原则定义成**第一满意原则**，也就是说，我们做出决策和判断的标准并不是建立在理性基础上的**"最佳选择"**，而是建立在人类心理上的**"第一满意选择"**。[79]序一

与人交流更加理智。即使是天才，也需要与其他人争辩，才能发展出他们最好的想法。这就是为什么理性思考并不适合在孤胆英雄的头脑里发生，当**头脑与头脑交锋**时，理性才能发挥出全部威力。[15]6 在沟通中出现争论与讨论时，拥有**理性而平静的争论能力**，几乎是一种**"绝妙的艺术"**。它对于通过沟通来"抛出"解决问题的思路和方案可能是一种非常有用的工具。[80]23

将情感作为目标的理性决策。南加利福尼亚大学教授安东尼奥·达马西奥做了关于决策过程情感因素里程碑式的研究。他解释了为什么**不能把情感仅仅作为非理性决策**制定过程中的因素而排除……把情感作为实际的行动项目来理解，去解决问题。这些过程一直在飞行员、探险队队长、父母乃至所有人的工作生活当中存在着。[57]142 这是一个颠覆性的概念，将情感决策作为目标去思考，也是理性决策。

依靠直觉快速决策。直觉是对事物的一种**内在的信念**。它是基于多年来在类似情况下做出决策的经验。内在感觉可以帮助经理**无须经过全套理性决策的步骤**就可以做出快速的决策，迅速做出反应，很快完成一份合同，而此时，

竞争对手们还在进行细节分析。[77]198 **直觉就是超越对数据的理性推断** [61]191，直觉是从复杂的环境中提取少量的重要信息，忽略掉不重要的其他信息，从而做出高效而正确的决策！**直觉决策属于非理性决策**，因为它省略了计算、思考和推理的过程。

不要过分依赖直觉。当然，所有的经理（特别是经验不足的经理）都要注意不要过分依赖直觉。如果一味强调"感觉对"而贬低理性和逻辑，灾难总有一天会降临。要重视**理性决策的步骤**：①认识和定义决策要求；②提出供选择的方案；③评估各种选择方案；④选择最佳方案；⑤实施选择的方案；⑥事后跟踪和结果评估。[77]193

直觉和理性相互为用。直觉和理性各自具有不同的偏见。[15]258 "直觉可能出错，因此理性的功能之一便是纠错。"[15]257 同样的道理，理性出错，谁来纠错？直觉！理性而不理性的事有很多，要靠直觉判断来纠正。

理性是明心见性。理性的特征是面对自己的正当行为及其所产生的宁静和平而怡然自得。这就是"明心见性"之谓。[68]10 这是将理性分开来讲：理是明心，发现自己的真心；性是本性，见性是见到自己本来的真性情。

压力扭曲理性。压力是指身体或者精神上的过度需求，造成了**生理或者心理上的紧张感**。[63]52 压力在很多方面影响着人们的思维。压力使人身心疲惫，扭曲人类的理性。压力的根源有很多，比如工作超负荷、急速的文化变迁、时间压力、冲突、噪声污染、消极的生活经历、非现实的期望、日常争论等。[63]52—53 压力控制方法可以分为四种类型：①消除压力的外在根源；②消除压力的内在根源；③控制身体对于压力的反应；④预防压力。[63]55—56

智力≠理性。这是斯坦诺维奇的一个重要观点，他的核心观点是我们应当将理性和智力区分开来。高智商并不能消除成见。要想消除成见，还需具备另一种能力，他称其为理性。[50]32 因为智力是运用过去的知识，智慧是创新的知识，**理性不仅要计算得失和权衡利弊，还要控制感情和情绪。**

5.2.5.7 理性自身的力量

理性使人类高于其他动物。人比动物多了一种能力，即理性。换言之，理性是人之所以高于其他动物的本质性特征。[10]200 理性使个人获得更高深知识、做出更明智决定的手段，理性通过发挥这一心智功能，使人类优于其他动物。[15]211

理性的力量。理性似乎也有一个很明显的功能：帮助个体独自增长见识并做出更好的决定。毕竟，如果运用理性不能帮助人们获得更好的信念、做出更好的选择，那么，理性的作用何在？达尔文在《人类的起源》（The Descent of Man）一书中写道："在人类心智的所有能力中，我料想，人们会承认**理性是处于顶端的。**""拥有了使自身习性适应新生活环境的强大力量。他们发明武器、工具和各种计谋来获取食物并保护自己。当他们迁徙到寒冷的地方时，会用布裹身、搭小棚屋并钻木取火；用火煮食物——因为不煮熟的话，食物难以消化。""它们会通过自然选择进行完善或者优化……在社会最蒙昧的时代，那些最睿智的个体……会养育最多的子孙后代。"[15]211

理性有两种功能。休谟认为在严格的哲学意义上，**理性只能在两种方式上对我们的行为有影响**：一种方式是，理性通过将构成情感的正确对象的某种东西的存在告诉我们，从而激起**那种情感**；另一种方式是，理性发现**因果联系**，以致能给予我们**发挥某种情感的方法**。只有这两种判断能伴随我们的行为，或者可以说以某种方式产生我们的行为。[30]941 休谟的这段话有点晦涩难懂。通俗地说，理性就是**看准对象，看透人心，晓之以理，动之以情，激发感情，完成任务。**这两种方式也可以有另一种说法："理性具有两项主要功能：一是拿出为自身辩护的理由，二是拿出说服他人的论据。"[15]17 其所引起的情感反应，**按照米歇尔的理论，包括情绪、情感和生理反应。**[1]453

理性有自控力。要排除幻想，控制冲动，扑灭欲望，把握住你的理性。[68]153 如果是不该做的，不要做，如果是不真实的，不要说。要控制住你自己的冲动。[68]205

理性有强大的执行力。钱学森讲：问题是怎样在**最短时间内**，以最少的人力、物力和投资，**最有效**地利用科学技术最新成就，来完成一项**大型**的科研、建设任务。[81]2

论证使道德判断更准确。论证是理性的一大功能。"多亏了论证，道德判断才变得更准确。"[15]380 这是**理性对德性**的帮助。废除奴隶制时列举了许多罪恶的证据，这就强化了废除奴隶制的重要性和必要性。论证要使结论与理由的推理过程无懈可击。

独立思考，独立判断。以你的理性作为判断一切的标准，只有经过思考、分析和检验，才能形成正确和成熟的**判断**。不要让任何事物（权威）左右你的判断，误导你的行为。[82]133 因为人类的理性并不那么真实可靠。可是，这么做至少可以把错误减到最低限度。[82]135

大局观是想出来的。人们经常说要心中有数。心中有数的"数"是什么数？它最容易被理解为**数字的"数"**，这只答对了一部分。我经常告诫我的下级医生，要把病情的数字记在脑子里（Keep them in your mind）。这是为了随时可以进行**计算**，分析病情的发展变化，随时调整治疗方案，但更为重要的是，对病情要有个粗略的判断和大体的估计。这叫**算计**，是毛估。这种心中有数的数是大局观。这样的大局观不是逻辑、道理可以把握的，只能用心去想，靠心去悟。大局观或是想出来的，或是一种直觉，而不是看出来的，更不是跑出来的。

理性是更深刻的感性。作家的理性认识是他剖析生活的指针，可以使他对生活达到"理解之后的更深刻的感觉"。[69]304 只有你更深刻地理解了内涵，才能更深刻地感知它。

●●● 成功哲言：理性力量

　　拿破仑·希尔说："思考的力量是人类最大的力量。"达尔文认为："在人类心智的所有能力中……**理性是处于顶端的**。"格林说："大战略是理性的巅峰。"列夫·托尔斯泰说："如果没有科学和艺术，人类会像动物一样过活，跟动物毫无区别。"现代科学的无数事实证明赫伯特·西蒙所言："想象力和创造力则是人类创造性地解决问题的源泉。"可以毫不夸张地说，没有科学就没有现代文明。这也就是理性的强大力量。此外，理性有强大的执行力和自控力。另一方面，人类的理性是有限的，理性决策占比是很小的。人们大多是"跟着感觉走"，所以休谟说："理性是激情的奴隶。"

什么能弥补理性的不足？ 路杰指出：赫伯特·西蒙确实认识到理性是有限的。这是他获得诺贝尔经济学奖的核心思想。但他没有回答，既然理性是有限的，那么，有什么东西能够弥补理性的不足？路杰认为有两个：一个是**认知能力的直觉思维，我们称之为识**；一个是心理意志上的胆识和气魄。"狭路相逢勇者胜"，这个时候，比的根本不是智，而是胆！这无论在实践上还是在理论上，都是对赫伯特·西蒙留下问题的最好的回答。[71]177

刘峰在《决策：定战略的胆与识》的序中同意路杰的观点，并概括出几句话：用心思考，用心决策；既关注事，更关注人；既讲道理，更讲心理；既讲事实，更讲价值；既重科学，更重艺术；既讲理性，更讲悟性。[71]序我认为，最简洁的概括是：**理性不足，用情性和德性去弥补。**

5.2.5.8 理性对情性的作用

拿破仑·希尔认为：自律要求**以你的理性来平衡你的情绪**，也就是说在你做决定之前，你应该**兼顾你的感情和理性**。有时候你应该排除所有情绪，而只接受理性的一面；而有时候你必须接受较多的情绪面，并用理性来做一些修饰——符合中庸之道是非常重要的。[83]163 他进一步指出"**目标明确造就热忱**"[46]166，这是理性对情性的作用。

5.2.5.9 情性与理性的关系

情理的发展是不平衡的。郁达夫认为：人的情感，人的理智，这两种灵性的发达与天赋，不一定是平均的。有些人，是理智胜于感情，有些人是情感溢于理智。

用情做事与理性做事的差别。在情感基础上做事情，事情必然随情感变化不定；在理性基础上做事情，事情万变不离其宗。[84]163

情性与理性的关系是心与脑的关系。心的作用是情感和情绪，"心"表现为"情"。约翰·麦高文说：所谓"心"，始终都是指热忱、设身处地与无微不至的关怀。[52]8 因此，"心"表现为"情"，故有"心情"之说。热情、同情、关心、关注、关心都是"用心"的表现。人们的心理活动被称为心智。

脑的作用是思考与决策，是感性认识与理性认识发生的地方。进化论者认为，所有的生物为了生存都是"自私自利"的，互利共赢的现象是凤毛麟角。因此，所谓的理性就是趋利避害。**理性的表现是才智，智慧是理性的最高境界。**智力可以驰骋于广阔的空间和漫长的时间：一个有智慧的人，既可以思考过去的事情，也可以思考将来的事情，还可以思考遥远的地方发生的事情。[8]87 人们的思考活动被称为理智。

心胜于脑。英国小说家克劳福特对心与脑的关系有着非常精辟的论述，他说："放眼四方，纵观古今，何处不见感情将挡在它前面的思想扫开，当然，还有信念、理性。**激情不属于脑，不属于手，只属于心。**爱、恨、野心、贪婪，全都把才智当奴隶在使唤，用暴力痛击理性软弱的反抗。理由？不需要，然后用铁腕将之碎成万段。"[52]323—324

●●● 成功哲言：心胜于脑

"心"表现为"情"，人们的心理活动称之为心智。脑的作用是"思"，人们的思考活动被称为理智。人类所思、所想、所做的一切，都与满足情性的需求有关。因此，追求"满意"成为理性决策的目标。

情性胜于理性。黑格尔说："没有激情，世界上任何伟大的事业都不会成功。"亚历山大·蒲柏说：激情主导，行之若素；激情主导，征服理性。休谟说："理性是激情的奴隶。"松下幸之助说："知识、智慧和才能都很重要，但最重要的是热情和诚恳，具备了这两点，无论做什么事都能取得成功。"孔德以前强调的是理智的作用，后来他转为感情的至上性，宣称"感情的成分支配着我们的本性这一真理是再清楚不过的了"。爱因斯坦认为，**人类所做的和所想的一切都与满足情感需求和抑制痛苦有关。**如果人们试图理解精神活动及其发展，就必须牢记这一点。**情感和渴望是人类一切努力和创造的动力。**[24]20 罗素说："对爱情的渴望，对知识的追求，对人类苦难无可遏止的同情心，这三种简单而又强烈的感情支配了我的一生。"[85]13

人格胜于才智。爱因斯坦说过："大多数人说，是才智造就了伟大的科学家，他们错了，是人格。""智力上的成就，在很大程度上依赖于性格的伟大，这一点往往是超出人们的常识的。"爱默生在《美国的哲人》中说："**个性是比智力更崇高的。**"

心智胜于才智。心智有两种含义：一是思考能力和智慧；二是情感。才智是才能和智慧。稻盛和夫说：多数企业家依靠的是自己个人的**才智**和能力，当然这些对于企业家而言是必要的，但仅凭这些并不足以防止事业走向失败。[55]24 如果缺乏坚强的**心智**，我们就容易成为自己才能的奴隶。但是有一种人，他不做自己才能的奴隶，而能把这种才能发挥到极致，因为他具有高尚的人格。**高尚的、受尊敬的人格能够控制才能，使自己的才能在正确的方向上得到充分的发挥。**与生俱来的完美人格几乎没有。开始阶段，人可以依靠自己的才智、能力以及好胜心取得某种成功，但要让**事业持续成功**，就必须努力提高**心性**，塑造自己高尚的人格。[55]25 换句话说，**小成靠才智，大成靠心智**。因为"情感对信念也是非常有利的"[30]243。

情理的交互作用。情感、意志等非理性因素之间是相互作用、相互影响的。非理性因素对理性因素既起着动力调控的作用，同时又要受到人的理性因素的决定与制约。情感、意志等非理性因素就是这样通过推动、激发、调控人的理智和智能而影响、作用于人的思维过程的。[58]28 我们在思考人类生活时，客观事实、价值观念和个人情感发生相互作用。[25]9

情理对立时难于决断。"当动机和情感有任何对立时，要断定人类的行为和决心，就会发生相当大的困难。"[30]859 有人说："冲动是魔鬼。"哲学家斯宾诺莎道："一个人受激情所左右，那么，他就套上了枷锁。"[18]97 也有人说，嫉妒心最难释怀。嫉妒总是产生于比较。没有比较，就没有嫉妒。卑劣之徒易妒德高之人，身无长处者偏爱咬住他人的短处。无足称道者更会指责他人，因无法企及他人的美德，便蓄意诋毁，以求得心理平衡。在人的情欲中，其他情欲有起有伏，但嫉恨最难释怀，妒火最难将息。古人道："嫉妒从不休假"，真是言之有理。[86]24-26 看起来，如何使用情性既是理论问题，也是艺术问题。

情理兼容的艺术。傅雷在《傅雷家书》中说：情感与理性平衡所以最美，因为是最上乘的人生哲学——生活艺术。"**好的决策通常包含理性和感性。**"[87]475-476 高效的决定需要理性与感性并用。你不能太理智化，否则会变得冷冰冰的。你也不能太情性化，否则就会情绪化。你不仅是一个理性的人，而且还需具备人类特有的**情绪辨别能力**。你能用**面部表情、语调、肢体动作**等作为情绪证据来"解读"他人的情绪。这是一个直觉的认知过程——直觉推论过程。[15]162

人性化关怀。松下幸之助认为：人的心理有时靠道理是说不清楚的，是不可思议的。"人情的微妙"说的就是高兴、悲伤、愤怒、得意、失落等情绪，它们都是在微妙的情感牵动之下的心理变化。我们如果想要心情愉快地共同生活，就要学会互相知晓、理解彼此的想法。他认为充满人情味的态度和关怀在日常生活中是极其重要的。[62]303-304 稻盛和夫的做法是理性决策，情性执行。

● ● ●　**成功哲言：情理兼容**

　　人性中含有情性和理性。因此，一切人性化决策的原则是合情合理。合情是合乎人情世故，合理是合乎事物之理。二者之间，最难掌握的是适度。过犹不及，物极必反。

5.2.6　恶性 VS 善性（德性）

人性之善恶源自情性。苏联凯洛夫在《教育学》中说：感情有着极大的鼓舞力量，因此，它是一切道德行为的重要前提。英国哥尔顿在《拉康》中说：由恶德而来的快乐，在快乐之中仍能伤害我们；由美德而来的痛苦，在痛苦之中仍能安慰我们。稻盛和夫认为：善和恶也一样，它们并不是本来就有的，它们同根同源，都从爱开始。因为爱的用法不同，或生出善，或生出恶。从头到尾围着自爱打转，势必作恶；为他人着想的爱开始觉醒时，就能为善。**善恶的界限，就在爱自己的"爱"和爱他人的"爱"的中间。**[38]118 由此可见，**善恶是由情性演化而来的。**

性善、性恶之哲学争论。我们是哪种类型的动物？至于这个问题，经过几个世纪的争论，社会哲学家得出了不同的结论。

西方三种哲学观。托马斯·霍布斯提出了原罪说（original sin），即认为儿童天生是自私的自我中心主义者，必须由社会控制。意大利马基雅维利认为："与善相比，人还是倾向于恶。"

让·雅克·卢梭提出了性本善（innate purity）之说，认为儿童天生就有直觉的对错感，他们常常被社会误导。

就儿童养育来说，这两种观点显然大不相同。原罪说认为，父母必须积极地控制以自我为中心的子女，而性本善说则把儿童看作是"高尚的未开化者"，应该给他们自由，尊重他们与生俱来的积极倾向。[88]11

约翰·洛克提出了另一种关于儿童和儿童养育的观点，他认为，婴儿的心灵是块白板（tabula rasa），凭借经验来涂鸦。换言之，**儿童生性无所谓善恶**，他们如何发展全仰仗怎样被养育。洛克和霍布斯一样，主张严格地教育儿童，使儿童养成好习惯，而不要学到社会不认可的怪癖和行为。[88]11 哈姆雷特和蒙田都说："世上无所谓善恶，善恶不过是看法使然。"[18]134

东方三种哲学观。孟子提倡性善说，荀子提倡性恶说，告子、王阳明和冯友兰等人提倡无善无恶说。告子认为人性无所谓善与不善，人性中的善是后天修来的。告子曰："性犹湍水也，决诸东方则东流，决诸西方则西流。人性之无分于善不善也，犹水之无分于东西也。"王阳明说："无善无恶心之体。"冯友兰认为：人本是天然界的一个东西，他的性本来不能说是善或是恶，因为是自然的就是那个样了。不过他们时相冲突才有善恶之分……至于性的本来却不能说善与恶。[17]14

善恶的对立统一。东汉王充在《论衡·本性》中说："周人世硕以为人性有善有恶，举人之善性，养而致之则善长；恶性，养而致之则恶长。如此，则情性各有阴阳，善恶在所养焉。"这样看来，**情性各有阴阳正反两个方面，善恶在于从哪个方面培养了**。

人格理论家梅认为，**人有善的一面，也有恶的一面，因此他们有能力创造出善恶兼而有之的文化**。[1]295 梅把人视为一个复杂的存在，能够将**大善与大恶集于一身**。[1]314

小善乃大恶。稻盛和夫说："善"有大善和小善两种。有言道："小善乃大恶。"[33]112

区分善与恶的标准。美国杰克·伦敦在《深渊》中提出一个标准：凡是使**生命扩大而又使心灵健全**的一切，便是善良的；凡是使生命缩减而又加以危害和压榨的一切，便是坏的。这个标准是以**"身心"**健康、长短为标准。

英国洛克在《人类理解力论》中提出一个标准：物之所以有善恶之分，只是由于我们有苦、乐之感。这个标准是以**"苦乐"**为标准。

荷兰斯宾诺莎在《伦理学》中提出一个标准：善与恶的知识不是别的，而是我们所意识到的**快乐与痛苦**的情感。这个标准也是以**"苦乐"**为标准。

我国宋代朱熹在《朱子语类·学士·力行》中提出一个标准：天下之理，不过是与非两端而已。**从其是则为善，徇其非则为恶**。这是以"是非"为标准。

稻盛和夫提出一个标准：**善恶的界限，就在爱自己的"爱"和爱他人的"爱"的中间**。[38]118 换言之，**恶是利己，善是利他**。

明代徐祯稷在《耻言》中说：世家子弟……遂生六恶：曰奢，曰淫，曰懒，曰傲，曰刚狠，曰浮薄。[89]109 这是富家子弟的六种恶习。

清代梁章钜在《退庵随笔·躬行》中说："无心而误，则谓之过；有心而为，则谓之恶。"这是将动机作为评价善恶的一个标准。

梁启超提出一个标准：天下事有所私利于己而为之者，虽善亦恶。何也？

彼盖以行善为一手段也。无所私利于己而为之者，虽恶亦善。何也？凡为一事必有一目的，目的非在私，则必其在公也。恶者亦善，而善者更何论焉。[90]195 **梁启超的善恶观是以为公为私而定的。**

法国维尼在《诗人的日记》中说："善"常常含有某些"恶"，极端的"善"会变成极端的"恶"，极端的"恶"却不成为"善"。但苏联作家高尔基在《马特维·科热米亚金的一生》中说："恶的后面会隐藏着善的因素。"胡林翼发展了高尔基的观点：**霹雳手段，菩萨心肠。**

钱穆认为：自然界，根本无善恶。一阵飓风，一次地震，淹死烧死成千成万的人，你不能说飓风地震有什么恶。一只老虎，深夜拖去一个人，这只老虎也没有犯什么罪，也没有它的所谓恶。[19]19 若没有文化的人生，则自然人生也不算是恶。[19]20 钱穆认为，**文化人生创造出善恶的标准。**

善与恶是一枚硬币的两面。法罗曼·罗兰在《母与子》中说："善与恶是同一块钱币的正反两面。"法国的法朗士认为："恶是必要的。没有恶，也就没有善。唯有恶才是善的唯一存在理由。"高尔基在《忏悔》中说：人身上有善也有恶，你要行善，就有善，你要作恶，就有恶，恶有恶报！意大利达·芬奇说过："过分善良，有的时候，会得到不幸的结局。"**上述四位名家讲的都是哲学**，是对立统一的观点，是**相互依存、相互转化**的观点。

综上所述，何谓"善"？"**是是非非**"是主持正义的良知之善；"**使人快乐**"是满足情性需求的感情之善；"**使人身心健康、延长生命**"是人性中最大的德善；目的和行为都是"**利他**"的为善。恶则反之。

以上是一些哲学家、人格理论家、企业家、文学家、伦理学家等对善恶的认识。现在，人类有了进化论、生理学、心理学、生物学、进化论、认识论等理论作为研究武器，对人性善恶这个问题的研究会**趋于科学**。对于善恶的科学研究，必须先有一个统一的标准：**何谓善、何谓恶。**我一直在思考这个问题，但始终找不到一个"公认"的标准。

2024 年 2 月 17 日，早晨起来，我在书房一边走，一边在思考：善恶的标准是什么？标准就是一把尺子，用此去衡量人们的**善恶行为**。最后，我决定以**两个维度、两个标准作为尺子**。一个维度是"目的"，另一个维度是"行为"；以"利己"为目的或行为的是"恶"的标准；以"利他"为目的或行为的是"善"的标准。

以此统一的标准，去衡量人类的善恶与发展。

5.2.6.1 人类性恶之分析

从生物学的角度分析，人类为了生存，"自私"是天性。从小孩生下来的自私自利行为来看，是生存的本性。**作为自然人，并无善恶之分。**边沁认为："人的本性就是追求个人的利益。"[85]78 因此，"**自私是万恶之源**"这句话说明人性中的"恶"是天性。梁启超评价霍布斯时说，霍布斯之议论，可谓持之有故，言之成理。如常山之蛇，首尾呼应。盖彼本以人类为一种无生气之偶像，常为情欲所驱，而不能自制。世之所谓道德者，皆空幻而非实相，然则相争斗者，必为自然之顺序无疑。既无德义，则去利就害，亦自然之顺序。[90]6

霍氏所谓人各相竞，专谋利己，而不顾他人之害。此即后来达尔文所谓生存竞争、优胜劣败，是动物之公共性，而人类亦所不免也。要之，霍布斯政术之原，与其**性恶之论相表里**。[90]7

从生物学的角度来分析，人类生下来，骨子里就带有"恶"性，这是天性。

从动物学的角度来分析，丛林法则，弱肉强食，都是极端"自私"的表现。人类作为社会动物，骨子里当然就带有"恶"性。

从历史学的角度来分析，"恶动力"推动历史的发展。世界文明的历史进程就是这么靠"恶动力"推动的。文明的背后需要力量，如果没有力量，就像羊和狼一样，它们之间是没有办法"共舞"的。[91]43

例如，从东西两面钳制敌国，这是典型的盎格鲁－撒克逊式的思维，即如果我打不过你，就给你培养个对手，叫你受到两面或多面牵制；我要是能打得过你，那为了使你对我永远忠诚，我也得先分裂了你，使你弱得永远无力向外挑战。[91]43

恩格斯说过："在黑格尔那里，**恶是历史发展的动力的表现形式**。这里有双重意思，一方面，每一种新的进步都必然表现为对某一神圣事物的亵渎，表现为对陈旧的、日渐衰亡的、但为习惯所崇奉的秩序的叛逆；另一方面，自从阶级对立产生以来，正是人的恶劣的**情欲**——贪欲和权势欲成了历史发展的杠杆，关于这方面，例如封建制度的和资产阶级的历史就是一个独一无二的**持续不断的证明**。"

从历史学的角度来分析，人类骨子里就带有"恶"性。

人类之性恶。荀子主张性恶说，认为人性的善是伪善，需要采取强有力的惩罚措施，人们才能改恶从善。性恶的本质是"自私"，而"自私"是生物的天性，也是人类的天性。小孩子生下来就表现为"自私"，在社会的熏陶下**才会有限度地利他**。动物生下来的小崽都是抢着吃奶，争抢食物。这些都是"自私"的有利证据。人性之至恶如魔鬼，是恶的最坏境界。冲动是魔鬼，是将人性中的恶释放出来。培根认为人性中也有恶的倾向。有些人生性自私，厌恶他人。执拗乖僻，惹是生非尚在其次，最可恶的就是无端嫉恨，歹毒无比。这种人喜欢幸灾乐祸，损人利己，其行径还不如舐痔之狗，简直就像嗜痂的苍蝇，一天到晚嗡嗡不休。[86]37

好生恶死，人之本性。明太祖朱元璋曰："蛮夷之人，性习虽殊，然其好生恶死之心未尝不同。若抚之以安静，待之以诚意，谕之以道理，彼岂有不从化者哉？此所谓以不治治之，何事于兵也！"

治国安邦，当顺人性。明太祖朱元璋曰："凡治胡虏，当顺其性。胡人所居，习于苦寒。今迁之内地，必驱而南，去寒凉而即炎热，**失其本性，反易为乱**。不若顺而抚之，使其归就边地，择水草孳牧，彼得遂其生，自然安矣。"

5.2.6.2　人类性善之分析

这方面知识**最大的空白**，就是关于**道德情操的生物学**。[5]357 我试图从社会学的角度去分析人性之善。

从社会学的角度来分析，当小孩长大成人，有了自己的**认识和判断**，进入社会之后，**成为社会人**，就面临"人与人"的关系问题，就有善恶之分了。所以，卢克莱修说："**人有自由意志，成人成兽全靠自己。**"[85]147

前面已经论述过，人类的社会性与动物的社会性最根本的区别是文化，是伦理道德。**正是"文化"使人改恶从善**，从这个角度来看，钱穆的观点是非常正确的。是文化，使人成为真正的人；是文化，使人有了利他的精神；是文化，使人有利他的动机和目的；是文化，利他的目的转化为利他的行为。

但人类是一种**非常狡猾、非常不诚实**的动物，会伪装。正如赫伯特·西蒙所指出的：人类会伪装。人类是一种相当不诚实的动物！屁股决定脑袋，吃谁的饭，唱谁的歌。[25]115 这就出现了表里不一的问题，出现了**伪善、伪恶**的问题。

善性也称德性，德性在于德行。人类的精神有两大特性；**一为知性，一为德性**。知性可以发现永恒真理，而德性则可以追求真理，使其享有美善。因此，**真善美**的合一，成为存在的最高峰。[10]320 爱因斯坦认为：一个人的道德举止应该有效地建立在同情心、教育和社会关系及社会需求上，不需要任何宗教基础。[24]23 他进一步指出，只教人专业知识是不够的。这种教育培养出来的人可以成为一个有用的机器，却成不了一个人格完整的人。重要的是，要让学生对"价值"有所理解并获得切身的感受。学生必须对何为美以及何为道德上的善具有敏锐的辨识力，否则只是靠那点专业知识，**更像一只训练有素的狗**，而不是一个均衡发展的人。学生必须学会理解人们的动机、幻想以及他们所遭受的苦难，以便以正确的态度与他的同胞及其共同体相处。[24]58 文明人类的命运比以往任何时候都更依赖于它所能产生的**道德力量**。[24]160 培根认为"善"意为公众幸福**所奉献的爱**……其天然的倾向也就是"性善"。

善为德首。德以善为首……若无这种品性，人将沦为蝇营狗苟，惹是生非，无可救药的贱货。[86]译者序稻盛和夫对德有简单明了的论述，他说："所谓正确的为人之道，就是体谅别人的'利他之心'，就是做人的'仁''义'，也

就是**德**。如果缺乏对员工的爱、对顾客的诚、对社会的贡献，企业经营就不可能持续繁荣。"[47]79—80

良心就是德性。人心原本就有两面性，既有只要自己好就行的**利己心**，也有与之相反的美好的**利他心**，不忘感谢、充满关爱、为他人尽力，自己就能够感到喜悦等。这种美好的心灵十分崇高，可以用"良心"这个词来表达。[92]156

心性就是德性。稻盛和夫将心性等同于德性。他说：驾驭才能的是"心"，所以必须用正确的思维方式来掌控自己的才能。**缺乏良心**只靠能力的人，只会"聪明反被聪明误"，最终必定失败。**正确的思维方式**，也就是正面的思维方式。所谓正面的思维方式，简单来说，可以用**正义、公正、公平、努力、谦虚、正直、博爱**等词语来表达，符合最朴素的**伦理观**，是全世界通用的具有普遍性的东西。正面的思维方式，总是积极向上，对事物持肯定态度，富有建设性的思想；具备能和他人一起工作的协调性；认真、正直、谦虚、勤奋；不自私自利，知足，有感恩心；充满善意，有关爱之心，待人亲切。[92]11—12

与之相反的是**负面的思维方式**，态度消极否定、拒绝合作；阴郁、充满恶意、心术不正、想陷害他人；不认真、爱撒谎、傲慢、懒惰；利己欲望强烈、总是牢骚不断；不反省自己，怨恨和嫉妒别人。[92]13

稻盛和夫提出，正面的思维方式是人性之善，而负面的思维方式是人性之恶。我认为，使人高于人的本质特征，首要的是德性，其次是情性，再次才是才智。

三达德。《中庸》提出："知（智）、仁、勇，三者天下之达德也。"

四种美德。所谓美德，主要有四：一是**智慧**，所以辨识善恶；二是**公道**，以便应付悉合分际；三是**勇敢**，藉以终止苦痛；四是**节制**，不为物欲所役。[68]译序9

四种人性之善。构成幸福的全部的善，可以分成四大类。第一，**外在的善**，我们称之为财富的东西，指我们使用的所有经济物品和服务，即所有商品。第二，**身体的善**，像健康、身体愉悦和休息。第三，满足我们人类的社会属性、我们的朋友以及我们生活在其中的社会和**社交之善**。第四，**心灵的善**，像知识、**真理、智慧和德性**。[18]141—142 艾德勒从人性分析入手，以满足人性生物学、社会性、德性的欲望，使之感到幸福作为善。

真、善、美、圣。人类的文化有很多的差异，但也有共同点。科学追求真，艺术追求美，道德追求善。**真、善、美三者都要融合在一起，最终的目标是达到整体性的融合，即圣。圣是人生的完美境界**。[10]297—304 英国贝弗里奇在《科学研究的艺术》中指出："每一项科学成果都是博爱的成果，都是人类德性的证据。"

根据以上关于性恶与性善的科学分析，我得出六条结论：①人性的"恶"是天性，是与生俱来的，是显性行为；②自私确是万恶之源；③"恶动力"推动社会发展；④人性的善是潜在的；⑤善需要社会文化去培养与激发；⑥激发出来的善的力量可以成就自己，并创造世界。

我对目的的善恶与行为的善恶进行**排列组合**，得出四种结果：善善、善恶、恶恶、恶善。善善是真善，表里如一；恶恶是真恶，也是表里如一。表里不一的是善恶与恶善。善恶是伪善，恶善是伪恶。真善是真君子，真恶是真小人；伪善是伪君子，伪恶是伪小人。

表 3-1　宇宙人性善恶排列组合表

类别	目的善	目的恶
行为善	善善	恶善
行为恶	善恶	恶恶

我将这个表转化为二维图像，中间加上一些虚线圈，表示善恶动态发展的**过程和程度**。大真善者是圣人，大真恶者是罪人。大伪善者为奸人，大伪恶者为智人。

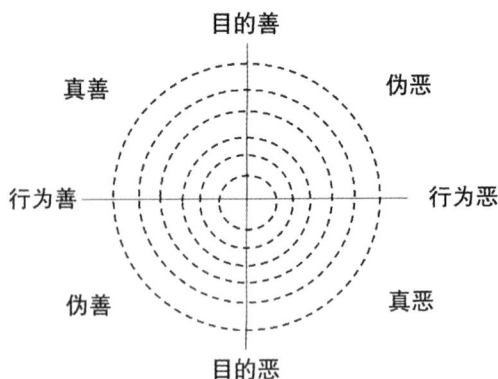

图 3-1　宇宙人性善恶分类图

5.2.6.3　弃恶从善成为完人

德国肯比斯说：如果我们**每年都能根治一种恶德**，不久之后，**必能成为一个完人**。

惩恶扬善，以惩为首。古罗马人李维在《罗马史》中说过："人对善的感觉不如对恶的感觉敏锐。"因此，惩恶扬善，应惩恶重于扬善，这是符合人性之本。唐太宗李世民在《晋书·宣帝纪评语》中说："积善三年，知之者少；为恶一日，闻于天下。"

惩恶扬善，唯性是用。郭沫若在《浮士德》序中说：宽不必善，猛不必恶，唯在性之所用。为人而除害人者，则愈猛而愈善，对害人者而容纵之，则愈宽而愈恶。

发挥潜能，自我完善。马斯洛认为人类有**自我完善、实现自己所有的潜能**和渴望，让自己的创造力得到充分的发挥。[1]242

5.2.6.4　性恶与性善理论的运用

美国道格拉斯·麦格雷戈的管人理论有两种假设，形成两种理论：一个是 X 理论，另一个是 Y 理论。彼得·德鲁克评价说："随着时间的流逝，麦格雷戈的预言变得更加贴近现实、更加适时并且更加重要。"

X 理论及其假设。好逸恶劳是人的天性，因此，对大多数人必须采取**指挥、监督、控制**甚至以**惩罚相威胁**的手段才能使他们完成组织的任务。人通常并没有什么抱负，宁愿被领导，不愿承担责任。他们总是关注安全需要方面。[93]40

这是假设人性是恶的理论的具体运用。

Y 理论及其假设。通常人的本性并不厌恶工作。控制和惩罚**不是让人为组织目标而努力的唯一办法**。为了实现组织目标与个人需要，**人能够自我指导**。如果条件合适，多数人愿意对工作负责。员工愿意发挥自己的**想象力和创造力**，做出决定来解决问题。[93]40

这是假设人性是善的理论的具体运用。

两种理论的运用取决于具体环境。在必须对工人加以控制的环境中，X 理论适用，例如车间。但在需要员工承担义务时，则建议使用 Y 理论。在这种情形下，假设员工通过自我指导和控制能够完成自己的工作。[93]41

将这两种理论**放在学校中**，来检查学生们的表现。如果教师们**假设孩子们很愚蠢**，必须加以控制和强制，那么孩子们就会觉得气馁。如果**尊重这些学生**并让他们积极参与学习过程中，教师们就会取得更好的教学效果。[93]41

● ● ●　成功哲言：善恶兼施

　　人性中既有善性，也有恶性。从修身而言，弃恶从善，不断完善，达到真善美的完整统一，即成为圣人，是人生的最高境界。从待人而言，小善即大恶，误人子弟。大善是恶，但霹雳手段，菩萨心肠。我们要惩恶扬善，唯性是用，善恶兼施，相反相成。

5.2.7　宇宙人性是个纺锤体

清代史学家赵翼曾说："盖明祖（朱棣）一人，圣贤、豪杰、盗贼之性，实兼而有之者也。"对于人类来说，最难的是"认识自己"。从宇宙的大视野中去看待人类的人性，可以获得以往没有注意的、没有重视的新认知。我将这些新的认知和旧的知识整合起来，形成对宇宙人性全新、全面的认识，整合成 6 对矛盾、12 种性质的结合体。这种结合体是一个系统，按照贝塔朗菲的观点：**系统是"处于相互作用中的要素的复合体（complex）"**。[35]14 我形象地用纺锤体来描绘宇宙人性的结构。

宇宙人性结构图——6 对矛盾、12 种性质，以平面图来表示，其各自的关系就可以看得更加清楚。

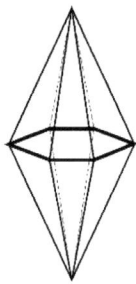

图 3-2　纺锤体

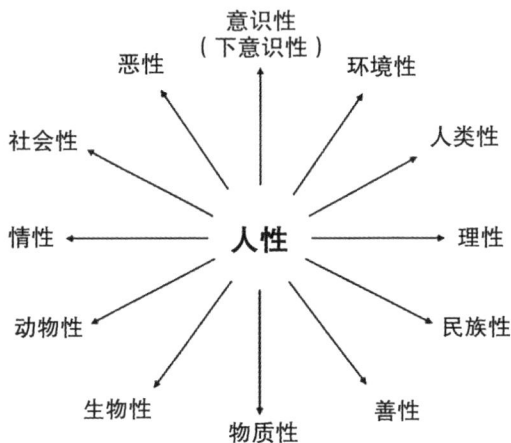

图 3-3　人性结构图

6 宇宙人性的涌现性是什么

按照系统论的观点，系统要有整体涌现性。涌现性归根结底源于四种效应：组分效应、规模效应、结构效应和环境效应。这种涌现性只有整体才具有，将整体分解就会消失。

涌现性与系统组成的元素有关，这就是组分效应。宇宙人性有 12 种组分，每一种组分都会发挥各自的作用。

涌现性跟规模大小有关，体量大和体量小的效应肯定是不一样的，这就是规模效应。

结构效应是元素之间的相互作用，而不是混合作用。宇宙人性有 12 种组分，这些组分间是相互作用的，例如情理之间、善恶之间的互动作用。

环境效应是系统与环境之间的互动作用和相互塑形的作用。宇宙人性是环境的产物，又反作用于环境，改造环境。

我一直在思考用什么样的词来概括宇宙人性的涌现性。思考了良久，我最后决定用"道性"来表示。这里的"道性"与道家的"道性"不是一码事。中国人经常用"道"来表示一种规律或途径。例如，为官之道，为将之道，为帅之道，为君之道，为臣之道，为人之道，经商之道，行医之道，用兵之道……将这些"道"抽象概括起来，只有"道性"是最合适的选择。可以类比的是"德性"，将各种各样的道德品质抽象概括为"德性"。"道性"的整体效应就是"人道主义"，这在世界范围内都是被广泛接受的。

7. 宇宙人性在决策中的作用

结构决定功能！详见本书另一篇文章《人性之根 决策之本：人性决策法则》。

参考文献

[1] 杰斯·费斯特，格雷格·费斯特. 人格理论（第 7 版）[M]. 李茹主，译. 北京：人民卫生出版社，2011.

[2] 埃弗雷特·威廉·劳德. 做事先做人 [M]. 林语堂，译. 西安：陕西师范大学出版社，2008.

[3] 奥里森·马登. 走自己的路 [M]. 赵波，译. 西安：陕西师范大学出版社，2007.

[4] 刘大椿 . 科学哲学 [M]. 北京：中人民大学出版社，2011.

[5] 威尔逊 . 知识大融通：21 世纪的科学与人文 [M]. 梁锦塑，译 . 北京：中信出版社，2015..

[6] 威尔逊 . 论人性 [M]. 方展画，周丹，译 . 杭州：浙江教育出版社，2001.

[7] 冯显威 . 医学科学技术哲学 [M]. 北京：人民卫生出版社，2002.

[8] E. 拉兹洛 . 用系统论的观点看世界 [M]. 闵家胤，译 . 北京：中国社会科学出版社，1985.

[9] 庄孔韶 . 人类学概论（第三版）[M]. 北京：中国人民大学出版社，2020.

[10] 邬昆如 . 哲学概论 [M]. 北京：中国人民大学出版社，2005.

[11] 尤瓦尔·赫拉利 . 人类简史：从动物到上帝 [M]. 林俊宏，译 . 北京：中信出版社，2017.

[12] 斯蒂芬·霍金 . 宇宙简史：起源与归宿 [M]. 赵君亮，译 . 南京：译林出版社，2012.

[13] 傅佩荣 . 哲学与人生 [M]. 北京：东方出版社，2006.

[14] 傅佩荣 . 一本书读懂西方哲学史 [M]. 北京：中华书局，2010.

[15] 雨果·梅西耶，丹·斯珀伯 . 理性之谜 [M]. 张慧玉，刘雨婷，徐开，译 . 北京：中信出版社，2019.

[16] 托马斯·L. 萨蒂 . 创造性思维：问题处理与科学决策 [M]. 石勇，李兴森，译 . 北京：机械工业出版社，2016.

[17] 冯友兰 . 活出人生的意义 [M]. 北京：中国友谊出版公司，2017.

[18] 莫提默·J. 艾德勒 . 大观念：如何思考西方思想的基本主题 [M]. 安佳，

李业慧，译．广州：花城出版社，2008.

[19] 钱穆．人生十论 [M].桂林：广西师范大学出版社，2004.

[20] 卡尔·皮尔逊．科学的规范 [M].李醒民，译．北京：商务印书馆，2015.

[21] 胡军．哲学是什么 [M].北京：北京大学出版社，2015.

[22] 阿尔弗雷德·阿德勒．洞察人性 [M].张晓晨，译．上海：上海三联书店，2016.

[23] 稻盛和夫．活法（修订版）[M].曹岫云，译．北京：东方出版社，2009.

[24] 阿尔伯特·爱因斯坦．我的世界观 [M].方在庆，编译．北京：中信出版集团，2018.

[25] 赫伯特·西蒙．人类活动中的理性 [M].胡怀国，冯科，译．桂林：广西师范大学出版社，2016.

[26] 巴尔塔沙·葛拉西安．智慧书 [M].李汉昭，译．天津：天津教育出版社，2008.

[27] 罗伯特·路威．文明与野蛮 [M].吕叔湘，译．北京：生活·读书·新知三联书店，2013.

[28]《中国大百科全书》总编委会．中国大百科全书（第 5 卷）[M].北京：中国大百科全书出版社，2005.

[29] 王同亿．英汉辞海（上册）[M].北京：国防工业出版社，1990.

[30] 戴维·休谟．人性论 [M].石墨球，译．北京：九州出版社，2007.

[31] 塞缪尔·R.韦尔斯．观人学 [M].王德伦，译．北京：中国商业出版社，2005.

[32] 黎鸣，周杨.人性与命运 [M].北京：中国档案出版社，2006.

[33] 稻盛和夫.心法之肆：提高心性 拓展经营 [M].梁实秋，译.北京：东方出版社，2016.

[34]M.石里克.普通认识论 [M].李步楼，译.北京：商务印书馆，2005.

[35] 苗东升.系统科学大学讲稿 [M].北京：中国人民大学出版社，2007.

[36] 恩斯特·马赫.认识与谬误：探究心理学论纲 [M].李醒民，译.北京：商务印书馆出版，2010：

[37] 郭树勇.战略演讲录 [M].北京：北京大学出版社，2006.

[38] 稻盛和夫.心法：稻盛和夫的哲学 [M].曹岫云，译.北京：东方出版社，2014.

[39] 肖恩·塞耶斯.马克思主义与人性 [M].冯颜利，译.北京：东方出版社，2008.

[40] 撒穆尔·伊诺克·斯通普夫，詹姆斯·菲泽.西方哲学史（修订第 8 版）[M].匡宏，邓晓芒，等，译.北京：世界图书出版公司，2009.

[41] 冯·贝塔朗菲，A.拉威奥莱特.人的系统观 [M].张志伟，等，译.北京：华夏出版社，1989.

[42] 何华.认知心理学理论和研究 [M].上海：上海通大出版社，2017.

[43] 乔纳森·伯龙.思维与决策（第 3 版）[M].胡苏云，译.成都：四川人民出版社，2003.

[44] 钱穆.晚学盲言 (上)[M].桂林：广西师范大学出版社，2004.

[45] 华之甫，陈壁耀，王如意.人生格言分类大词典 [M].上海：上海世纪出版集团，2004.

[46] 拿破仑·希尔，克里曼特·斯通.积极心态带来成功 [M].明武，译.

北京：中信出版社，2011.

[47] 稻盛和夫 . 心法之贰：燃烧的斗魂 [M]. 曹岫云，译 . 北京：东方出版社，2014.

[48] 奥里森・斯维特・马登 . 信念力 [M]. 马林梅，秦邕，译 . 重庆：重庆出版社，2011.

[49] 诺埃尔・蒂奇，沃伦・本尼斯 . 决断 [M]. 姜文波，译 . 北京：中国人民大学出版社，2008.

[50] 卡尼曼 . 思考：快与慢 [M]. 胡晓姣，李爱民，何梦莹，译 . 北京：中信出版社，2012.

[51] 罗勃特・葛林 . 处世奇术：使你更具魅力 [M]. 北京：中国友谊出版公司，1990.

[52] 威廉・奥斯勒 . 生活之道 [M]. 邓伯宸，译 . 桂林：广西师范大学出版社，2007.

[53] 李天道 . 外国演讲辞名篇快读 [M]. 成都：四川文艺出版社，2004.

[54] 史为磊 . 决策 [M]. 北京：国家行政学院出版社，2011.

[55] 稻盛和夫 . 活法贰：成功激情 [M]. 曹岫云，译 . 北京：东方出版社，2016.

[56] 丹尼尔・卡斯特罗 . 正确选择　勇敢放弃 [M]. 魏青江，方海萍，译 . 北京：高等教育出版社，2006.

[57] 迈克尔・罗伯托 . 哈佛决策课 . 如何在冲突和风险中做出好决策 [M]. 张晶，译 . 北京：中国人民大学出版社，2018：141.

[58] 王小燕 . 科学思维与科学方法论 [M]. 广州：华南理工大学出版社，2015.

[59] 戴尔·卡耐基. 演讲的艺术 [M]. 丁艳玲，孙健，编译. 呼和浩特：内蒙古人民出版社，2003.

[60] 大卫·史华慈. 处世奇术：高人一等的秘诀 [M]. 赵梦兰，译. 北京：中国友谊出版公司，1989.

[61] 杰里·温得，科林·克鲁克. 超常思维的力量 [M]. 周晓林，译. 北京：中国人民大学出版社，2005.

[62] 松下幸之助. 经营沉思录 [M]. 猿渡清光，路秀明，译. 海口：南海出版公司，2009.

[63] 加里·R.卡比，杰弗里·R. 古德帕斯特. 思维：批判性和创造性思维的跨学科研究 [M]. 韩广忠，译. 北京：中国人民大学出版社，2010.

[64] 奥里森·马登. 思考与成功：对自己进行投资，正确思考的奇迹 [M]. 北京：中国档案出版社，2000.

[65] 钮先钟. 战略研究 [M]. 桂林：广西师范大学出版社，2003.

[66] 平原卓. 一本书读懂 50 部哲学经典 [M]. 吕雅琼，译. 北京：现代出版社，2020.

[67] 唐晋. 大国崛起 [M]. 北京：人民出版社，2006.

[68] 奥勒留. 沉思录 [M]. 梁实秋，译. 南京：江苏文艺出版社，2008.

[69] 王元化. 思辨随笔 [M]. 上海：上海书店出版社，2019.

[70] 文德. 性格决定命运 [M]. 北京：中国华侨出版社，2015.

[71] 路杰. 决策：定战略的胆与识 [M]. 北京：中国发展出版社，2007.

[72] 盖伊·黑尔. 领导者之剑 [M]. 杜豪，等，译. 北京：机械工业出版社，2006.

[73] 艾思奇. 大众哲学 [M]. 北京：人民出版社，2004.

[74] 约瑟夫·阿伽西. 科学与文化 [M]. 邬晓燕，译. 北京：中国人民大学出版社，2006.

[75] 谢宗豹，林蕙青. 医学思维与创新 [M]. 上海：上海科学技术出版社，2009.

[76] 格林，艾尔弗斯. 战争的 33 条战略 [M]. 邓继好，周小进，译. 上海：东方出版中心，2007.

[77] 里奇·格里芬. 管理学（第 8 版）[M]. 刘伟，译. 北京：中国市场出版社，2006.

[78] 歌德·吉仁泽. 成败就在刹那间 [M]. 北京：中国人民大学出版社，2009.

[79] 斯科特·普劳斯. 决策与判断 [M]. 施俊琦，王星，译. 北京：人民邮电出版社,2004.

[80] 约翰·阿代尔. 沟通与表达 [M]. 陈雪娟，译. 北京：机械工业出版社，2006.

[81] 钱学森，等. 论系统工程 [M]. 上海：上海交通大学出版社，2007.

[82] 查斯特菲尔德. 一生的忠告 [M]. 张帆，翟自洋，编译. 沈阳：万卷出版公司，2006.

[83] 斯坦金. 拿破仑·希尔成功金言录 [M]. 呼伦贝尔：内蒙古文化出版社，2002.

[84] 房秀文. 兵商如铁 [M]. 北京：人民出版社，2007.

[85] 缘中源. 智者的顿悟哲学：哲学经典名言的智慧 [M]. 北京：新世界出版社，2008.

[86] 弗兰西斯·培根. 培根随笔集 [M]. 张和升，译. 广州：花城出版社，

2004.

[87] 丹尼斯·库恩，约翰·O. 米特勒. 心理学导论：思想与行为的认识之路（第 11 版）[M]. 郑钢，等，译. 北京：中国轻工业出版社，2007.

[88] 戴维·谢弗. 社会性与人格发展（第 5 版）[M]. 陈会昌，等，译. 北京：人民邮电出版社，2012.

[89] 李双璧，陈常锦，于民雄. 处世箴言：中华大智慧 [M]. 贵阳：贵州人民出版社，1994.

[90] 梁启超. 梁启超评历史人物（西方卷）[M]. 武汉：华中科技大学出版社，2018.

[91] 郭树勇. 战略与探索 [M]. 北京：世界知识出版社，2008.

[92] 稻盛和夫. 思维方式 [M]. 曹寓刚，译. 北京：东方出版社，2018.

[93] 沙尔坦·克默尼. 大师论管人 [M]. 吕娜，译. 北京：华夏出版社，2006.

人性之根　决策之本：
人性决策法则

一旦掌握了人性，我们在其他领域就有希望，很容易获得胜利。

——休谟

勇气是身处逆境时的光明。

——沃夫拿格《省察和箴言》

我对于宇宙人性的研究所得出的 12 种性质，这是我对几千年来人类本质的一种概括。宇宙人性也可以称为**广义人性**。与之相对的是**狭义人性**，单指人**类性**（与动物性相对）。我有一个**基本假设**，人类一切决策产生的根源来自广义人性，这就是我的**人性决策假说**，或称为宇宙人性决策论。人类的命运与决策存在密切的关系，这是因为**人性决定了选择**。

做人的本质所允许做的事。凡是涉及人的决策，都存在博弈问题。任何博弈性的决策，要么发挥宇宙人性的**正面作用**，要么利用宇宙人性的**负面作用**。明太祖朱元璋强调治国安邦，当顺人性，原文是"凡治胡虏，当顺其性"。曾国藩说："我身为**两江总督**，处理事情则不能凭一己之好恶"，"我身为金陵之主，能不为这千千万万的凡夫俗子着想吗？""使龙盘虎踞的石头城再放光彩。"他的下属赵烈文这样评价曾国藩："器宇之广，见识之高，真常人万不及一。"[1]461

决策源自人的本质。罗马皇帝玛克斯·奥勒留在《沉思录》中说："我只关心一件事，我不要做人的本质所不允许做的事，或现在不允许做的事，或不允许做的那种方式。"[2]109

宇宙人性决定人的决策。根据我对宇宙人性研究的结果，宇宙人性是由6对矛盾、12种性质组成的复合体。它们分别是：物质性 VS 意识性，生物性 VS 环境性，动物性 VS 人类性，社会性 VS 民族性，情性 VS 理性，恶性 VS 善性。（如第194页图3-3）

宇宙人性是个系统，其整体涌现性是"道性"。人类的一切决策都与这12种人性和道性有关。这些人性和道性可以衍生出许多"人性化决策"的法则，这就是"道唯一，生万法"的道理。

什么是人性化决策？它就是满足宇宙人性12个层面的若干欲望和需求。本文试图探讨由宇宙人性衍生出来的决策法则。决策者如果能顺性而为、循道而行、使用得法，就可以取得胜利，走向成功。

1 物质性 VS 意识性衍生出的决策法则

物质性 VS 意识性的统一性，这是宇宙人性的第一对矛盾。用系统论的观点看世界，系统论把人看成是从那个世界产生出来的，并且反映出那个世界的一般特点。[3]65 人类是宇宙中极其微小的一部分，人类的肉体是物质性，人类的大脑是意识性的所在地，而心是古代传统认识上的思维器官。因此，人类的属性必然具有物质性和意识性。

1.1　物质性衍生出来的决策法则

1.1.1　物质实力法则

一般而言，宇宙万物，物质大小决定力量的大小。万有引力就是这样的规律。人类的肉体是物质性的表现，人类的灵魂是意识。人类的肉体不存在了，人类宇宙也就变得毫无意义。人口数量和质量是一个国家和地区的主要力量之一。人口的数量和质量决定其实力的大小。没有物质力量，就没有实力。没有实力，任何决策都是空中楼阁。因此，有人将物质力量称为硬实力。随着社会的发展及科技的进步，人类的实力不仅表现在人口的数量和质量上，还表现在认识事物的能力上、思维与决策的能力上、科技发展的水平上和知识的数量和结构上。这些构成了人类的综合实力。

法国总统戴高乐曾说："在实力面前，逻辑和感情是无足轻重的。"[4]21 请看吴思《潜规则》一书，他认为世间的第一法则是力量最强者说了算。这是制定规则的规则，是一条元规则。[5]100

清代大臣李鸿章深有感触地说："弱国无外交。"你一旦贫穷落后，就没有话语权。因此，不论是个人、组织、民族和国家，我们都必须做一个强者。

1.1.2　健康长寿法则

健康长寿是成功的基础和革命的本钱。就人类整体来说，人口数量和质量是一个民族、一个国家的强大力量。小国寡民，难成大事。对于个体来说，健壮的体魄、健全的身体就是一种力量。这是一切成功的基础和前提条件。"健康是金"的口号是有道理的，没有健康就没有一切。很多有才能的人，"英才早逝"，确是一大憾事。

1.2 意识性衍生出来的决策法则

1.2.1 精神力量法则

人本主义者相信，每个人的头脑中都有一个"**真实世界**"，为了理解一个人的行为，我们必须了解这个人的主观世界是怎样的，因为，只有本人的主观世界才是他头脑中对客观世界"真实的"反映。[6]542 这就是**存在决定意识**的唯物主义思想。

意识性是人类的精神，是人类的灵魂。**物质可以变成精神，精神也可以变成物质。**西方所尊重的强者包含三重意思：第一，你必须有实力；第二，你必须证明你有实力；第三，你必须让别人明白，你有勇气和决心在必要时使用你的实力。三者缺一就不够格。[7]250

1.2.2 观念制胜法则

观念决定成败。从哲学上讲，观念问题是世界观的问题，是感性认识的问题。改变了观念，就会找到切入点；找到了切入点，就会找到办法。刘亚洲中将曾说："观念的改变是最大的改变，也是最根本的改变。这是伊拉克战争给我们的第一个启示。**观念决定思路，**思路决定出路，思想和观念引导目的，目的演变为行为，行为养成习惯，习惯造就性格，性格决定命运。"

首先改变观念。彼得·德鲁克说："一位有效的决策者，第一步总是先从最高层次的观念方面去寻求解决方法。""有效的管理者不做太多的决策。他们所做的都是重大的决策，是**最高层次的、观念方面的少数重大决策。**"

稻盛和夫改变了日本航空公司（简称日航）的观念意识，取得了举世瞩目的成就。他就任濒临破产的日航董事长后所做的第一件事，就是改变日航的观念意识。

> 稻盛和夫认为："无论如何必须在公司内进行**意识改革。**"他首先向员工们强调："士气高昂，不屈不挠，一心一意，坚决实现新计划！"

对于已经破产的日航来说，此话的意思就是：为了确保实现重建计划，无论环境发生什么变化，每一位员工**决不可以寻找任何借口**，要具备主人翁意识，朝着目标实现的方向，以纯粹而强烈的愿望**拼死努力**，除此之外，别无他法。[8]92

稻盛和夫就任破产重整的日航董事长后，新生的日航在第一个年度，取得了自公司创办以来最高的业绩。重建第二年，虽然受东日本大地震的影响，公司收益仍大幅提高，第三年实现了在东京证券交易所重新上市的奇迹。日航**仅仅三年就获得重生**，飞机及其他器材，还有维修工厂的设备，当时什么都没有更新，都是原有的旧物。**唯一变化的就是人的心**。仅仅因为人心变了。[8]107—108

1.2.3　心想事成法则

美国的成功学哲学家依尔·耐汀盖依博士在《伟大的发现》一书中说："**心想则事成**。"奥里森·马登有句充满哲理的名言："心在哪里，哪里就有宝藏；志在哪里，哪里就有时间。"[9]111 事实上，大凡世界上的事，你若不想，肯定不会成功。

1.3　物质性与意识性衍生出的决策法则

1.3.1　知行合一法则

行先知后的关系。物质性与意识性的关系，是客观与主观的关系，反映在认识论上，是知与行的关系。从认识的源头来讲，**思想来自实践**。换句话说，行先知后。奥地利哲学家恩斯特·马赫认为，思想与实验的密切结合建立了近代自然科学。**实验产生思想**，思想接着进而转向与实验再次比较并被修正，这样便产生了**新概念**，如此反复不已。[10]216

实践与理论的关系。美国世界级管理大师彼得·德鲁克曾说：**实践先行**，决策者必须将"已经发生的未来"纳入当前的决策酝酿中。**理论的作用是将已经被证明的实践构建为体系**。理论的作用也是将零星的事实和特例，转化为规则和**系统**；只有这样，才能够将其转化为易于学习和教授的知识，转化为通用可行的原则。[11]13 这段话讲得很清楚，实践产生理论，理论归纳实践，使之成为原则、规则和体系，成为可供学习和传授的知识。

知行合一的关系。恩斯特·马赫一方面主张"知先行后"，另一方面又强调二者是"不能被截然分开"的。他说：观念通过充分的准确性描绘事实而逐渐地适应它们，以便满足生物学的需要。观念适应事实和观念相互适应这两个过程，实际上不能被截然分开。我们称思想对事实的适应为观察，称思想的相互适应为理论。观察和理论也无法截然分开，因为几乎任何观察都已受到理论的影响，要是观察足够重要的话，它反过来也作用于理论。[10]80

王阳明知行合一的心学。日本冈田武彦对王阳明进行研究后，提出王阳明的心学包含三大学说，即"培根说""立诚说"和"良知说"。[12]100—102 其中，"培根说"是根据王阳明"以行为根本，知行才会合一"而来。"立诚说"是根据王阳明"当从心髓入微处用力，自然笃实光辉"而来。这实际上就是"精诚所至、金石为开"的道理。"良知说"是根据王阳明"事物之来，但尽吾心之良知以应之"而来。[13]150 阳明心学的"良知"，典出孟子："不学而能，为之良能，不虑而知，为之良知。"[13]158 这就是"致良知"，是善恶的道德判断。这种判断是"随感即应"的，是不需要考虑的。

王阳明的心学其实可以追溯到宋代理学大师陆九渊。陆九渊说："我心即宇宙，宇宙即我心，宇宙不出我心之外。"王阳明说："心外无物，心即理。"[13]172

陶行知是我国著名的教育家，本名陶文濬，后因欣赏阳明先生的"知行合一"，"知之真切笃实处便是行，行之明觉精察处便是知"，"知是行的主意，行是知的功夫；知者行之始，行者知之成"，于是先改名为"陶知行"。后由于"知轻行重"，又改名为"陶行知"。[14]6

1.3.2　身心健康的法则

1984 年，世界卫生组织明确指出，健康不仅仅是没有疾病或虚弱，它是一种在**躯体**，**心理和社会**等各个方面都能保持完美和谐的状态，也就是说，健康包含身体健康、心理健康和社会适应良好三方面。1989 年，世界卫生组织进一步完善了健康的概念，指出健康应是"**生理**、**心理**、**社会适应和道德方面的良好状态**"。

1.3.3　软硬转化法则

矛盾是可以相互转化的。物质可以变精神，精神也可以变物质。硬实力不硬，软实力不软，这就是二者的相互转化。

2 生物性 VS 环境性衍生出的决策法则

生物性 VS 环境性的统一性，是宇宙人性的第二对矛盾。用系统论的观点看世界，系统论把人看成是从那个世界中产生出来的，并且反映出那个世界的一般特点。人类源自生物性，生活在一定的环境中。因此，人类必然具有生物性和环境性的一般特征。

2.1　生物性衍生出的决策法则

2.1.1　生存第一法则

稻盛和夫说，观察一下自然界吧。无论什么动物、植物，它们都在拼命努力求生存。各种各样的草儿为了比其他草类更多地接受阳光，以便长得更壮些，就拼命扩展草叶、伸展草茎，为生存互相竞争。动物也一样，不拼命求生必将灭绝，此乃**自然铁则**。[15]76—77 这就是自然法则，也就是宇宙意志。

人类要生存，后代要延续。稻盛和夫说：正是在这没有止境的不安和焦躁之中，公司才不断成长壮大，达到了今天这样的规模。[15]188

稻盛和夫在制定日航新的"企业理念"时，明确提出："日航集团追求全体员工物质和精神两方面的幸福"，把员工的"利益"放在第一位；把给股东分红、给国家交税、为社会做贡献，尽到作为社会一员的责任的"大义"放在第二位。这就是**人性决策**，利益的驱动是必要的手段。[8]96—97 这种以短跑的速度进行长跑比赛的无限度努力，就叫作"**不亚于任何人的努力**"。[15]75

2.1.2 好生恶死法则

洪武元年（1368）八月，湖广行省平章杨璟等还自广西。入见，太祖问广西两江、黄岑二处边务。璟言："蛮夷之人，性习顽犷，散则为民，聚则为盗，难以文治，当临之以兵，彼始畏服。"太祖曰："蛮夷之人，性习虽殊，然其**好生恶死**之心未尝不同，若抚之以安静，待之以诚意，谕之以道理，彼岂有不从化者哉？此所谓以不治治之，何事于兵也！"这段对话可以看出朱元璋洞悉人类之生物本性——好生恶死。

> 韩信一次攻打赵国，背水为阵。赵军看到韩信军队摆成只有前进而无退路的绝阵，大笑不已。韩信一面率领大军背水为战，一面派一支奇兵偷袭赵军大营。韩信的军队因背水作战，没有退路，便人人奋勇争先，向前冲锋。赵军大败，回到自己的大营一看，营垒上遍插汉军的旗帜，大为惶恐。赵军被汉军两面夹击，韩信大获全胜。

> 战事完毕，有人问韩信："兵法上说要背山临水，可这一次将军却反其道而行之，背水为阵，并且说，等破了赵军再吃饭，我等当时心中不服气，然而却打了胜仗，这是什么战术呢？"

> 韩信说："这在兵法上是有的，只是诸君没有注意罢了。兵法上不是说'**陷之死地而后生，置之亡地而后存**'吗？况且，我韩信并没有训练良好的兵士，这就是俗话所说的'驱市人而战之'，在如此情势之下，不把军队安置在绝地，使**每个人都为了生存奋力作战，是无法取胜**的。如果把士兵们都安置在可以逃生的地形，他们就都逃走了，怎么还能用他们奋战制敌呢？"[16]150 韩信背水为阵的军事决策和项羽破釜沉舟的军事决策，**法异而道通**，都是利用好生恶死的人性，兵士无退路，为了求生只好奋力拼杀。

2.1.3　顺其习性法则

洪武三年（1370）十二月，中书省臣言："西北诸虏归附者，不宜处边。盖夷狄之情无常，方其势穷力屈，则不得已而来归，及其安养闲暇，不无观望于其间。恐一旦反侧，边镇不能制也。**宜迁之内地，庶无后患。**"太祖曰："凡治胡虏，**当顺其性。**胡人所居，习于苦寒。今迁之内地，必驱而南，去寒凉而即炎热，**失其本性，反易为乱。**不若顺而抚之，使其归就边地，择水草孳牧，彼得遂其生，自然安矣。"朱元璋洞悉人类之环境性——**习于苦寒**。其人性化决策的原则是**顺其习性**。若失其本性，反易为乱。

2.1.4　追逐资源法则

食物、空气、水分是任何生物生活下来所必需的物质。生物为了活下去，就必然去追逐自然资源。鸟类千里、万里的迁徙，**非洲角马的大迁徙**，都是追逐资源的典型表现。其实，人类也是如此，游牧民族为了生存下来，就会发动战争，掠夺农牧民族的粮食和衣服；世界上的许多战争，尤其是殖民地战争，都是西方列强去抢夺资源。

对战争本源的认识，是军事哲学的一个重要问题。战争是政治的继续，政治是经济的集中表现，因而战争归根结底是源于利益的对立和冲突（包括领**土主权、海洋权益、石油、天然气和水资源等生存条件的争夺**）。[7]18

人为财死，鸟为食亡。人们"的忧虑之中有 70% 与金钱相关"。[17]289

2.2　环境性衍生出的决策法则

2.2.1　适者生存法则

人类的行为，既要适应自然生态，又要适应政治生态。马塞尔认为，"人的本质必须在一种处境中"，一个人与存在的关系不同于一块石头与存在的关系。自然环境会影响人类的习性，政治生态会影响人类的文化。这两种环境，都存在适者生存的问题。

沃伦·本尼斯在《成为领导者》一书中，介绍成功驾驭环境的四个阶段：①自我表现（becoming self-expressive）；②听从内心的声音（listening to the inner voice）；③向正确的导师学习（learning from the right mentors）；④投身于一个明确的愿景（giving oneself over to a guiding vision）。[18]58

人与环境的关系本质是做人与做事的关系。自我表现，需拿出真本领来做事；听从内心的声音，心有定见；向正确的导师学习，学会与人打交道；投身于一个明确的愿景，将事情做成事业。最终，适应了环境，做人成功，事业成功。

决策 = 思想 + 环境。蚂蚁的行动路线为我们揭示了一条普遍原理：要了解一个人的行为，就必须同时探索他的思想和所在的环境。[19]70 换句话说，人类的决策是思想与环境互动的结果。

2.2.2　环境塑人法则

奥里森·马登指出："即使是最厉害的人，也逃不过环境的影响。"无论我们有多么独立，意志有多么坚定，个性有多么坚强，我们也时时被环境所左右。[20]387 拿破仑·希尔指出："人的品德会受人所处的环境的影响。"[21]252

你必须适应所处的环境。"适应"意味着你需要成熟和耐心，即使事情没有达到预期目标，你也必须接受它。"适应"意味着你认识到并接受这样的事实：你需要寻求支持，在将决定拿出来讨论之前先试探一下某些重要人物的看法，多花时间来阐述你的观点，给人留下良好的印象，并且获得适当的支持等。"适应"意味着你必须决定何时表明态度，何时保持沉默。首先你要学会忍受一定程度的不完美。"适应"意味着你必须留意说什么，怎么说，向谁说，以及什么时候说。[22]47

这些听起来像是鸡毛蒜皮的小事，其实不然。这段关于适应环境的话很精彩，核心是先忍耐、接受、适应，然后徐图改变。

2.3　生物性与环境性共生出来的决策法则

2.3.1　改变环境法则

打上自己的思想烙印。伟人给他们的时代和民族打上自己的思想烙印。比如但丁，他那些激情燃烧的诗句，对每一个真诚的人而言，犹如一堆萤火、一盏明灯。

纯正高贵的品格。美国首任总统华盛顿，他的伟大，并不在于他的智力、才能以及他的天赋，更多的是在于他的荣誉、他的正直、他的诚实以及他的高度责任感——简言之，在于他纯正高贵的品格。[23]31

改变环境。左宗棠不甘同流合污，且又以名士英豪自居，所以他想的不是如何去适应环境，而是如何去影响甚至改变环境，此等能力，非天赋极厚者不能。[24]91

2.3.2　逆境成才法则

高贵的品格在磨砺中形成。个人经过苦难的磨砺，就会获得有益的人生经验，这是其一生都享用不尽的宝贵财富。面对挫折，迎难而上，这是伟人之所以成为伟人的不二法门。记住：苦难乃是人生的一所大学校！[23]4

逆境成就大才。战国时期楚国三闾大夫屈原，为了国家的命运，忧心忡忡，上下求索，最后不惜用死来验证"**路漫漫其修远兮**"，以唤醒世人树立远大的追求；南宋名将岳飞，为了"还我河山"，蒙受奇冤，用碧血忠魂，将母亲刺在背上的"**尽忠报国**"四个大字深深地烙印在国人心中；晚清志士谭嗣同，为了民富国强，不畏艰险，变法求新，面对极刑，留下了"**我自横刀向天笑，去留肝胆两昆仑**"的豪迈名句。[25]39

圣贤发愤而作。司马迁在《报任安书》中说过这样一段话：盖文王拘而演《周易》；仲尼厄而作《春秋》；屈原放逐，乃赋《离骚》；左丘失明，厥有《国语》；孙子膑脚，兵法修列；不韦迁蜀，世传《吕览》；韩非囚秦，《说难》

《孤愤》;《诗》三百篇，大抵圣贤发愤之所为作也。

3 动物性与人类性衍生出的决策法则

动物性 VS 人类性的统一性，是宇宙人性的第三对矛盾。用系统论的观点看世界，系统论把人看成是从那个世界中产生出来的，并且反映出那个世界的一般特点。人类源自动物，故具有动物性。人类高于动物，具有人类性。

3.1 动物性衍生出的法则

3.1.1 动物本能法则

本能包括视觉、听觉、味觉、嗅觉等，还有生殖、情感、爱护幼小、自卫、破坏性、食欲、隐蔽等，这些对人和动物再平常不过。[26]500

根据弗洛伊德的理论，本我是由先天的生物本能和欲望组成的，以追求非理性的、冲动性的和无意识的自我满足为目标进行活动。[6]529

3.1.2 野蛮丛林法则

张文木将军指出：国际政治的原则至今仍是丛林的原则。[7]144 我们生活在弱肉强食的丛林之中，在这里，你不是吃人就是被别人吃掉，逃避风险几乎就是放弃成功；而如果你利用了机会，那么别人的机会就相应减少了，这样能更好地保全自己。害怕失败就不敢冒险，不敢冒险就会错失眼前的机会。[27]52 人作为高等动物，大到国家间、政权间的竞争，小到企业间、人与人之间的竞争，或多或少地受到丛林法则的影响，至于竞争结果，那就看各自的实力、智慧、手段和改造世界的能力了。

人们若只是按照弱肉强食的野兽规则而生活在一起，人类必然会遭受永久的混乱、不幸、暴动、骚扰和叛乱。[28]301

3.1.3　血性战斗法则

一个人的性格往往决定一个人的命运，**一个民族的性格也往往决定一个民族的命运**。我国先秦时代既有"燕赵多慷慨悲歌之士"的苦斗精神，又有"奋六世之余烈，振长策而御宇内"的浩然气概。[5]10 在反抗阶级民族压迫上，人类需要血性战斗的能力和勇气。

3.1.4　权力争夺法则

我们看《动物世界》，狮、狼、猴群为了争夺交配权和"王位"，打得头破血流，甚至付出生命的代价。人类在这方面，不比动物逊色，甚至有过之而无不及。这些可以从历史的事实中得到充分的证明。

拿破仑对权力与成功的崇拜已到了玩世不恭的程度，他说："要主宰世界只有一个诀窍，那就是要强大，因为力量强大就无所谓错误，也没有幻想可言；这是赤裸裸的真理。"拿破仑"赤裸裸"的权力观必然与俄国的利益发生冲突。[29]220

曾国藩的心腹幕僚刘蓉对曾国藩说：**"多士景从，大事乃成。"**这是古往今来都已证明的真理。只有拥有更多的追随者，才能成就自己的一番事业。而**失去天下人才的原因，往往有三条**：第一条求才不竭其诚。不用诚实的心态来追求人才，人才就不会来。第二条，**遇之不优其礼**，即待遇不优厚，同时对人不够礼貌尊重，人才来了也会留不住。第三条，**用之不尽其才**。人才受到限制，他的才能得不到发挥，也会另谋高就。[30]130

曾国藩的心腹幕僚赵烈文给他上了一份万言书。其结论用一句话来表述，就是**"合众人之私，以成一人之公"**。也就是说，每个人投到湘军阵营，加入曾国藩的队伍，都是抱有不同目的的，这相对于个人而言是"私"。只有满足了众人之"私"，才能成就你曾国藩的一人之公。文官要名的，你一定要满足他的名；武官要钱的，你要给他钱，等到满足了所有人的需求，也就成就了你一个人的"公"。这个"公"就是曾国藩你想要的兴天下、打败太平天国！曾国藩读了万言书之后，**"幡然悔悟，一改前志"**，大胆地用人，大胆地举荐。[30]131

领导权的争夺斗争，会导致多个"领袖"建立各自的组织。这就形成**党外有党、党内有派**的格局。比如，美国有两大政党，各党还分为鹰派、保守派、中间派。

3.1.5 争夺领地法则

我们看《动物世界》，狮、狼、猴群为了争夺或保卫领地，互相群殴，头破血流，遍体鳞伤，甚至付出生命的代价。人类在这方面，不比动物逊色，甚至有过之而无不及。这些也可以从历史的事实中得到充分的证明。

大部分的人类斗争，争的就是稀缺资源。领土是主权的象征和生存的资源。保家卫国是每个公民的责任和义务，祖国没有一寸多余的土地，没有一片多余的海洋。

3.1.6 自由行动法则

动物与植物最根本的区别是自由的行动，自由的意志。如果你将动物圈在笼子里，尽管给它好吃、好喝的，它也会因为失去行动自由而苦恼。

3.2 人类性衍生出的决策法则

3.2.1 文化引领法则

人类与动物的根本性区别是文化。这就衍生出另一条决策法则：文化引领法则。科学技术是文化的一个重要组成部分。

人类的大脑像一间**有天窗的三层房子**，第一层是本能，第二层是智慧，第三层是宗教（精神）[26]500

人类具有创造和创新能力。有些动物、鸟类和昆虫，像河狸、鸟和蜜蜂有很强的建筑本领，它们筑坝建巢，在里面生活，繁衍后代。但它们的建筑没有创造出新意，不做任何改进。它们今天的作品和 1000 年前一模一样。而人类将自己的智慧、创造力、机械才能和创新能力结合起来，进行不断的完善。[26]501

3.2.2　文明行为法则

文明的标志是文字。所谓文明开化，就是提高国民的知识水平。人类有了文字以后，人的心灵更扩大了，情感思维理智种种心能无不突跃地前进。这真是人类文化史上一个划时代的大标记。一人写一本书，万人皆可读。而任何一个人，也可用万种器具，读万卷书。[31]29

马丁·路德说：一个国家的繁荣，不取决于它的国库之殷实，不取决于它的城堡之坚固，也不取决于它的公共设施之华丽；而在于它的公民的**文明素养**，即在于人们所受的**教育**、人们的远见卓识和品格的高下。这才是真正的利害所在、真正的力量所在。

3.3　动物性与人类性共生出的决策法则

3.3.1　志趣决定法则

人欲决定高下。明代归终居士在《意气谱·反菜根谭》中说："人品之高下，即人欲之高下也。"[32]28 这里的欲望就是目标、志向、梦想、愿景，即你在追求什么！

志趣决定高下。曾国藩说过："凡人才高下，视其志趣，卑者安流俗庸陋之规，而日趋污下；高者慕往哲盛隆之轨，而日就高明。贤否智愚，所由区矣。"这就是说，**你的选择决定你是成为贤者还是成为愚人**。

3.3.2　人兽转化法则

立地成佛是坏人转化为好人；革命者被俘后当了叛徒、汉奸，就是好人转变为恶人。

不为圣贤，便为禽兽。曾国藩有一句至理名言："不为圣贤，便为禽兽；莫问收获，但问耕耘。"这是曾国藩一生谨遵的座右铭。这句话并非曾国藩首创，而是清代理学大家唐鉴送给曾国藩的一句话："不为圣贤，则为禽兽，只问耕耘，不问收获。善化唐鉴。"

天堂地狱一念间。充满了爱与关怀，先人后己，互帮互助，为对方尽力，而对方也给予回报，这样的话，大家都活在和平幸福的环境里，反之则不然。这就是所谓"天堂地狱一念间"。[33]186

4 社会性 VS 民族性衍生出的决策法则

社会性与民族性的统一性，是宇宙人性的第四对矛盾。用系统论的观点看世界，系统论把人看成是从那个世界中产生出来的，并且反映出那个世界的一般特点。人类生活在社会大家庭中，必然具有社会性。人类都有民族，出生在那个民族，生活在那个民族，必然有该民族的属性。

4.1 社会性衍生出的决策法则

4.1.1 大义优先法则

基于社会性的考虑所做出的决策是大义决策，是以民族的利益、国家的利益和民众的利益为出发点和落脚点。古今中外，为了大义而英勇献身的英雄人物大有人在。

稻盛和夫因为考虑到日航重建有三条大义：对日本经济的影响、确保日航留任员工的雇用、确保乘客，即国民的利益，才决定出任董事长。他以不收取报酬为条件，全力投入重建工作。用他自己的话说是"出于一种侠义心"。[8]91—92

4.1.2 得道多助法则

《孟子·公孙丑下》中曰："天时不如地利，地利不如人和。三里之城，七里之郭，环而攻之而不胜。夫环而攻之，必有得天时者矣；然而不胜者，是天时不如地利也。城非不高也，池非不深也，兵革非不坚利也，米粟非不多也；委而去之，是地利不如人和也。故曰：域民不以封疆之界，固国不以山溪之险，威天下不以兵革之利。**得道者多助，失道者寡助**。寡助之至，亲戚畔之；

多助之至，天下顺之。以天下之所顺，攻亲戚之所畔；故君子有不战，战必胜矣。"[34]76

4.2　民族性衍生出的决策法则

4.2.1　民族独立法则

在遭受外敌侵略时，传统意义上的民族主义寻求使民族摆脱外来统治[35]364，不仅某个民族而且区域内的所有民族都会团结一致，抵抗外侮。我国新民主主义革命时期，中国共产党带领全国各族人民致力于实现中华民族独立和人民解放、始终将马克思主义民族理论与中国民族问题具体实际相结合，不断推动马克思主义民族理论中国化。

4.2.2　文化自信法则

文化是一个民族的基因，要有文化自信。要想消灭一个民族，需先消灭其文化。梁启超对中华文化充满自信。他说："自今以往二十年中，吾不患外国学术思想之不输入，吾惟患本国学术思想之不发明。"[36]199

但是，有些中国学者自惭形秽，缺少学术自信，表现在大量使用美国概念，却难以发展自身的概念和话语体系。[5]90 我们必须发掘中华几千年的文化宝藏，在国际舞台上展示中华传统文化的魅力。

4.3　社会性与民族性共生出的决策法则

4.3.1　民族融合法则

中华民族是由 56 个民族组成的大家庭，这是几千年来我国各民族大融合的结果，由此产生出中华民族灿烂辉煌的多元文化。

4.3.2　互利共生法则

在自然界，互利共生的现象并不少见。人类天生对异族充满恐惧和排斥，很难信任陌生人，任何部落都很容易把自己想象成牺牲者，当严重冲突发生时，也倾向于不把对手视为人而加以杀害。只有借由小心定义的契约和其他传统，部落之间才有可能合作。[37]355

5 情性 VS 理性衍生出的决策法则

情性与理性的统一性，是宇宙人性的第五对矛盾。用系统论的观点看世界，系统论把人看成是从那个世界中产生出来的，并且反映出那个世界的一般特点。人类是有感情的动物，也是有理性的动物。

"道始于情，情生于性"，这句话出自郭店竹简《性自命出》，意思是人道，即做人的道理，是由于人们相互之间存在着情感才开始有的；人的情感——喜怒哀乐，是从人性中发生出来的。

战略思维始于强烈的国家观念和对中华民族情感的执着追求。所以说，战略思维也是一种心理境界，爱国主义应当是每一个中国人的**第一信仰**和**第一人格**。在全球化进程中，中国需要强化自己的**主体文化**和**国家精神**，守望好自己的**文化疆域**和**核心价值观**，才能在融入世界中不迷失自己。[5]5

5.1 情性衍生出的决策法则

5.1.1 情性动力法则

莎士比亚说："**女子虽弱，为母则强。**"美国一则故事讲述，曾经有位母亲带女儿到超级市场买东西，出来时，女儿跑到前面，忽然一辆卡车急驶而来，把她压在车轮下，正在千钧一发之际，妈妈立刻奔来，将卡车车头抬起来。正常情况下，一个女子怎么能抬起卡车车头呢？但这位母亲想都未想，下意识地抬车，居然**真**的做到了。看到女儿被旁人拉出来的那一刻，这位母亲昏倒在地，后来在医院躺了好几个月。这个故事或许是个特例，却说明，在那一刹那间，慈爱所带来的勇气，实在是难以想象的强大。[38]206—207 类似的情况在自然界中也时有发生，这正是母爱的伟大精神。

5.1.2　热情拥抱法则

热情的基础是兴趣。热情就是对我们生活中发生的某种事情保持持久强烈的兴趣。下定决心要设法从生活中挖掘创意、发现某种秩序或某种模式，以勇于进取、兴致勃勃的劲头来动手处理问题、难题和障碍。[39]84

热情成就事业。稻盛和夫说，对一个人作评价，必须看这个人的才能、能力。除此之外，他还重视热情。**因为只要有热情，任何事情都能够成功。**[40]84

5.1.3　激情燃烧法则

黑格尔讲过："假如没有激情，世界上任何伟大的事业都不会成功。"激情是探索未知世界奥妙的一种巨大热情。激情是一种巨大的推动力。杰克·韦尔奇在面试应试者时会加一条激情（Passion）。**所谓激情，是指对工作有一种衷心的、强烈的、真实的兴奋感。**[41]77 你的人格魅力必须有"火"一样的热情。

业绩与激情成正比。充满激情的地方，有着将不可能变为可能的力量，人的能力自然就提高了，人与人之间也变得相互合作起来。一旦有了这种干劲，人们就会向着更高的目标挑战，做得越来越好，越来越努力，就会取得更好的业绩，而好的业绩又能够增加自信，如此形成良性循环。[42]39

5.1.4　勇于任事法则

责任产生勇气。稻盛和夫说："**锻炼出来的胆略，才是真正的勇气。**"[33]95 "义务感和责任感，给了我巨大的勇气。"[33]97 产生这种勇气的源泉，就是关爱之心。只要能舍弃自己，不顾自己的得失，全力为别人付出，这时候真正的**勇气就会涌现。**[33]100

敢负别人不敢负的责任。林肯总统说："每个人都应该有这样的信心：人所能负的责任，我必能负；人所不能负的责任，我亦能负。如此，你才能磨炼自己，求得更高的知识而进入更高的境界。"

5.1.5 控制情绪法则

情绪会影响你的判断。哪怕最少量的情绪，也会影响你对事件的看法，会看不到事物的本来面貌。恐惧会使你高估敌人，在行动中过于保守。愤怒和急躁会让你做出鲁莽的行为，减少回旋的余地。过度自信，会使你走向极端。偏爱和好感会让你盲目，无法识别表面友好者的背叛行为。要认识到情绪的影响是无法避免的，要在情绪发生时注意到它并做相应的弥补，这是唯一的治疗方法。成功的时候，要特别谨慎。愤怒的时候，不要采取行动。畏惧的时候，要知道你可能夸大了眼前的危险。[43] 前言 5

先控制自己的情绪。要控制态势，你必须能够控制情绪。愤怒、发泄只会限制你的选择。在冲突中，恐惧是最令人软弱的情感。就算什么事情也没有发生，你的恐惧也会使你阵脚大乱，把主动权让予敌人。对方可以利用你的恐惧来控制你。[43]179

永远知道自己想要什么。你要修炼管理情绪和控制感情的能力，要注意在进行决策制定时不能受情绪左右，而应完全根据需要来做决定，要永远知道自己想要什么。

5.1.6 维护尊严法则

必须把人摆在第一位。我们可以借鉴韦尔奇的一些做法，"通用电气公司首先必须是个以人为本的地方，必须要让员工得到尊重，要从人开始。你知道，必须把人摆在第一位"[44]121。韦尔奇的继任者伊梅尔特说："一直探索的一个主题，就是怎样让通用电气公司更加人性化。"[44]121

要给人留足面子。韦尔奇既关心胜出者，也很好地安排了两名落败的候选人。他要确保在两名落败的候选人听到任何传言之前亲口告诉他们，以免伤了他们的脸面和自尊心。

5.2　理性衍生出的决策法则

5.2.1　趋利避害法则

理性在于推理。所有人都理所当然地认为推理的任务就是帮助个体**获取更多的知识，做出更好的决策。**[45]13 理性决策的结论和理由是成立的。[46]71

知晓利害。孙子说："故不尽知用兵之害者，则不能尽知用兵之利也。"[47]11

趋利避害。孙子说："合于利而动，不合于利而止。"[47]18

5.2.2　以患为利法则

矛盾转化。迂与直，后与先，患与利，是矛盾的双方，在一定的条件下是可以相互转化的。

以迂为直。"军争之难者，以迂为直，以患为利。故迂其途而诱之以利，后人发，先人至，此知迂直之计者也。"[47]45

以患为利。两军争夺先机之利的困难之处，在于变迂远为直近，变患害为有利。故意迂回绕道，用小利诱开敌人，比敌人后出发而先到达，这就是懂得"以迂为直"的计谋。[48]120

5.2.3　行成于思法则

观念引导思路。唐代韩愈有句名言："行成于思。"这就是说，行动靠思维，成败取决于思维的好坏。拿破仑·希尔在《一年致富法》中说："思考的力量是人类最大的力量，它能建立伟大的王国，也可使王国灭亡。所有的**观念、计划、目的及欲望，都起源于思想**。"思维有许多的形式，特别强调形象思维、创新思维、科学思维、类比思维和灵感思维的作用。

5.2.4　智慧行事法则

正德年间，江西赣州，从来没有人能够在短时间内彻底剿灭匪患。1517

年，王阳明被派到赣州剿匪。王阳明的**各种奇招无所不用其极**，手段简直神出鬼没。他招卢、灭谢、疑池，足见其**对人性洞见之深**，每个人的欲望、每个人的情绪、每个人的习性都把握得非常到位。王阳明把人把握住了，也就把整个事把握住了，也就把整个局面控制住了，这就是**控局之法的大智慧**。[13]219

5.2.5 科技创新法则

不创新，就灭亡。人类最大的理性表现在科学技术方面。"科技是第一生产力"已经成为世界性的共识。各国都在科技创新方面投入非常大的人力和财力发展新质生产力。美国福特汽车公司创始人亨利·福特的名言"不创新，就灭亡"，仍然具有更加现实的意义。[49]147 而任何创新者，都有强烈的**求知欲望**，都有广泛的**爱好兴趣**，都有高度的社会责任感，都有一颗**好奇的心**，都有丰富的**想象力**，都有自由的思想，都有渊博的**知识**。此外，创新还需要自由的**土壤**，能让新思想自由地生根、发芽、开花、结果。

感知创新的方向。创新既然如此重要，因此，我们要主动求变，寻求变化，**创新造就伟大**。乔布斯认为，将来能发生什么事，我们谁都无法准确地预测，但是我们却能感知我们前进的方向——这就是我们能做到的全部事情。[50]191 创新必须知道自己想要什么，未来可能是什么。乔布斯认为："我们无法预知未来，只有凭借**热爱、坚持、勇气、智慧**，不断前行，才能抵达成功的彼岸！"

观念创新是第一步。思想决定行动，行动取决于观念，因此，要想创新，首先是观念更新。观念的创新是一切创新的前提。[51]350 观念创新是第一步，然后才会有概念创新、理论创新、技术创新和制度创新等。观念的改变，并没有改变事实本身，改变的只是对事实的看法。[52]94

创新的根本问题并不是钱的问题。乔布斯说过："创新与投资多少研发费用没有任何关系。苹果给世人展示 Mac 的时候，IBM 的研发经费至少是苹果的 100 倍以上，所以创新的根本问题并不在于钱。依靠和你一起工作的人以及引导他们的领导力，创新就能获得相应的成果。"[50]190 换句话说，**人的想象力和领导力才是创新的根本问题**。

依靠团队作战。乔布斯说："在创业时能够独自一个人完成的事情已经不存在了，现在就要组成团队来战斗。大家要对团队具有**诚实的责任感**。当然，也要让所有的人都能**做自己最擅长的工作**。"[50]191 单打独斗的时代已经结束，现在需要**研发团队集体战斗**。既然是团队，就需要一个好的领导，发挥其坚强的领导力，来集中大家的目标，发挥每个人的特长，让每一个成员忠实履行自己的职责。

新科技是战略决策。科技进步是一切财富、一切文明的根本。世界上最大的趋势多是来自科技的革新。[53]198 因此，新科技正快速改变战术性和战略性决策之间的平衡。许多决策在过去会被归为**战术性决策**，如今却快速转变为战略性决策，含有高度的未来性、重大的影响力，以及许多品质的考虑。换句话说，这些决策逐渐变成**高层次的决策**。[54]304

技术人员成为竞争优势的顶梁柱。彼得·德鲁克认为：技术人员也是发达国家获得真正和持久的竞争优势的顶梁柱。[55]108 这些技术人员既掌握了所需的理论知识，又具有手工技能……

两种创新模式。创新模式基本有两种。一种是**集成性创新**，即对现有技术和方案进行**筛选、重组、整合**，通过创造新的系统结构模式而集成现有技术以产生（涌现出）新的系统性能；另一种是**原创性创新**，新方案的关键组分（技术）是新创的，再设计新的结构模式，以产生全新的系统性能。[56]142 例如，日常的拉杆箱、桶装方便面都是集成性创新的结果，而飞机、汽车、卫星、手机、电脑等都属于原创性创新。

提出正确的问题。问题发现是创造性思维与一般问题解决的另一个不同之处。[6]390 西班牙伊本·盖比鲁勒说过："一个聪明人的问题之中已包含着一半答案。"正确地发问是构成答案的第一步。弗朗西斯·培根曾说："聪明地提问就是一半的真理。"

思考不可思议的事物。美国国家工程院院士托马斯·L.萨蒂曾说："对于逻辑思维认为的**不可思议的事物**，创造性思维是不会感到惊讶的。"[57]134

尝试做不同的事。罗杰·冯·欧克曾说："尝试做不同的事。"人类就是在不断的试错中，发现了新生事物。许多创业者都经历过不同的创业项目，最终找到适合自己的事业。

5.2.6　有限理性法则

人类的理性再强大，在变幻莫测的大自然和复杂多变的社会环境面前（**不确定性**），其能力还是非常有限的。赫伯特·西蒙最早认识到这个问题，并因此获得诺贝尔经济学奖，详见本书《宇宙人性的起源、演化与结构》一文。

用情性和德性去弥补理性的不足。既然理性是有限的，那么，有什么东西能够弥补理性的不足？赫伯特·西蒙提出了一些办法，海尔董事长张瑞敏也提出一个说法：用勇气去弥补！"狭路相逢勇者胜"，在不确定性出现的"这个时候，比的根本就不是智，而是胆！"[58]178—179 我用最简单的话概括就是：**理性不足，用情性、德性去弥补。**

做好应对差错的准备。既然理性是有限的，那么出现差错是必然的。有条墨菲定律，是"如果某件事情可能出现差错的话，它就会出现差错"[59]68。彼得·德鲁克发展了这个定律："如果一件事出了差错，所有其他的事情都会出现差错，而且是同时出现差错。"[60]89 墨菲定律说的是该来的**迟早会来**；彼得·德鲁克定律说的是该来的不是来一个。因此，**要做好应对差错的心理准备和物质准备，而且要做好最坏的准备。**

5.3　情性与理性共生出的决策法则

5.3.1　情理平衡法则

在做决定时，保持好推理与情感之间的平衡。[61]45 做决策时要**情感与理智并用**。理智包括逻辑、分析和事实；情感包括热情、感情和想象。[62]22—23 这就是晓之以理、动之以情的做法。稻盛和夫认为，在**事情的开始阶段，必须用理性思考。在实际执行阶段再融入情感因素，这才是恰当的做法。**[63]97

5.3.2　以情胜理法则

世界是由人类情感所统治的，文明的命运也一样。人类的行为举止受理性左右的程度，不及于感性左右的程度。心智的创造能力完全依赖情感来促成，而不是**靠冷酷的理性**。人类的所有情感中，力量最强大的，**非理性的力量莫属**。心智尚有其他的诸多刺激源……全数相加，也敌不过**理性的驱动力**。[64]268但是，松下幸之助认为："知识、智慧和才能都很重要，但**最重要的是热情和诚恳**，具备了这两点，无论做什么事都能取得成功。"

5.3.3　以理制情法则

洛克菲勒认为，要修炼管理情绪和**控制感情**的能力，注意在进行决策制定时不能受情绪左右，而是完全根据需要来做决定，**要永远知道自己想要什么**。[27]157拿破仑·波拿巴认为，强大的人是能够**自如地控制理智和感情**的人。[65]16

齐桓公宠幸三个大臣，被情性迷住了眼睛。管仲重病时，齐桓公看望病榻上的管仲。这就有了管仲病榻论相、洞察人性的一段对话。

> 鲍叔牙推荐，齐桓公任命管仲为相。从此，齐国政通人和，日益强盛，在诸侯各国中的地位也越来越高，终于被各国推为盟主，成为春秋五霸之首。
>
> 管仲病重，齐桓公亲往看望。齐桓公在病榻前握住管仲瘦弱的手，曰："仲父之疾甚矣，不幸而不起，寡人将委政于何人？"
>
> 桓公推荐易牙，曰："易牙烹其子，以适寡人之口，是爱寡人胜于爱子，尚可疑耶？"
>
> 仲对曰："人情莫爱于子。其子且忍之，何有于君？"
>
> 桓公又推荐竖刁，曰："竖刁自宫以事寡人，是爱寡人胜于爱身，尚可疑耶？"
>
> 仲对曰："人情莫重于身。其身且忍之，何有于君？"

桓公又推荐卫公子开方，曰："卫公子开方，去其千乘之太子，而臣于寡人，以寡人之爱幸之也。父母死不奔丧，是爱寡人胜于父母，无可疑矣。"

仲对曰："人情莫亲于父母，其父母且忍之，又何有于君？且千乘之封，人之大欲也。弃千乘而就君，其所望有过于千乘者也。君必去之勿近，近必乱国！"

通过以上对话，由此可见，管仲是洞察人性的高手。

6 恶性 VS 善性衍生出的决策法则

恶性与善性的统一性，是宇宙人性的第六对矛盾。由于人类有生物性，有与生俱来的自私恶性。因此，**自私是天性**！由于受到后天的社会教养和文化熏陶，人才逐渐培养出善性。

6.1 恶性衍生出的决策法则

6.1.1 损人利己法则

人的**自私本性**是所有政治冲突的渊薮。[35]653 马基雅弗利将他对政治的解读建立在个人的本性之上。摩根索强调人类本性的邪恶。人类的自私源自生物性，因此社会上损人利己的现象屡见不鲜。

6.1.2 横行霸道法则

横行霸道是指那些以强势、傲慢的态度来压制他人；不尊重他人的意见，只按自己的方式，肆意妄为；利用自身的市场地位来排挤竞争对手，不给其他企业发展的空间等。这是社会上的一种邪恶势力和罪恶行为。

6.1.3　嫉妒他人法则

意大利但丁在《神曲》中说：骄傲、嫉妒、贪婪是三颗火星，它们会使人心爆炸。**嫉妒是人的本性**，是在人的本性中早就潜藏着的一种力量，它丛生于能力与意志都极为匮乏的土地，那就是嫉妒。当你超越了他们的时候，他们就会嫉恨你，就会用带有贬义的字眼指责你，甚至用编造谎言的手段来诋毁你，同时还要在你的面前表现出一副高傲的神态。洛克菲勒说，他所能做的就是让嫉妒他的人继续嫉妒！[27]233

6.2　善性衍生出的决策法则

善性的本质是利他精神。"利他之心"引领人类社会走向光明。把"让对方高兴""帮上对方的忙"这样的事看作自己最高的喜悦。达到这样的精神水准时，人就能感受到真正的幸福。[33]184—185 利他行为的表现形式和强度在**很大程度上是由文化决定的**。比起遗传影响而言，人类社会的进化受到文化的影响显然更大。[66]139

6.2.1　道义最高法则

得道多助，失道寡助。社会性的要求是遵守公德，这就衍生出另一条决策法则：道义最高法则，就是站在**道义的最高点**。毛泽东说过："无数事实证明，得道多助，失道寡助。弱国能打败强国，小国能打败大国。小国人民只要敢于起来斗争，敢于拿起武器，掌握自己国家的命运，就一定能够战胜大国的侵略。这是一条历史规律。"

道与义的区别是什么？关于什么是"道"的问题，详见本书《道是人性》一文。道义语境下的"道"是什么、"义"是什么？"道"指的是社会生活中普遍认同的、应遵循的普遍规则。"道"的反义词是"乱"，循道就是不能乱来。"义"是在特定的情境下，评价行为是否遵守了应遵循的普遍规则。"义"的反义词是"利"（欲）。北宋程颢曰："大凡出义则入利，出利则入义。"曾国藩讲："义胜欲。"刘念台说："义利二者，正人禽分途处也。义也者，天下之公也；利也者，一己之私也。"因此，"义"的第一层意思是"**谋公利而不图私利**"。南宋朱熹认为："盖天下**之理**，只有一个，是与非而已，是便是是，非便是非。"墨子在《墨子·天志下》中讲："义者正也。"因此，"义"的第二层意思是声张是非曲直的"**正义**"。

以义为断的决策思想。《孟子·离娄上》说："大人者，言不必信，行不必果，惟义所在。"《荀子·不苟》说："**以义应变**，知当曲直故也。"范晔在《后汉书·刘梁传》中提出"**以义为断**"的决策观点。[67]48 唯义所在、以义应变和以义为断是一脉相承的关系。

> 这是一个"**以义为断**"的典型例子。长乐公主，是唐太宗文德皇后所生，贞观六年（632）将出嫁，敕所司计划**资送比长公主高一倍**。魏征奏言："昔汉明帝欲封其子，帝曰：'朕子岂得同于先帝子乎？可半楚、淮阳王。'前史以为美谈。天子**姊妹为长公主**，天子之**女为公主**，既加长字，良以尊于公主也，**情所有殊，义无等别**。若令公主之礼有过长公主，理恐不可，实愿陛下思之。"唐太宗称善。[68]258

情所有殊，义无等别。这就是理义重于亲情的决策原则。

6.2.2 良知感应法则

王守仁说："无善无恶心之体，有善有恶意之动。**知善知恶是良知**，为善去恶是格物。"我们的言行举止，我们在日常生活中的各种各样的行为活动，究竟是对的还是错的，"**良知**"永远都能够做出正确的判断。所以，王阳明说，"良知"是知善知恶的，我们的行为是好的还是不好的，"良知"立即就能够知道，一点都不会错。[14]182 良知，也称作良心。高尔基为其下了一个定义："良心就是共同商议好的理所当然的东西，也就是**人所共知**、大家一起通过的**规矩**。"尼采认为，良心使人知晓善恶；良心是使人具有**缔结契约**的能力。认识到自身责任，遵守约定，不背叛另一方，这都是良心在发挥效力。这个观点既简单又深刻。[69]185 **良知＝良心**，既是一种价值判断的标准，也是决策的准绳。

6.2.3　以德服人法则

孟子说："以力服人者，非心服也，力不赡也。以德服人者，中心悦而诚服也。"北宋范仲淹说："以德服人，天下欣戴，以力服人，天下怨望。"诸葛亮七擒孟获，接受马谡的建议，发布《南征教》说："用兵之道，攻心为上，攻城为下；心战为上，兵战为下。"

6.2.4　大爱无私法则

稻盛和夫作为公司的创业者，自己本可以获得最多的股份，但事实上他连一股都没有。[15]202—203 在日航重建过程中，他出任会长，不拿一分钱薪水，虽然快 80 岁，仍然全身心地投入重建工作。工作从原来打算的一周三天变成了四天、五天。他一周时间几乎都在东京的宾馆中度过，有时晚饭就吃两个饭团打发过去。[15]204 稻盛和夫讲："我不把只是守护好家庭，或者只要维护好我个人的那种小爱当使命，而是**要让更多的员工幸福，把这种大爱作为自己的使命**"。[15]207

6.2.5　有限德性法则

李鸿章认为："天下熙熙攘攘，皆为利耳，**我无利于人，谁肯助我**。董子'正其义不谋其利'语，立论太高。"[70]61 这里的董子，即董仲舒。李鸿章看透了人的**生物本性，不将人理想化**，董仲舒"立论太高"，就是将人理想化了。换句话说，正如人类的理性是有限的，**人类的德性也是有限的**。不要指望别人为你做得太多！

6.3　恶性与善性共同产生的决策法则

能屈能伸，方是大丈夫。美国作家菲茨杰拉德曾说："将自相矛盾的极端性格融为一体，游刃有余，毫无矛盾，具备这种能力的人也就是具备了**最高的智慧**。"例如，宽容与无情，利己与利他，强硬与示弱，自信与谦虚，**根据不同的场合运用自如**。如此恰如其分地运用矛盾两面的人，才真正具备最高的智慧。[71]32

6.3.1 惩恶扬善法则

惩是惩罚、责罚；扬是宣扬、奖励。惩罚坏人，奖励好人。古往今来，社会上都存在黑恶势力，聚众斗殴，抢男霸女，强买强卖，为非作歹，祸害老百姓，扰乱社会秩序，危害社会治安，甚至占山为王，与官方对抗。对于这些黑恶势力，必须严厉打击，并予以铲除。明正德年间，王阳明仅用一年多的时间，就平定了盘桓在闽粤赣湘四省边界山区数十年的众多寇贼匪患，确保了当地老百姓安居乐业。

6.3.2 克己奉公法则

北宋理学大师程颐，号伊川，强调"义利"之辨，说："义与利，只是个**公与私也**。"（《河南程氏遗书》卷十七）儒家所谓义利的区别，就是公私的分别。[72]189《泰戈尔评传》说："道德上的进步在于，意识**由利己转向利他**。"[73]243

稻盛和夫认为，以"只要自己好就行"这种赤裸裸的利己心待人处世，必然摩擦冲突不断，同时把自己逼入更坏的境地。努力摒弃这样的利己之心，从自身做起，**用关爱之心去对待周围的人和事**。[33]186 不论经营、政治或治学领域，"成功"不足为奇。成而不骄，谦虚律己，**生命不息，克己不止，方才为人杰**。[71]48

7 由道性决定的决策法则

道生一，一生二，二生三，三生万物。**道唯一，法无穷**。宇宙人性的 12 种性质演化出许多的决策法则。本文仅列举了一部分重要的法则，读者还可以衍生出更多的法则。这些法则既可以**单独**起作用，也可以在两极之间发生**相互**作用，还可以在多极之间发生**交互**作用。

7.1　人性两极之间的相互作用

稻盛和夫认为，人的本性具备两面性：既可以成为大慈大悲的佛，也可以成为穷凶极恶的魔。[63]29 弗朗西斯·斯科特·基·菲茨杰拉德是美国作家，他说："所谓一流的才智，就是心中同时拥有两种互相对立的思想，并且随时都能让两者正常地发挥各自的功能。"[74]119 稻盛和夫认为：经营者必须具备两极平衡的人格。[78]118 就是说，他必须兼备慎重和大胆，这既不是单纯的慎重，也不是单纯的大胆，又不意味着"中庸"。一个人的人格中往往兼备性质相反的两个极端，**根据场合不同，运用自如**。这就可称为具备均衡人格的经营者。[74]119

7.2　人性多极之间的交互作用

12 种性质力量形成多种交互作用。**这些交互作用的因素不一定具有同等的强度或起同样的作用**。这些交互作用的潜能，对于不同的个体和在不同的情境下，所发挥的作用也是有所不同的。人类的决策，在特定时间、特定环境中，是由 12 种性质力量中的**最强因素起着决定性的作用**。

7.3　决策法则之间的交互作用

12 种宇宙人性衍生出 57 条决策法则。这些法则如何应用，不同的人，在不同的情景、不同的心境下，应灵活运用，采取不同的决策。**其用法之妙，存乎一心**。其结果不外乎人生的四种境界。

7.4　人生的四种境界

冯友兰总结，人生的境界可分为四种：①自然境界；②功利境界；③道德境界；④天地境界。[72]17

自然境界：在此境界中的人，其决策是顺着他的才能或顺着他的习惯与社会风俗去做，既无明了的目的，也不明了所做的各种意义，比如小孩吃奶和原始人类的"日出而作，日落而息"都是属于自然境界，普通人的境界也是如此。

对照冯友兰的说法，这部分人是停留在**物质性、意识性、生物性和环境性**的层次。

功利境界：在此境界中的人，其决策是以追求个人利益为目的。对照冯友兰的说法，这部分人进入**社会性、民族性、情性与理性**的层次。

道德境界：在此境界中的人，其决策是行义的。所谓义与利，并非各不相关，二者表面相反，实则相辅相成。二者的真正区别，应该是**求个人之利者为利，求社会之利者为义**，亦即程伊川所说的"义与利之别，即公与私之别"。道德境界中的人，其所作为皆能为社会谋利益，古今贤人及英雄便是已达到道德境界的。

对照冯友兰的说法，这部分人已经进入**善性的境界**，由利己转化为利他的境界。

天地境界：在此境界中的人，其决策是事天的。换言之，我的身躯虽不过七尺，但精神充塞于天地之间，事业不仅贡献于社会，更能贡献于宇宙，而"与天地比寿，与日月同光"。唯**大圣大贤**乃能达到这个境界。

对照冯友兰的说法，这部分人已经进入**善性的最高境界**，乃大圣大贤的层次。梁启超说，中国几千年来也就出了两个"圣人"——孔子、王阳明。

以上四种境界，所需的知识程度不同。所需的知识程度高，则境界亦高；所需知识低，则境界亦低；故自然境界为最低，功利境界较高，道德境界更高，天地境界最高。

8 | 洞察人性，洞悉人心

8.1 道与术的辩证关系

人性为道，法则为术。研究宇宙人性的目的在于应用，解释人类的各种行为，预测人类的行为，制定解决问题的对策与策略。宇宙人性的 12 种性质是人性的本质结构，是属于"道"的层面的东西。由宇宙人性 12 种性质衍生出来的 57 种决策法则，是人性本性的自然显现，是属于"术"的层面的东西。

"道不离术，术不离道"，这是梁启超在《儒家哲学：国学要籍研读法四种》中提出的一个重要观点。

道是什么？道的本质是什么、为什么。"是什么"是定义，"为什么"是目的。康德说过："无论是对你自己还是对其他任何人，在任何情况中，**都要把人性当作目的，永远不要将它仅仅当作手段**。"因此，**人性就是道，道就是人性**。

曹操的用人之道就是八个字——**洞察人性，洞悉人心**。[75]115 为什么？因为曹操要夺取天下！

我认为，**洞察人性，要从性格上去分析；洞悉人心，要从心理上去分析**。这是我感悟最深、最重要的一句话。

性格分析时要抓住主要性格，这是**荀彧**所用的方法。他说，田丰刚而犯上，许攸贪而不智，审配专而无谋，逢纪果而无用。心理分析是**读心术**，要识破对方是怎么想的。

术是什么？术的本质是做什么？怎么做？曹操的用人之术可以八句话来概括：①真心实意，以情感人；②推心置腹，以诚待人；③开诚布公，以理服人；④言行一致，以信取人；⑤令行禁止，以法制人；⑥设身处地，以宽容人；⑦扬人责己，以功归人；⑧论功行赏，以奖励人。[75]115

道与术的关系。道是什么？为什么？它是关于**原理的问题、战略的问题**。术是做什么？怎么做？它是关于**方法的问题、战术的问题**。道唯一，以道驭法。法无穷，万法归宗。术会因人、因时、因地不同而不同，最终还是要回到道的。

道与术的关系不是绝对的，它们可以**相互转换**。也就是说，道也可以转化成术，术也可以转化为"道"。**大道理管小道理**，下一个层次的道，是上一个层次的术。最典型的例子是**高科技**，过去是战术层面的东西，现在已经转化为战略层面的东西了。

8.2 博弈要利用人性之弱点

晋献公"**假途伐虢**"。

晋献公和荀息商议："我想攻打虞国，而虢国一定会出兵救援；攻打虢国，则虞国也会救援，该怎么办才好？"

荀息说："**虞公生性贪婪**，请您用名马和宝玉为诱饵，向虞公借路攻打虢国。"

献公说："宫之奇在，一定会劝谏虞公。"

荀息说："宫之奇的为人，内心明达而**性格较柔弱**，又是虞公从**小养大的**。宫之奇内心明达，但说话只提纲领，不够详细；个性柔弱，而不能强谏；又为虞公一手养大，**虞公会轻视他**。宝物珍玩摆在眼前，祸患则远在虢国灭亡之后，这样的危机只有才智中上的人才会想到，微臣猜想虞公是个才智中下的君王。"

晋国使者一到虞国，宫之奇果然劝谏虞公说："俗语说：'唇亡则齿寒。'虞、虢互相保障，是关系两国的存亡问题。晋国今天灭了虢国，明天虞国也会跟着灭亡。"

虞公不听，终于借路给晋，**晋灭了虢国**，回来攻打虞国，虞公只好投降。

这是人性决策的一个很好范例。成败在人性之较量。晋献公的目的是灭掉虞国和虢国，问计于荀息。荀息对虞国君臣的**人性、才智的分析**及其互动结果的预判有如神助。虞国的国君才智中下，贪图眼前的利益，根本不顾及远期的危险。虞国的大臣宫之奇有智，但性格懦弱，不敢强谏来坚持自己的观点。

虞国的君臣关系：虞国的君主不会重视宫之奇的意见，不会采纳宫之奇的意见。互动的结果是昏君说了算。

荀息利用虞国君臣人性的弱点，据此为晋献公制定了"假途伐虢"的决策，取得成功。[16]342

8.3　取胜要运用根植于人性的客观法则

以己度人的人性化决策。马克思断言："了解自己本身，使自己成为衡量一切生活关系的尺度，按照自己的本质去估价这些关系，真正依照人的方式，根据自己的本性的需要来安排世界。"[76]23 以己度人的人性化决策就是一种"将心比心"的决策方式。

唐太宗释放宫女回归民间。唐太宗夺得皇位之后，由于多年的战乱，人口锐减，生产力严重下降。为了解决人口的问题，他释放3000 宫女回归民间。这既解决了战乱导致人口下降的问题，也满足了人性的需求——性生活的要求和繁衍后代的要求。这在古代帝王中是十分少见的决策。这是唐太宗人性之光的智慧。

运用人性客观法则的决策。政治现实主义者认为，像社会的一般现象一样，政治受到根植于人性的客观法则的支配。为了改善社会，我们首先必须理解社会赖以生存的法则。政治法则的根源是人性，这些法则不受人们偏好的左右而起作用，人们若向它们挑战，就要冒失败的危险。[35]28 运用人性的客观法则来作为一种决策的工具。

从母爱天性判别真假母亲。两个妇人争夺一个孩子，让所罗门王来裁决。所罗门王说："既然你们都说，孩子是自己的，然而你们均没有足够的证据证明孩子确实是自己的。那么就将孩子劈成两半，你们一人一半，这样不就公平了？"

所罗门的话是严肃的。此时，所罗门的手下正要执行所罗门王的命令。其中一个妇人同意这个分法，认为所罗门王英明；而另一个妇人大哭，说："亲爱的所罗门王，我不要孩子了。整个孩子归她吧。"

此时，所罗门王对大哭的妇人说："你才是孩子的母亲。母亲是爱孩子的，宁愿不要孩子，也不要孩子死啊。"

所罗门王命令手下把那个假母亲抓了起来，重重惩罚。[77]133

这是人性决策的案例：**母爱是人之天性**，真假母亲在对待孩子死亡的态度上露出了真相。这就是所罗门王运用人性法则的智慧决策。

王阴阳洞察人性，对待犯人区别。王阳明认为良知人皆有之，启发、开发他人之良知，能去恶从善，改邪归正者，从宽处理；反之，则格杀勿论。他审滚刀肉型的犯人时，先让他脱去上衣，犯人脱了；再让脱去内衣，犯人也脱了；再让脱掉裤衩，犯人不脱了。由此可知，该犯人尚有羞耻之心，可从宽处理；对于个别的贼头，例如池仲容，良知已经完全泯灭，只有杀之；对于个别有才干的贼头，例如谢志珊，对社会的危害性更大，也只有杀之。这就是王阳明运用人性法则的智慧决策。

●●● 成功哲言：人性法则

人们普遍认为**性格决定成败**，人有许多种性格，到底是哪种性格决定成败？答案只能说是处于"**主导地位**"的性格。性格与性格之间是相互作用的，那么其他性格的作用呢？实际上，其他性格也在起作用，只不过是"某种性格"的作用占据了上风。因此，性格决定成败的本质是**人格决定成败**。那么人格的本质是什么？是人性！所以，一切成败的根源是宇宙人性，是人性之间的较量，是人心之间的博弈，其背后隐藏的是人性决策法则。

总而言之，人与人之间的较量，以长取胜，因短致败，天下一理。或以道胜，或以德胜，或以情胜，或以力胜，或以智胜，或以法胜，这些都是人性之光，可以照亮前进中的黑暗，从胜利走向胜利。

参考文献

[1] 唐浩明 . 唐浩明文集 · 曾国藩（中）[M]. 北京：人民文学出版社，2002.

[2] 奥勒留 . 沉思录 [M]. 梁实秋，译 . 南京：江苏文艺出版社，2008.

[3] E. 拉兹洛 . 用系统论的观点看世界 [M]. 闵家胤，译 . 北京：中国社会科学出版社，1985.

[4] 马骏 . 为将之道 [M]. 北京：中国青年出版社，2006.

[5] 郭树勇 . 战略与探索 [M]. 北京：世界知识出版社，2008.

[6] 丹尼斯 · 库恩，约翰 · O. 米特勒 . 心理学导论：思想与决策的认识之路（第 11 版）[M]. 郑钢，等，译 . 北京：中国轻工业出版社，2007.

[7] 郭树勇 . 战略演讲录 [M]. 北京：北京大学出版社，2006.

[8] 稻盛和夫 . 心法之贰：燃烧的斗魂 [M]. 曹岫云，译 . 北京：东方出版社，2014.

[9] 奥里森 · 马登 . 思考与成功：对自己进行投资　正确思考的奇迹 [M]. 北京：中国档案出版社，2000.

[10] 恩斯特 · 马赫 . 认识与谬误：探究心理学论纲 [M]. 李醒民，译 . 北京：商务印书馆，2010.

[11] 彼得 · 德鲁克，约瑟夫 · 马恰列洛 . 德鲁克日志 [M]. 蒋旭峰，王珊珊，译 . 上海：上海译文出版社，2006.

[12] 冈田武彦 . 王阳明大传（中）[M]. 重庆：重庆出版社，2015.

[13] 郦波 . 五百年来王阳明 [M]. 上海：上海人民出版社，2017.

[14] 董平 . 传奇王阳明 [M]. 北京：商务印书馆，2011.

[15] 稻盛和夫 . 干法 [M]. 曹岫云，译 . 北京：机械工业出版社，2015.

[16] 常载厚 . 领导者必备：鉴识人才的智慧与方法 [M]. 北京：中国华侨出版社，2000.

[17] 戴尔·卡耐基 . 人性的优点 [M]. 高望，译 . 北京：中华书局，2016.

[18] 沃伦·本尼斯 . 成为领导者（纪念版）[M]. 徐中，姜文波，译 . 杭州：浙江人民出版社，2016.

[19] 歌德·吉仁泽 . 成败就在刹那间 [M]. 北京：中国人民大学出版社，2009.

[20] 奥里森·马登 . 成功学原理（第 2 版）[M]. 北京：中国发展出版社，2004.

[21] 拿破仑·希尔，克里曼特·斯通 . 人人都能成功 [M]. 李润生，李海宁，译 . 武汉：湖北人民出版社，1988.

[22] 盖伊·黑尔 . 领导者之剑 [M]. 杜豪，等，编译 . 北京：机械工业出版社，2006.

[23] 塞缪尔·斯迈尔斯 . 品格的力量 [M]. 王正斌，秦传安，译 . 北京：中央编译出版社，2007.

[24] 左宗棠 . 左宗棠傲经 [M]. 马道宗，解译 . 北京：台海出版社，2003.

[25] 房秀文 . 兵商如铁 [M]. 北京：人民出版社，2007.

[26] 塞缪尔·R. 韦尔斯 . 观人学 [M]. 王德伦，译 . 北京：中国商业出版社，2005.

[27] 范毅然 . 洛克菲勒写给儿子的 38 封信 [M]. 长春：吉林文史出版社，2019.

[28] 洛克 . 政府论 [M]. 杨思派，译 . 北京：九州出版社，2007.

[29] 唐晋. 大国崛起 [M]. 北京：人民出版社，2006.

[30] 林乾. 曾国藩用人智慧全鉴 [M]. 长沙：湖南文艺出版社，2011.

[31] 钱穆. 人生十论 [M]. 桂林：广西师范大学出版社，2004.

[32] 李双璧，陈常锦，于民雄. 处世箴言：中华大智慧 [M]. 贵阳：贵州人民出版社，1994.

[33] 稻盛和夫. 思维方式 [M]. 曹寓刚，译. 北京：东方出版社，2018.

[34] 万丽华，蓝旭，译注. 孟子 [M]. 北京：中华书局，2016.

[35] 汉斯·摩根索. 国家间政治：权力斗争与和平（第 7 版）[M]. 徐昕，郝望，李保平，译. 北京：北京大学出版社，2006.

[36] 梁启超. 梁启超论中国文化史 [M]. 北京：商务印书馆，2017.

[37] 威尔逊. 知识大融通：21 世纪的科学与人文 [M]. 梁锦塑，译. 北京：中信出版社，2015.

[38] 傅佩荣. 哲学与人生 [M]. 北京：东方出版社，2006.

[39] 约翰·阿代尔. 沟通与表达 [M]. 陈雪娟，译. 北京：机械工业出版社，2006.

[40] 稻盛和夫著. 心法之肆：提高心性　拓展经营 [M]. 北京：东方出版社，2016.

[41] 杰克·韦尔奇，苏茜·韦尔奇. 赢 [M]. 余江，玉书，译. 北京：中信出版社，2005.

[42] 山芳雄. 培养部下的 100 条铁则 [M]. 涂珊，译. 北京：东方出版社，2006.

[43] 格林，艾尔弗斯. 战争的 33 条战略 [M]. 邓继好，周小进，译. 上海：东方出版中心，2007.

[44] 诺埃尔·蒂奇，沃伦·本尼斯合.决断 [M].姜文波，译.北京：中国人民大学出版社，2008.

[45] 雨果·梅西耶，丹·斯珀伯.理性之谜 [M].张慧玉，刘雨婷，徐开，译.北京：中信出版社，2019.

[46] 尼尔·布朗，斯图尔特·基利.学会提问（第 11 版）[M].吴礼敬，译.北京：机械工业出版社，2019.

[47] 胖宇骞，王建宇，牟虹，等，译注.孙子兵法 孙膑兵法 [M].北京：中华书局，2006.

[48] 徐自军.古代兵法名句赏析 [M].长春：吉林摄影出版社，2003.

[49] 姬广亮.思维导图高效工作法 [M].北京：中信出版集团，2020.

[50] 金正男.只为完美：乔布斯撼动世界的创想力 [M].千太阳，译.北京：中信出版社，2012.

[51] 王永生.创新方略论 [M].北京：人民出版社，2002.

[52] 胡泳.张瑞敏谈管理 [M].杭州：浙江人民出版社，2007.

[53] 叶修.深度思维 [M].成都：天地出版社，2018.

[54] 彼得·德鲁克.管理的实践 [M].齐若兰，译.北京：机械工业出版社，2006.

[55] 彼得·德鲁克.21 世纪的管理挑战 [M].朱雁斌，译.北京：机械工业出版社，2006.

[56] 苗东升.系统科学大学讲稿 [M].北京：中国人民大学出版社，2007.

[57] 托马斯·L.萨蒂.创造性思维：问题处理与科学决策 [M].石勇，李兴森，译.北京：机械工业出版社，2016.

[58] 路杰.决策：定战略的胆与识 [M].北京：中国发展出版社，2007.

[59] 阳知行 . 墨菲定律 [M]. 北京：中国商业出版社，2017..

[60] 彼得·德鲁克 . 管理：使命、责任、实务（责任篇）[M]. 王永贵，译 . 北京：机械工业出版社，2006.

[61] 拿破仑·希尔，克里曼特·斯通 . 积极心态带来成功 [M]. 明武，译 . 北京：中信出版社，2011.

[62] 约翰·奥基夫 . 打破管理常规 [M]. 齐家才，等，译 . 北京：中国社会科学出版社，2005：

[63] 稻盛和夫 . 心法：稻盛和夫的哲学 [M]. 曹岫云，译 . 北京：东方出版社，2014.

[64] 斯坦金 . 拿破仑·希尔成功金言录 [M]. 呼伦贝尔：内蒙古文化出版社，2002.

[65] 卢达·科佩金娜 . 每一次都做对决策 [M]. 李莹，译 . 北京：机械工业出版社，2006.

[66] 威尔逊 . 论人性 [M]. 方展画，周丹，译 . 杭州：浙江教育出版社，2001.

[67] 乙力 . 中国古代名言警句 [M]. 兰州：兰州大学出版社，2004.

[68] 吴兢 . 贞观政要译注 [M]. 裴汝城，王义耀 . 上海：上海古籍出版社，2006.

[69] 平原卓 . 一本书读懂 50 部哲学经典 [M]. 吕雅琼，译 . 北京：现代出版社，2020.

[70] 李鸿章 . 李鸿章圆经 [M]. 马道宗，解译 . 北京：台海出版社，2003.

[71] 稻盛和夫 . 活法叁：寻找你自己的人生王道 [M]：蔡越先，译 . 北京：东方出版社，2009.

[72] 冯友兰 . 活出人生的意义 [M]. 北京：中国友谊出版公司，2017.

[73] 曼松 . 世界文豪妙语精选 [M]. 西宁：青海人民出版社，1994.

[74] 稻盛和夫 . 活法贰：成功激情 [M]. 曹岫云，译 . 北京：东方出版社，2016.

[75] 易中天 . 品三国（上）[M]. 上海：上海文艺出版社，2006.

[76] 史宪文，丛大川 . 自控术 [M]. 延吉：延边大学出版社，1989.

[77] 潘天群 . 博弈思维：逻辑使你决策致胜 [M]. 北京：北京大学出版社，2005.

治学：求知识于古今中外

如何做学问？**很重要的一点就是读书。**日本在明治维新时期提出一个口号——"**求知识于世界**"，那是由于日本当时的文化历史限制。然而，我们中华民族有 5000 多年的文明史，有居世界第一的文化宝藏，有取之不尽的知识资源。但是，我们也不能故步自封，夜郎自大，而要放眼全世界，学习全人类的知识。因此，我认为，"**求知识于古今中外**"。

关于如何读书，古今中外有非常多的文献涉及。我综合前人的观点，并结合自己的认知，认为读书涵盖以下几个重要方面：

第一，要立志，立大志。诸葛亮云："非学无以广才，非志无以成学。"郑晓讲："大志非才不就，大才非学不成。"因此，学不成主要是因为志不大、志不坚。一旦你立大志、下定决心，就会勤学苦练，就能持之以恒。毛泽东说："我们要振作精神，下苦功学习。'下苦功'三个字，一个叫'下'，一个叫'苦'，一个叫'功'，一定要振作精神，下苦功。"曹端更形象地说："**苦苦苦，不苦如何通古今？**"

第二，要端正读书的态度。做任何事情，**态度决定一切**，读书也是如此。朱熹曰："读书有'三到'，谓心到、眼到、口到。心不在此，则眼不看仔细，心眼既不专一，却只漫浪诵读，决不能记，记亦不能久也。三到之中，心到最急。心既到矣，眼口岂不到乎？"

我认为，在朱熹的"三到"基础上，应该再加上"两到"——脑到和手到，合为"五到"。心到是专注与专心，眼到是细看与多看，口到是默读与朗读，脑到是思考与记忆，手到是动笔与记录。贝弗里奇特别强调，要将稍纵即逝的想法、念头或灵感及时记录下来。他说："新想法常常瞬息即逝，必须努力集中注意，牢记在心，方能捕获。一个普遍使用的好方法是**养成随身携带纸笔的习惯**，记下闪过脑际的有独到之见的念头。"

●●● 成功哲言：读书五到

读书，要有"五到"：心到、眼到、口到、脑到和手到。心到是专注与专心，眼到是细看与多看，口到是默读与朗读，脑到是思考与记忆，手到是动笔与记录。要养成随身携带纸笔的习惯，记下稍纵即逝的灵感。

第三，要掌握博约互变的规律。培根说："读史使人明智，读诗使人灵秀，数学使人周密，科学使人深刻，伦理学使人庄重，逻辑修辞之学使人善辩，凡有所学，皆成性格。"

夏衍曾说："每个科学家、文学家、艺术家在他们成'家'之前，绝无例外地都在文、史、哲、数、理、化等方面经过艰苦的努力，打下了坚实的基础。"[1][19]博是基础，约是专业。博不是包罗万象，约不是钻牛角尖。对于专业人士来讲，你选择一个研究方向时，先博后约；在选定专业并研究一段时间后，需要再博。

夏承焘说："选定主攻目标，以期学有专长。**由专向博是很自然的。**比如研究杜甫的诗，必须先读唐诗，读李白、白居易诗，读全唐诗、宋诗……如此辗转增益，自然成博。**非博不能成专**，专的要求，又促使他非博不可。"

关于博与约的关系，我有三句话："**先成专家，后成杂家，综成大家。**"非博无以成专，非专无以成家。非宽无以成塔，非高无以成尖。不读百家之书，难成一家之言。

• • •　成功哲言：成才之路

> 成家三步骤，先成专家，后成杂家，综成大家。非博无以成专，非专无以成家。非宽无以成塔，非高无以成尖。不读百家之书，难成一家之言。

第四，**要掌握高效读书的方法**。不管做任何事，掌握正确的方法，可以达到事半功倍的效果。关于读书，我有三句话："**好读书，读好书，读书好。**"好读书是一种习惯，习惯造就性格。培根说："凡有所学，皆成性格。"养成习惯后，倘若一天不看书，一时不看书，你就感觉难受，就感觉心里空荡荡的，这就说明读书已经成为你生活中必不可少的一部分。

"读好书"，就是选择性地读书，漫看是无益的。"读书好"是读书的结果，但什么是"读好"的标准呢？第一，是数量。没有数量就没有质量，因此，一定要读够一定数量的书，甚至是**海量的读书**。第二，是质量。"读好"，不单看你读书的数量，更要看你读书的质量。如何提高读书的质量，**需要掌握一些技巧**。那么，从哪里可以获得读书的技巧呢？

第一，**读专著**。许多专著，例如莫提默·丁·艾德勒与查尔斯·范多伦合著的《如何读一本书》，就专门介绍了读书的方法。这本书我仔细读过，受益匪浅。读者不妨试读，切身体会，就会知道它蕴含的价值。《礼记》用最简洁的语言，概括了读书的方法和读书的目的。"**博学之，审问之，慎思之，明辨之，笃行之。**"

第二，**向专家学习**。许许多多的名人、学者，都有自己的读书经验之谈，这是他们的精华，也是我们学习如何高效读书的宝贵财富。

第三，**要有批判的眼光**。孟子说："尽信书，不如无书。"邓拓说："读书要用批判的眼光，要**取其精华，去其糟粕**。"贝弗里奇说："读书，要挑选出有特别意义的部分。"爱因斯坦说："找出可以把自己引到深处的东西，把其他一切统统地抛掉。"鲁迅的经验是"用笔记本，一方面把重要的记下来，另一方面，某些地方我不同意书里的讲法，可以写上一段自己的看法，表达自己的意思"。摘抄、批注不仅有利于积累资料，还有助于记忆。正如胡道静所讲："手抄一遍，胜读十遍。"

上面这些名人的做法，吴晗将其概括为："读书是学习，摘抄是整理，写作是创造。"贝弗里奇还指出："在无须细读的时候，学会略读的技巧是很有帮助的。正确的略读可使人用很少的时间接触大量的文献。"因此，我们要学会精读、略读、攻读、对照读的方法，掌握这几种方法交互运用的技巧。

第四，积累经验。大家不要忘记毛泽东主席的教诲："读书是学习，使用也是学习，而且是更重要的学习。"我们在不断读书的过程中，不仅运用别人的技巧，而且也一定会形成和发挥自己特有的技巧，并充分发挥它的优势。

第五，读书要把自己融进去。吕祖谦说过："观史如身在其中，见事之利害，时之祸患，必掩卷自思，使我遇此等事，当作何处之？如此观史，学问亦可以进，知识亦可以高，方为有益。"这就是读书要深入，要把自己融进去。一方面，自己与作者进行无声的交流；另一方面，要根据自己的经验，判断作者的观点是否正确，**哪些是精华，哪些是糟粕**，进行取舍！同时，横向、纵向地联想，参照其他作者的观点，比较异同。你积累的知识越多，记忆的知识就越牢靠，产生的联想也就越多。**共性的是"真理""矛盾"的存疑**。你可以通过丰富的想象将中间缺失的环节弥补起来，将不同的"道理"连起来，将"矛盾"的观点整合起来，形成符合逻辑思维的知识体系。这样，虽然你读的是别人的书，但形成的是自己的思想。

第六，要勤思、善思、深思。著名哲学家康德的墓志铭上写道："**重要的不是给予思想，而是给予思维。**"这与"授人以鱼，不如授人以渔"的道理是一样的。这两种不同的表述有着异曲同工之妙，关键在于你如何进行思考。思考的力量远胜于思想的力量，因为思想是思考的产物。思想是别人思考的结果，是过去完成时，是死的知识；而思考是现在进行时，其结果是活的思想。

● ● ● 成功哲言：思考胜于思想

　　思考的力量远胜于思想的力量，因为思想是思考的产物。思想是

> 别人思考的结果，是过去完成时，是死的知识；而思考是现在进行时，其结果是活的思想。

什么是勤思呢？ 就是多思考，反复思考。夏衍说："任何一个人的任何一点成就，都是从勤学、勤思、勤问中得来的。"爱因斯坦说："学习知识要善于思考，思考，再思考。我就是靠这个方法成为科学家的。"他又说："我要反复思考好几个月；有 99 次结论都是错误的，可是第 100 次我对了。"牛顿说："我是如何发现万有引力的呢？因为我天天都在思考它。"

什么是善思呢？ 善思就是要注意思考的方式方法。

首先，是思考的方向。 拿破仑·希尔说过："没有正确的思考，是不会成就这些伟大的事情的。如果你不学习正确的思考，是绝对成就不了杰出的事情的。"

其次，是思维的方式。 诺贝尔物理学奖获得者艾伯特凡·斯·赛特格罗依曾说："发明过程包含了与别人看一件相同的事，却能以不同的方式思考。"诺贝尔化学奖获得者朱棣文说："一个人要想取得成功，最重要的一点就是要学会用与别人不同的思维方式、别人忽略的思维方式来思考问题。"

再次，注意思维的细节。 正如牛顿所讲的："我的成就，当归功于精微的思索。"

什么是深思呢？ 深思就是多问几个为什么！北宋程颐曾说："不深思则不能造其学。"深思是做学问的必修课。怎样的思考才算是深思呢？我们应注重以下三种技巧：

其一，养成独立思考、独立分析、独立判断的习惯。 爱因斯坦说过："发展独立思考和独立判断的一般能力，应当始终放在首位。"他又说："如果一个人掌握了他的学科的基础理论，并且学会了独立思考和工作，他必定会找到他自己的道路。"只有独立思考、独立分析、独立判断，你才会具有独创精神。

我国著名数学家华罗庚曾说："独立思考能力对于从事科学研究或其他任

何工作，都是十分必要的。在历史上，任何科学上的重大发明创造，都是由于发明者充分发挥了这种独创精神。"

爱因斯坦也强调独立思考、独立判断是独创的必要条件，他说："要是没有能独立思考和独立判断的有创造能力的个人，社会的向上发展就不可想象。"

其二，**学会提出正确的问题**。普列汉诺夫曾说："有教养的头脑的第一个标志就是**善于提问**。"爱因斯坦说："提出一个问题往往比解决一个问题更为重要，因为解决一个问题也许只是一个数学或实验的技巧问题。而提出新的问题、新的可能性，从新的角度去看旧问题，却需要创造性的想象力，而且标志着科学的真正进步。"

但是，提出问题并不是一件轻而易举的事。我们经常发现这样一种现象，科研工作者在选题时，学者在学术会议上，或医生在临床病例讨论会上，经常是**没有问题，提不出问题**。为什么？其根源何在？这是因为他们没有**开动脑筋思考**，没有提出问题的追求。

"**不思，故无惑；不求，故无得**。"因此，人们要想提出问题，必须开动脑筋，用心思考，要向巴尔扎克学习，"逢事都问个为什么"，要向孔子学习，"进家庙，每事问"。我们在学会提出问题的基础上，还要进一步学会**提出正确的问题，提出聪明的问题**。正如陶行知所说："智者问得巧。"培根也说："聪明地提问就是一半的真理。"

其三，**多问几个为什么**。我们不仅要学会提出问题，而且还要多提问题，多提几个为什么。就像爱因斯坦那样"刨根问底地追究问题"。他谦虚地说："我没有什么特别的才能，不过喜欢刨根问底地追究问题罢了。"日本丰田公司为了改进产品质量，对一个问题会连续追问五个为什么。

成功哲言：问题导向

> 科学始于问题，学问始于疑惑。不思故无惑，多思故多疑。思考贵独，要有独立思考，独立判断，独到见解，独创想法。破疑即是悟，解惑即是通。既悟又通，则融会贯通矣。

第七，要转识成智。智慧胜于知识，这是法国帕斯卡尔的一句名言。如何将知识转化成智慧？我总结了六个方法：

其一，**好学近乎智**。这是《中庸》里的一句话。你看这个"智"字，上面是知识的"知"，下面是"日子"的"日"。意思就是说：你每天学一点，久久为功，就会拥有智慧。

其二，**善于运用知识**。英国查尔斯·斯珀吉翁讲："所谓智慧，是指知识运用得当。"亚里士多德也说："智慧不仅存在于知识之中，而且还存在于运用知识的能力中。"就是说，即使你有了知识，还得学会运用它，运用知识的过程就是产生智慧的过程。培根的名言"知识就是力量"，这句话不够准确，应该说，知识只有应用才会产生力量。这种力量就是智慧的力量。

其三，**敢想出智慧**。克劳塞维茨在《战争论》一书中说："勇敢可以替理智和见识添翼。"也就是说，敢想出智慧。

其四，**静思出智慧**。歌德说："宁静中自见智慧。"弗洛伊德说："冷静思考的能力，是一切智慧的开端。"这就告诉我们冷静下来思考，你就会产生智慧。**要将问题、目标和手段联系起来思考**，其中，手段和计划就是智慧。

其五，**决心出智慧**。雨果讲："最大的决心会产生最高的智慧。"只要你下定决心去思考某一个问题，想解决某一个问题，你就会产生智慧。因为人是逼出来的。有时，你把自己逼到绝路，就会"**急中生智**"。

其六，**提问出智慧**。汉代刘向说过："讯问者，智之本；**思虑者，智之道也**。"巴尔扎克说过："打开一切科学的钥匙都毫无异议地是问号，我们大部分的伟大发现都应当归功于'问号'，而生活的智慧大概就在于逢事都问个为什么。"培根也说："聪明地提问就是一半的真理。"由此可见，提问是通向智慧的敲门砖。

以上这六条，既是转识成智的方法，也是产生思想的方法。

●●● 成功哲言：生智之道

知识是死的，智慧是活的。因此，智慧胜于知识。要将知识转化为智慧，其必由之路是实践，其必经之道是思虑。思其成，虑其败，何能败之？曰志气，曰决心，曰意志，曰毅力，缺一不可成也！

第八，要融会贯通。书读得再多，积累的资料再多，若不进行分类、归纳、整理，就像一盘散沙、一堆砖瓦，尤其是积累了海量的资料之后更是如此。若没有正确的思维方法和工作方法，你会感到头晕目眩，一头雾水。那么，如何整理海量的资料呢？

第一步是取舍。正如奥斯本所说："读书可以获得知识，**思考才能去粗存精**。"毛泽东主席讲得更为详细，他说："**去粗取精、去伪存真、由此及彼、由表及里**的改造制作功夫。"爱因斯坦说得更干脆："找出可以把自己引到深处的东西，把其他一切统统地抛掉。"这就是说，对于资料，我们要有敏锐的眼光，要有取舍的智慧。

取舍的过程其实就是一个消化的过程。举例说明，一个人将**一块猪肉吃进**嘴里，先经过咀嚼嚼碎，将大块变成小块后，食物进入胃肠道；在胃肠道内，经过多种消化酶的作用，肉被进一步破碎，将**复杂的大分子变成简单的小分子**，被肠道吸收进入血液，经过血液输送给全身的器官。剩下的废物经大、小便排泄掉。不管你吃的是什么肉，最后都变成了可以利用的"小分子"，不能利用的就是废物，就是糟粕，统统排泄掉。这个例子充分证明爱因斯坦的话是对的，**有用的全部留下，没用的统统扔掉。**

第二步是分类。达尔文说："科学就是整理事实，从中发现规律，做出结论。"唐浩明说：书读多了，脑子里的知识多了，就必须予以**分类整理**，才能够使学问清晰，有条理，为自己所用。将资料分门别类后，它们形成一些"块块"，我们要对每一"块块"资料都赋予意义（即概念、功能、作用）。这是理论建构的必经之路。

第三步是悟通。洛克说："**读书只能供给知识的材料，如要融会贯通，应**

靠思索之力。"思考的目的是解决知识之间的矛盾与壁垒。明代李贽曾说："破疑即是悟。"明末清初大儒陆世仪给出破疑的三步骤，即学、思、悟。他从正反两方面阐述其中的道理，说："学者所以求悟也"，就是说做学问的人都想进入悟的境界；但"不学则无可思"，意思是说，你不学习就没有思考的资料；大凡你思考的材料都是缘于学习，故"思处皆缘于学"；你不思考是不会想明白的，故"不想无由得悟"；你悟到的地方都是来自思考，故"悟处皆出于思"；最终，你想通了，悟出了其中的道理，此时"悟者思而得通也"。

取舍、分类、悟通是融会贯通的三大步，学、思、悟是融会贯通的三小步，这样，你就会在思想认识上达到融会贯通的境界。此时，虽然其中的许多知识是来自众多的作者，但这些只是你思想大厦的砖瓦而已。正如亚当所说的："思想最深沉的人，总是从别人的想法中采撷适合自己的东西，然后使之脱胎换骨。"这个脱胎换骨的过程就是消化、吸收、重组、重构的过程。收集、消化、吸收就像一个人吃肉的前半个过程，不管吃的是什么肉，猪、牛、羊、鸡、鸭、鱼最后都变成了"小分子"，经过人体各种酶的合成作用，重组、重构为人体自己的"肉"。换用另一句话总结，就是吃的是外来的肉，长的是自己的肉。有的学者将这个过程通俗易懂地比作蜜蜂采得百花酿成蜜。说法虽然不同，道理却是一致的。

第九，要有自己的学术著作。曾国藩说过："读书之法，看、读、写、作，四者每日不可缺一。"吴晗说得好："读书是学习，摘抄是整理，写作是创造。"写作是创造的过程，也是再读书的过程、再学习的过程、再提高的过程。论著是对你读书的最高奖赏，也是你学术造诣的一个重要标志。

钮先钟先生认为，在思想、计划、行动三个层次之中，以思想的境界最高，最具有抽象性和总体性的意识。思想不是科学而是艺术，甚至还会深入哲学境界。思想是创造性思考的结果，对于创造（creation）思考，钮先钟提出"3R"和"3I"的方法。[2]98

所谓"3R"，是指修正（Revising）、重组（Recombination）和再排（Reordering）。由于三者的英文都以"R"为首，故简称为"3R"。

所谓"3I",是指整合（Integration）、想象（Imagination）、创新（Innovation）。这三者的英文都以"I"为首，所以简称为"3I"。

钮先钟指出：**战略思想要真正具有创造性**，必须首先经常采取"3R"的方法来不断地反思已有的思想遗产，然后再经由"3I"的步骤，以达到推陈出新的目的。

我非常赞成钮先钟战略大师非凡的创意和简洁易记的概括。但思想创造的**流程**，不是机械地由"3R"至"3I"，而是需要进行一些调整。我的做法是：

修正—重选—联想—想象—创新—重组—推理—重排—重构—整合。

例如，我写本书，已阅读了 100 多本书，做了成千上万的**文献摘要**，就像人体消化吸收形成的许许多多的"小分子"一样。对于这些海量的资料，我的**第一步是修正**，进行批判性的取舍，即重选。**第二步是联想、想象**，结合自己的经验和感悟，创造性地形成自己的思想——**成功大公式**。我通过对成功大公式的演算，告诉读者成功之道的一些**原则、原理和哲学**。第三步是利用资料来充实、推理、论证这些原理的正确性。随后，对资料进行**重排、重组、重构**，并完成整合。我根据自己对 7 个音符、26 个英语字母和 103 种化学元素的观察与研究，归纳出重排、重组、重构是创新的普遍规律。这样，整合出来的思想就是创造性的新思想，是用自己的语言写出来的，反映我的逻辑体系的，当然也是我自己的思想，这样就实现了读百家之书、成一家之言的目的。

参考文献

[1] 袁世全 . 名言警句辞典 [M]. 成都：四川辞书出版社，2002.

[2] 钮先钟 . 战略研究 [M]. 桂林：广西师范大学出版社，2003.

知识大整合的六种方法

2010 年 3 月，我在科际整合（Interdisciplinary）概念的基础上，提出**科际大整合的新概念**。当时，我写了一篇文章，题目是《外科决策科际大整合》。从题目就可以看出，我写这篇文章的目的是提升外科决策的水平。

科际大整合（multiple Interdisciplinary），不只限于两门学科之间、多门学科之间**相关内容的整合**，而是扩大到看似**无关却有关甚至是相互对立的学科**之间进行整合，故而在整合之前加了一个"**大**"字。不仅如此，我们还要将哲学也整合进来，将整合的结果上升到哲学境界。

科际大整合的本质是知识的大整合。知识涵盖的范围大于"科际"，古今中外几千年的所有知识都在整合的范围，人们都可以从中汲取有用的养分。这种整合提炼了古今中外最先进的思想，包含了无数**政治家、军事家、思想家、谋略家、哲学家、企业家、医学家、艺术家的思维方法、思想和智慧**，整合成"思想的结晶""智慧的瑰宝"，成为指导我们言行的指南针。因此，科际大整合的概念就演变为"**知识大整合**"。

美国彼得·德鲁克指出："现在我们组织知识以及求知，更多的是以实际应用为中心，而不是像从前一样以学科为中心。在世界各地，**跨学科的工作正与日俱增**。"[1]37 马骏认为："**心智决定视野，视野决定格局，格局决定命运，**

命运决定未来"，这是当代世界著名思想家，一代管理学宗师彼得·德鲁克一生的最佳写照。[2]139

白圭是知识大整合的先驱。白圭，出生于战国时期，以善于经营、贱买贵卖而著名。白圭自称："吾治生产，犹伊尹、吕尚之谋，孙、吴用兵，商鞅任法是也。"

曾国藩是知识大整合的践行者。他不是穷守一经的陋儒，不仅对儒学各门各派著作广求博览、兼收并蓄，力图集各家之长，自成一代"通儒"，而且对诸子百家亦主张兼师并用，吸收各家之长杂糅一体。他既不算是一个纯粹的理学家，也不算是纯粹的儒学家，而是一个集理学文化之大成的杂家。[3]4 他将《礼书纲目》《五礼通考》《汉学商兑》等观点截然不同、立场水火不容的著作掺和一起来读。[3]282 在博览群书、泛读百家的基础上，曾国藩对各家学说都进行了分析研究，找寻出各家的特长，加以融会贯通，心领神会，从而形成自己庞大而复杂的思想体系。[3]282

曾国藩思想的三次变化。曾氏有一个很要好的朋友，名叫欧阳兆熊，写了一篇题为《一生三变》的文章，讲述："文正（曾国藩）一生凡三变"，指的是从辞赋之学变为程朱之学，此为第一变；再从程朱之学变为申韩之学即法家，此为第二变；后从申韩之学变为黄老之学即道家，此为第三变。欧阳兆熊提出的这三变，对曾氏的思想变化做了一个简练、深刻而又准确的概括。[4]298 曾国藩后来总结为两句话："含刚强于柔弱之中，寓申韩于黄老之内。斯为人为官之佳境。"前一句是讲做人的性格问题，中间一句是讲学术的整合问题——法家与道家兼而用之，最后一句是对前两句的总结：这就是做人做官最好的境界。

修·高奇写了一本书——《科学方法实践》，密歇根州立大学吉姆斯·米勒博士在评价该书时说：修·高奇研究的范围和深度真的令人惊讶，他广泛而深入地阅读、升华和集成了几百册书籍和大量文章，抽取了其中论述科学历史、科学哲学和科学实践方面的内容。把这么一大批的精品进行"熔炼和提纯"，用所得到的"智慧的黄金"款待读者。[5]序VI 米勒博士讲述了修·高奇的写作过程，他非常刻苦用功，在阅读与摘抄方面，做了海量的工作。我现在也在**效仿修·高奇的方法**。遗憾的是，米勒博士并没有进一步指出"熔炼和提纯"的具体方法。这应该是比"黄金"更珍贵的"钻石"。我根据自己整合海量文献的经验与哲学思辨，**提出知识大整合的六种方法**。

成功哲言：整合的机遇

做学问，搞科研，破难题，在选定目标之后，仅有决心、信心、恒心和下苦功、出死力，是远远不够的，**必须找到一种正确的方法**。方法概括起来，可分为两大类：**还原法和整合法**。还原法已经取得举世瞩目的伟大成就，上九天揽月，下五洋捉鳖，钻地球取矿，将人类的能力发挥到极致，还原法功不可没。但如今，还原法已经分解到分子、原子、夸克粒子，可以说已经到了**分无可分的地步**。此时，正是整合法大展拳脚的最佳时机。

1 求同整合，认识真理

两门学科之间，你中有我，我中有你，是学科之间交叉的共性部分。威尔逊主张："在各学科之间找到一个基本的共性。"[6]20 "一个学科中的单元和程序，如果能够和其他学科中已确认的知识相互验证。"[6]277 这就是维纳所说的多学科在"一系列核心问题之间的本质上的统一"。[7]19 达尔文说："把事实化为一般规律是科学研究最重要、最后阶段的阶段。"爱因斯坦说："科学家必须在庞杂的经验事实中间抓住某些可用**精密公式表达的普遍特性**，由此探求自然界的普遍真理。"本质上的统一就是一般规律和普遍真理。

1.1 求同整合，认识本质

这个灵感，我是受到《控制论》的启发和影响。因为维纳认为："通信、控制和统计力学的一系列核心问题之间的**本质上的统一**，不管这些问题是机器中的还是活的机体中的。"外科决策和其他领域的决策同样存在"本质上的统一"，就是将外科决策和其他领域决策中的个性剔除，抽取共性，将其整合在一起，成为"高度概括性、科学的抽象性和应用的广泛性"的基础理论。这种整合可以归结为求同整合。

1.2 抽象与概括联合使用

抽象思维，只关注共性，不关注个性。我拟撰写一本《决策论》，在写作的过程中，阅读了许多的书，有些是国外的世界名著，例如《控制论》《系统论》《信息论》《战争论》《富国论》；有些是国内的名著，有毛泽东的《矛盾论》和《实践论》，钱学森的《论系统工程》等。其中，《控制论》的大部分涉及高等数学和许多公式的内容，我读不懂，但导论给予我很大的启发：维纳是美国的神童、天才，精通多门学问，而且每门都是世界级的先进水平，因而具备了科际整合的条件。他将动物和机器这两类**根本不相关的东西联系起来**，从中抽象出反馈和调控的共同点，将其整合起来，写成世界名著——《控制论》。该书的副书名是《或关于在动物和机器中控制和通信的科学》（北京大学出版社，2020 年）。这等于教授我一个方法：**认识不同的事物，先找其共性**，将其抽象出来，然后将其整合起来，就认识了事物的本质。

1.3 统一性不仅在本质上，而且在方法上

我在刚读《歌德谈话录》时，感觉其似乎跟思维与决策没有太大的关系，但是读完后我觉得它有重要的借鉴价值。歌德说："我写那些作品时是和画家一样进行工作的。画家画某些对象时常把某种颜色冲淡，画另一些对象时常把某种颜色加深……**我用同样的方法进行文学创作，让每篇各有不同的性格，就可以感动人**。"[8]111 工作的形式不同，但方法是相同的，都是用的**对比手法**。

2 求异整合，优势互补

曾国藩赌气在家养病，陈敷道人开导他说："岐黄医世人之**身病**，黄老

医世人之心病，愿大爷弃以往处世之道，改行黄老之术，则心可清，气可静，神可守舍，精自内敛，百病消除，万愁尽释。"[9]11 "《道德经》一部，可用五字概况：**柔弱胜刚强**。前此不十分顺心，盖全用申韩之故……古往今来，纯用申韩，有几人功成身全？……望从此明用程朱之名分，暗效申韩之法势，杂用黄老之柔弱，如此，则六年前山人为大人许下之愿，将不日实现。盼好自为之。"[10]19 曾国藩方才明白过来，在日记的结尾处添上两句："含刚强于柔弱之中，寓申韩于黄老之内。斯为人为官之佳境。"陈敷其人，为学颇杂，三教九流，天文地理，相面拆字，卜卦扶乩，奇门遁甲，阴阳风水，颇有点江湖术士的味道。[10]113

2.1　理论创新方面

徐国志等在《论系统工程》中指出：系统工程"将'人各一词，莫衷一是'的情况澄清为'**分门别类，共居一体**'。"[11]前言 钱学森说："我认为把运筹学、控制论和信息论同贝塔朗菲、普利高津、哈肯、弗洛里希、艾肯等人的工作融会贯通，加以整理，就可以写出《**系统学**》这本书。"[11]前言

2.2　心理学方面

美国马特林认为："只有整合多种不同的观点中我们已知的和能够知道的知识，才有可能对心理与行为有一个**全面的理解**。"[12]前言

2.3　科学研究方面

1962 年，诺贝尔生理学或医学奖被授予美国人沃森和威尔金斯，以表彰他们共同合作发展脱氧核糖核酸分子结构，揭开了遗传秘密，为生命科学建树了功绩。沃森原是**信息**学派成员，克里克是剑桥**结构**学派成员，他俩互相取长补短，在前人研究的基础上，最后划时代地提出了双螺旋脱氧核酸分子结构模型。[13]213

2.4 经济学方面

诺贝尔经济科学奖获得者、芝加哥大学贝克尔总结经济学**理论的长处和短处**，认为必须将经济学理论＋社会学＋人口统计学＋**犯罪学**进行多学科的科际整合，才可能对人类的行为提出完整的解释。[6]283

2.5 管理方面

应用**几种**不同理论的效果要好于试图用**一种理论解决**所有的问题。[14]41 古典理论、行为理论和定量分析理论之间的关系**绝非水火不容**。尽管它们的假设和语言大相径庭，但同时也可以**相互补充**。[14]38 事实上，至于管理理论的充分理解，要求能够把握上述三个理论的精髓。**系统理论和权变理论**可以帮助我们整合这些早期的管理方法并且提高我们对上述三种理论的认识。[14]38 优势互补整合有更多的思路，更多的工具，更广的决策方案，更好的有效结果。

张瑞敏认为，管理中国企业，只能用中国式的管理模式。他的管理公式是：**日本管理（团队意识和吃苦精神）＋美国管理（个性舒展和创新竞争）＋中华传统文化的管理精髓＝海尔管理模式**。[15]176

唐代魏征写了一本《群书治要》，就是将历史上治理国家的经验教训整理出来，在"**治**"字上下功夫。清代胡林翼写了一本《胡林翼读史兵略》，将《资治通鉴》的用兵方略整理成书，在"**兵**"字上做文章。

3 矛盾整合，相反相成

一切天下事均有相反相成、对立统一的现象。做学问也是如此。这是一种最难、最高的整合形式。例如，偶然与必然的整合，偶然中有必然因素；有序与无序之间的整合，无序中必然存在有序的规律，表现为确定性；有序中还会出现无序的情况，表现为不确定性，这就是概率所研究的问题。爱与恨是两个完全相反的极端感情，但胡林翼将其整合在一起："霹雳手段，菩萨心肠。"公和私是一对矛盾，但可统一在"大公无私"里；大和小是一对矛盾，但"小故事，大道理"是所有哲学思辨和研究的一个常用方法；曾国藩将刚与柔两种截然不同的性格，法家和道家两种完全相反的学派整合在一起，形成自己的思想体系："含刚强于柔弱之中，寓申韩于黄老之内。斯为人为官之佳境。"一切为将之道的基础，都是以小心来节制大胆。一切武器研发的基本原则都很简单，那就是剑与盾、攻击与防御。坦克就是集进攻与防御于一身的设计。一切军事理论**"战不过攻守，法不过奇正"**。关于光的本质，一种假说是**"波动说"**，一种假说是**"粒子说"**，后来的科学证明两种学说都对。**光本质上具有两重性。**

4 结构整合，合众为一

什么是结构？"结构是由系统元素间相对稳定的关联所形成的整体构架。"[16]29 结构有多种形式，包括链式结构、树状结构、网络结构、环状结构、金字塔式、嵌套式、并列式等。其中，层次是一个更为重要的概念，层次关系是局整关系的重要内容。[16]35

瞎子摸象的故事家喻户晓，比喻人人都有偏见，只有将这些偏见整合起来，才能对事物有一个全面、正确的认识。现在各个领域、各门学科都有数不清的理论。实际上，每一种理论都蕴含作者的世界观，都带有片面性。只有将各种相关理论整合起来，才能全面、客观、正确地**认识世界、解释世界**，预测未来。

4.1 结构整合，攒零合整

美国克里斯·阿吉里斯在《个性与组织》中指出："认识自然的过程就像是在做一种**智力拼图游戏**。当我们发现了拼接规律，再来研究尚不知道如何拼接的图块时，成功的概率也就增大了。"[17]5 吕坤在《呻吟语正宗》中提出融会贯通的两种方法："人人而学，事事而问，**攒零合整，融化贯串**，然后此心与道，方浃洽畅快。"[18]234 智力拼图与攒零合整的目的都是**合众为一**。人类的思想也是有结构的，也是需要攒零合整的。篮球队和外科手术团队，每个人分工不同，职责不同，相互配合，产生协同作用。自行车和电脑的各个部件，只有连接、组装成一个整体，才能发挥作用。这都是**物理结构的整合和功能的整合**。

4.2　结构整合，完善功能

世界级管理大师、现代管理学之父彼得·德鲁克指出：我们必须研究和采用"**混合型**"**组织结构**。他举的例子是心脏手术团队。十几位训练有素的医护人员做心脏手术，如心脏搭桥手术。每个成员各司其职，只负责一项工作，绝不插手其他事情。这个组织中有主治医生，有两名助理医生，有麻醉师，有两名护士帮助患者做术前准备，有三名护士提供术中帮助，有两三名护士和住院医生负责特护病房，有操作心肺仪器的呼吸科技术人员，还有三四名负责电子仪器的技术人员。然而，这些医护人员被认为是一个"团队"。他们也的确是一个团队，没有人发号施令，但每一个成员可以马上**根据手术的节奏、进度和速度出现的细微变化**，改变他们工作的方式，以配合他人顺利完成手术。[19]10

4.3　结构整合，改变性质

金刚石与石墨是由相同的碳原子组成的，但是因为原子排列方式不同，导致很多物理性质——色态、硬度、导电性、密度、熔点，存在很大差异。

4.4　知识结构，也是力量

知识的力量，不仅在于数量，而且还在于结构。多种学科知识的力量大于单一学科知识的力量。这就是知识要大整合的原因所在。

5 思想整合，形成体系

思想是思考的结果，大凡人类所思所想所产生的观念、概念、理念、理论、观点、判断、推断、结论等，都是思想。思想大概可以分为**个别思想**、**局部思想**和**全局思想**。个别思想是对个别事物认识的产物；局部思想是对一个时空范围内的事物认识所产生的思想；全局思想是系统的思想。思想还可以分为死的思想和活的思想。死的思想是知识，是过去完成时。活的思想是活着的人正在思考而产生的思想，是现在进行时。

思想整合的目的是形成思想体系。所谓体系，就是一体多系，就像人体是由神经系统、骨骼系统、肌肉系统、心血管系统、呼吸系统、消化系统、泌尿生殖系统和内分泌系统组成的一样。凡是形成体系的思想都是一般思想，具有普遍性，在许多领域都适用。例如，系统论、控制论、战争论、矛盾论、实践论都是一般理论，一种世界观、一种知识体系，不受时空的限制，具有普遍性。曾国藩认为："胸中道理愈多，议论愈贯串。"[4]26 这里的"道理"就是思想，要把这些**思想贯串**起来，形成**庞大而复杂**的思想体系。

5.1 思想整合，上下贯串

吕坤认为，贯串有大小之分："有大一贯，有小一贯。小一贯，贯万殊；大一贯，贯小一贯。大一贯一，小一贯千百。无大一贯，则小一贯终是零星；无小一贯，则大一贯终是浑沌。"朱熹注释："贯，通也。"[18]78

将这段话翻译成白话文，就是：有大一贯，有小一贯。小一贯贯通万种不同的事物，大一贯贯小一贯。**大一贯有一个，小一贯有千百个。没有大一贯，**小一贯终究是零零星星、散乱的；没有小一贯，大一贯终究是混混沌沌的，没有条理，没有秩序。这里的"贯"就是通了。

关于大一贯与小一贯，最恰当的比喻是"**纲举目张**"。大一贯是纲，是渔网上的大绳。大绳一抛，一个个网眼（目）就都张开了。东汉郑玄说："举一纲而万目张，解一卷而众篇明。"由此可知，"贯"也有"明"的意思。

威尔逊认为："生物学是一种在许多不同的**组织层次**上**找寻因果关系**的科学，上至大脑和生态系统，下及原子。"换句话说：就是**大道理管小道理**，要处理好**全局**、**局部**和**细节**层次的贯串关系。

曾国藩熟读百家群书，烂熟于心；胸中已有独见，思想构成一线，用自己的语言像说话一样，将各种小道理用大道理有条理地贯串起来。

5.2　读书明理，贵在贯通

康熙读书重在运用。他说："读书以明理为要。理既明则中心有主，而是非邪正自判矣。遇有疑难事，但据理直行……此可以为我法，此可以为我戒。久久贯通，则事至物来，随感即应，而不特思索矣"。[20]44

5.3　整合方法，灵活应用

法国著名哲学家笛卡尔曾说："**最有价值的知识是方法的知识**。"法国生理学家贝尔纳说："良好的方法能使我们更好发挥运用天赋的才能，而拙劣的方法可能阻碍才能的发挥。"[21]4 要将**方法流程化**，并**养成习惯**，这样就可以保证方法的质量。

战国时期白圭乐观时变，曾自言："吾治生产，犹伊尹、吕尚之谋，孙、吴用兵，商鞅行法是也。是故其智不足以权变，勇不足以决断，仁不能以取予，强不能有所守，虽欲学此术，终不告之矣。"这是将用谋、用兵、用法的方法综合用在商家的经营上。这些方法组成一个**方法库**，"知道该何时从一种方法转换到另一种"[22]200。

6　哲学整合，大道至简

哲学有许多流派，同样需要进行整合。柏拉图的巨大影响源于他将所有不同的哲学关注点置入一个统一的思想体系之中。[23]40

6.1　任何科学，通向哲学

任何科学问题都会把我们引向哲学，只要我们把问题追索得足够深远。当一个人在某个特殊科学中获得了知识（从而知道这个或那个现象的原因）时，当探索的头脑又进一步**追问原因的原因**（也就是追求可以从中推引出他所获得的知识的**更一般的真理**）时，他很快就达到他的特殊科学的手段已不能使他再继续前进的地步。他必须到某种**更加一般、更加概括**的学科中寻求启示。[24]18

特殊科学最终要进入哲学。例如，化学只涉及有限范围的自然现象；而物理学则包括所有这些现象。因此，当化学家着手确立最一般的法则时，如关乎元素周期表、原子价等的种种法则时，他必须求助于物理学。而解释向前推进的过程最终进入的**最一般的领域，就是哲学领域、认识论领域。**因为，最一般科学的终结的基本概念，如心理学中的意识概念，数学中的公理和数的概念，物理学中的空间和时间的概念，最后，只容许作哲学的或认识论的澄清。[24]18

6.2　哲学是更普遍的思想

哲学是世界观、认识论、方法论（思维方法）、辩证法、人生观、价值观，是知识整合的根本大法。从本质上说，**哲学也是一种思想，**不过是一种更普遍的思想。

6.3　哲学整合形成体系

纵观哲学发展史，不同的时代、不同的哲学家，有不同的哲学理论，可以说是五花八门。我形象地将哲学比喻成"**大杂烩**"。在这个大杂烩中，你相信什么，就选择什么；你选择什么，什么就是你的哲学。将你的选择组合起来，就是你的哲学整合。**哲学整合形成你的哲学体系。**我的哲学体系是：

$$哲学体系 = 物质主义 + 观念主义 + 辩证法 + 哲学范畴 + 系统论$$

6.3.1 物质主义＋观念主义的整合

哲学的根本命题是物质与意识的关系，认为物质是第一性的是唯物主义，认为意识是第一位的是唯心主义。西方哲学界一般将二者对立起来，我国哲学界普遍认为唯物辩证法是绝对的真理。这是毋庸置疑的。近年来，我学习了古今中外的一些心学后，觉得物质主义和观念主义是"**一枚硬币**"的两面，可以整合起来。

6.3.2 辩证法＋哲学范畴的整合

辩证法是哲学的核心。辩证法有三大规律——对立统一律、质量互变律和否定之否定律。其中对立统一律是核心中的核心。**哲学范畴**是对立统一律的衍生物，由于有对立统一的规律，才派生出哲学的一些范畴，例如个别与一般、现象与本质、原因与结果、形式与内容、偶然与必然、自由与必然、可能性与现实性、有用与无用等。我们可以用辩证法的思想来解释这些哲学范畴的**辩证关系**。辩证关系的本质是事物是不断运动的，是**发展变化**的，是相对的；而不是静止不动的，不是固定的和绝对的。

6.3.3 传统哲学＋系统哲学的整合

系统论已经上升为一种哲学思想，叫系统哲学。例如，宇宙是一个超级巨系统，世界是一个超大系统，国家是一个巨系统，其他的就是分系统、小系统。传统哲学的概念中，可以融入系统哲学，此外，还可以用系统的观点整合哲学各个流派的知识，使之系统化。

六种整合，自成一家。上述六种整合方法，可以单独使用，也可以联合使用。用这六种方法**选择知识**，**重组知识**，**重排知识**，**重构知识**，就是整合知识。这里面虽然也引用了别人的观点，但文章的框架结构、中心思想、主要观点、文字语言都是"我"的，不是别人的，不是"他"的，也不是"你"的，而是"我"的，这样就形成了自己的思想体系，真正成为"一家之言"。

这样整合出来的知识同样是创新知识。创新模式基本有二：一是**集成性创新**，即对现有技术和方案进行筛选、重组、整合，通过创造新的系统结构模式而集成现有技术以产生（涌现出）新的系统性能；二是**原创性创新**，新方案的关键组分（技术）是新创的，再设计新的结构模式，以产生全新的系统性能。

• • • 成功哲言：整合之道

我计划写几部大书，而大书就是大难。难在何处？难在海量读书，难在知识整合。**如何破解这两道难题？** 明代哲学家吕坤说："学问博识强记易，会通解悟难。会通到天地万物为一，解悟到幽明古今无间，为尤难。"海量读书虽难，但路虽远，行则将至；事虽难，做则必成。这只是时间和精力的问题。最难的是后者，"会通到天地万物为一"是进入"道"的境界，"解悟到幽明古今无间"是"通"的程度。本文创立的知识大整合的六种方法，可以带你实现融会贯通，进入"道"的哲学境界。

创造与创新的区别。 贝蒂塔·范·斯塔姆在《创新力》一书中指出："我们常常把创造和创新混为一谈，事实上，两者是完全不同的事物。创造的内容是**提出新的思路和想法**，而创新则不仅仅是提出一种观点，同时还要采取行动去实现这种观点。"换句话说，创造是从零到一的突破，是一种崭新的思路和想法，是一种"发明"，一种"发现"。而创新是"新"与"行"的完美结合。正如美籍奥地利经济学家约瑟夫·熊彼特所说："创新不等于发明，它是把已有的发明运用到实际中去。"这句话也可以概括为：**创新 = 发明 + 行动**。知识大整合的最终落脚点是实际运用，要解决实际问题。

人性理论需要大整合。 这可作为知识大整合的一个**范例**。人格理论是研究人性的工具，一种人格理论代表的是一种世界观。不同的人格理论家拥有不同的世界观，从而产生了不同的理论。从理论上讲，这些理论都是**偏见的产物**。奥尔波特较早地认识到这个问题。他承认弗洛伊德、马斯洛、罗杰斯、艾森克、斯金纳等人所做的贡献，但是他认为这些理论家没有一个能对不断成长和变化的人格给出令人满意的解释。奥尔波特反对排他主义或其他只强调人格一个方面的理论。他向其他理论家提出重要的忠告：告诫他们**不要"忘**

记他们决定忽视的东西"。换言之，没有哪个理论能够包罗万象，任何单一理论都不可能涵盖人性的所有方面。在奥尔波特看来，**广博的综合理论**即使不能产生许多可检验的假说，它也比狭隘的、具体的理论更可取。但奥尔波特**没有提出如何整合，整合后的理论是什么样的。我试图对人性做一个全时域、全方位的整合，写就一篇《宇宙人性的起源、演化和结构》的学术论文，详见本书。

总而言之，知识大整合是阅读别人的书而形成自己的思想。这是通过消化吸收、见多识广、举一反三、触类旁通、广征博引、深思熟虑、优胜劣汰、攒零合整、融会贯通等多种思维方式，并结合自己的实践经验，从而合众为一。

参考文献

[1] 彼得·德鲁克. 德鲁克日志 [M]. 上海：上海译文出版社，2006.

[2] 马骏. 为将之道 [M]. 北京：中国青年出版社，2006.

[3] 罗益群. 曾国藩读书记 [M]. 武汉：长江文艺出版社，2004.

[4] 唐浩明. 唐浩明评点曾国藩家书（上）[M]. 长沙：岳麓书社，2002.

[5] 修·高奇. 科学方法实践 [M]. 王义豹，译. 北京：清华大学出版社，2005.

[6] 威尔逊. 知识大融通：21 世纪的科学与人文 [M]. 梁锦塑，译. 北京：中信出版社，2015.

[7] 维纳. 控制论：或关于在动物和机器中控制和通信的科学 [M]. 郝季仁，译. 北京：北京大学出版社，2007.

[8] 爱克曼. 歌德谈话录 [M]. 朱光潜，译. 合肥：安徽教育出版社，2006.

[9] 唐浩明. 唐浩明文集·曾国藩（中）[M]. 北京：人民文学出版社，2002.

[10] 唐浩明. 唐浩明文集·曾国藩（上）[M]. 北京：人民文学出版社，

2002.

[11] 钱学森，等.论系统工程 [M].上海：上海交通大学出版社，2007.

[12] 马特林.认知心理学：理论、研究和应用（第 8 版）[M].李永娜，译.北京：机械工业出版社，2016.

[13] 卫正勋.论诺贝尔医学奖获得者的思维方法 [M].北京：人民卫生出版社，2002.

[14] 里奇·格里芬.管理学（第 8 版）[M].刘伟，译.北京：中国市场出版社，2006.

[15] 胡泳.张瑞敏谈管理 [M].杭州：浙江人民出版社，2007.

[16] 苗东升.系统科学大学讲稿 [M].北京：中国人民大学出版社，2007.

[17] 克里斯·阿吉里斯.个性与组织 [M].郭旭力，鲜红霞，译.北京：中国人民大学出版社，2007.

[18] 吕坤.呻吟语正宗 [M].王国轩，王秀梅，译注.北京：华夏出版社，2007.

[19] 彼得·德鲁克.21 世纪的管理挑战 [M].朱雁斌，译.北京：机械工业出版社，2006.

[20] 唐汉.康熙教子庭训格言 [M].北京：中国社会科学出版社，2004.

[21] 贲长恩.医学科研思路方法与程序 [M].北京：人民卫生出版社，2009.

[22] 杰里·温得，科林·克鲁克.超常思维的力量 [M].周晓林，译.北京：中国人民大学出版社，2005.

[23] 撒穆尔·伊诺克·斯通普夫，詹姆斯·菲泽.西方哲学史（修订第 8 版）[M].匡宏，邓晓芒，等，译.北京：世界图书出版公司，北京，2009.

[24]M. 石里克.普通认识论 [M].李步楼，译.北京：商务印书馆，2005.

成才：从专家到大家

本文源自我的《如何从专家走向大家：谈人才的成长与发展》一文。那是2013年3月，《大连医科大学学报》（以下简称《学报》）的高峰编辑约我撰写的一篇文章。我们经过讨论后确定上述题目。当时我选定这个题目，主要有**三个理由**：

首先，大连医科大学是培养医学人才的殿堂，每年都培养大量的本科医学生和研究生。他们毕业之后，大部分会成为未来的医学专家，甚至有些人会成为医学大家。其次，大连医科大学有一批年轻的教师，他们奋发向上，发展前景巨大。再次，我曾在山西省多种学术会议上讲过专家和大家的区别，阐述了医生如何从专家迈向大家的一些粗浅认识，颇受同行们的欢迎。

有鉴于此，**我花了8个月的时间**，于2013年11月定稿并将此发给《学报》。遗憾的是，本文没有被《学报》采纳，退稿了！退稿是很正常的事，当时我对此也没有太在意，且内心认为，**我的核心观点是正确的**。

时隔9年之后，因为其他写作需要，我又将这篇文章拿出来，再次阅读。我竟然**发现，它被退稿是必然的，而且是正确的**。为什么呢？理由有三：一是文章内容**太庞杂**，不适合发表；二是本文语言不够简洁、准确，逻辑不够严密、紧凑；三是我当时的知识面还不够宽，认知还不够深，整合还不够精。虽然，文章的"核心观点"是正确的，但是还不够完善。

有鉴于此，我对该文进行了结构上的大调整，内容上也进行了大幅的增删，形成了现在的风貌。

每一个做学问的人，都希望自己成为某一方面的专家，并梦想有一天能戴上大家的桂冠。要想达到此目标，我觉得需解决以下四个问题：

1. 专家的标准是什么？

2. 如何才能成为专家？

3. 大家的标准是什么？

4. 如何才能成为大家？

我综合世界性的相关知识，结合自己的经验和认识，试图回答上面四个问题。

1 专家的标准是什么

《现代汉语词典》对"专家"的定义是："对某一门学问有专门研究的人；擅长某项技术的人。"王梓坤认为："专家之所以专，是因为他有自己的一片不大不小的耕地，熟于斯，精于斯，创新于斯。"[1]150

傅佩荣学者认为："所谓的专家，就是指对于某种知识做过专门的研究，成为这方面特定的人才。"[2]7

日本管理大师大前研一对"专家"做了如下定义："专家要控制感情，并靠理性而行动。他们不仅具备较强的专业知识和技能以及伦理观念，而且无一例外地以顾客为第一位，具有永不厌倦的好奇心和进取心，严格遵守纪律。以上条件全部具备的人才，我才把他们称为专家。"[3]3 他进一步指出："真正的专业人士即使将其置于一个完全陌生的环境中，他也能够有效地发挥自己的判断力与洞察力，发现前进的方向，进而披荆斩棘、一往无前。"[4]28 大前研一的观点是将专家的专业技能和社会责任联系在一起，很有见地。

1.1 有标准，就有条件

在我国，一般具有副教授及以上职称的人被称为专家，而副教授和正教授职称的评选都是有条件的，人们需有一定规格和数量的论文、论著和科研成果。有些论文还必须是在核心期刊或国际有名的刊物上发表，具有较高的学术价值。近来，有的学者指出，这种评审忽略了专业技术人员实际工作的能力，认为职称评审应结合个人实际工作成果。

姜汝祥提出一个重要的观点，说："专家是以专业为前提的，而专业是以业为前提的，而不是以专为前提。什么是业？这里的'业'指的是某种成就或结果。"[3] 导读 3

由此可见，专家是要拿出业绩来证明自己的能力。大前研一在《专业主义》一书中指出，真正的专家必须具备四种能力：先见能力、构思能力、讨论能力、适应矛盾的能力。他在《即战力》一书中，又补充了两种能力：英语能力 [4]45 和解决问题的能力。[4]85

1.2 如何判断专家的专业能力

关于专家的专业能力，有的学者认为教育和经验是最为重要的因素，其次才是成就、声誉和职位等。[5]81

衡量专家资质的最可靠的声誉是其在所从事的领域里其他专家心目中的声誉。[5]83

关于专家的考评，我们应从多种角度进行综合考核。

我认为业绩是最主要的，其他是参考性的。稻盛和夫指出，成就新事业的，是那些不被任何成见束缚、冒险心强烈的"外行"，而不是在该领域经验丰富、具备许多常识、积累了许多经验的专家。[6]148 这是从另一个角度来衡量专家，即冒险精神和开拓进取精神。

2 如何才能成为专家

曾国藩说："求业之精，别无他法，曰专而已矣。"也就是说，术业有专攻，没有别的方法。唯有专攻才能使术业精深。葛拉西安认为，善于明智地创造，才有可能达到卓越。[7]178

我国著名画驴大师黄胄指出："'一门精'，就可以把水平提上去。"许多大艺术家都是这样钻研的，比如齐白石画虾，徐悲鸿画马，梅兰芳一生最有代表性的也只是几出戏。[8]序言

大前研一说："真正的专家，首先要理解专家的基本条件，然后再去思考如何成为专家。"[3]序XI 上文所说的 **六种能力**——先见能力、构思能力、讨论能力、适应矛盾的能力、英语能力和解决问题的能力，就是六种条件，真正的专家是努力发展这六种能力而成为专家的。

关于外语的重要性，张涤生院士指出："必须拥有一门或一门以上的外语能力，以便加强国际交流，达到和国际接轨的目的。"[9]116 胡壮麒院士说："我曾向学生做比喻，如果我的英语水平比你高，我看一篇英文文献只要 1 小时，而你却要花 5 小时，这就等于我掌握知识信息的速度是你的 5 倍。"[9]105

3 大家的标准是什么

《现代汉语词典》对"大家"的定义是："**著名的专家。**"现实中，人们经常将大家与大师互用。《现代汉语词典》对"大师"的定义是："**在学问或艺术上有很深的造诣，为大家所尊崇的人。**"人们将二者综合起来，大家是很有名气的，且为大众尊崇的，因为他们在学问或艺术上有很深的造诣。**这就是大家的三条标准：著名、尊崇、造诣。**

纵观古今中外各行各业的大家——大政治家、大军事家、大经济学家、大文学家、大艺术家、大书法家、大摄影家、大科学家、大医学家、大管理学家、大谋略家、大哲学家、大思想家，他们无一不具备上述三条标准。

有些领袖级的大家，还是**身兼几个领域的大家**。例如，《控制论》的作者维纳，是位百科全书式的人物，能融会贯通数学、哲学、科学和工程等多学科的知识。[10]4

4 如何才能成为大家

4.1 德胜于才，人格第一

伟大的人格造就大家。爱因斯坦说："大多数人说，是才智造就了伟大的科学家，他们错了，是人格。"沃勒说："尽管我们用判断力思考问题，但最终解决问题的还是意志，而不是才智。"曾国藩说："我纵观前史，总结出这样两句话：盛世创业之英雄，以襟怀豁达为第一义；末世扶危救难之英雄，以心力劳苦为第一义。"[11]257 曾国藩所说的"第一义"，就是第一性格。"人格胜于才智"，这个智言，我国早有思想家意识到，北宋司马光就曾提出"德胜于才"的著名论断。他说："才者，德之资也；德者，才之帅也。"

4.2 集中目标，业精于专

英国詹姆士·艾伦指出：人们应当确立一个**合适的目标**，并积极地实现它，他应该把这个目标作为生活中最重要的东西。它可能以精神理想的形式呈现，也可能是以物质为主的目标……不论目标是什么，都必须坚持不懈地把思想**集中在目标之上**。只有这样，思想才能集中，决心才能坚定，潜在的力量才能被激发。这样一来，多么远大的目标都能实现。拿破仑说："战争的艺术就是在某一点上集中最大的优势兵力。"

4.3 博览群书，涉猎广泛

夏衍曾提出：每个科学家、文学家、艺术家在他们成"家"之前，绝无例外地都在文、史、哲、数、理、化等方面经过艰苦的努力，打下了坚实的基础。英国哲学家、政治家培根也提出类似的观点：史鉴使人明智；诗歌使人巧慧；数学使人精细；博物使人深沉；伦理之学使人庄重；逻辑与修辞使人善辩。[12]229 梁启超谈到老师康有为的教学方法时说："康先生之教，特标**专精**、**涉猎**二条，无专精则不能成，无涉猎则不能通也。"[1]148 对于读书，我也提出三句话：**好读书、读好书、读书好**。好读书是习惯，读好书是选择，读书好是结果。

4.4 正确处理博与专的辩证关系

首先，专要从"精于一"开始，逐步扩展到博。因为先把"一"搞通了，其他就可以**触类旁通**，从而达到博。由于博，眼界宽了，思想活跃了，反过来又可帮助专，于是进入良性循环。另一种博的方法，不是向邻域开拓，而是**另辟一个或几个据点**，然后把它们**连成一片**。[1]148

英国博物学家赫胥黎自学法语、德语、意语、拉丁语、希腊语等语言，博览群书，17 岁开始在查林·克劳斯医院学医。他一生从事**动物学、比较解剖学、植物学、古生物学、人类学、地质学和进化论**的研究，也是**第一个提出人类起源问题的学者**。[13]135

毕加索不仅汲取了西方古典艺术的**全部成果**，而且深刻地研究了**非洲艺术、埃及艺术和东方艺术**中所包括的空间观念和结构观念，以建构出自己新颖、奇妙、独特的绘画风格和艺术风貌。[13]209

清代康熙皇帝，五岁时开始读书，在平定三藩的动荡日子里，哪怕日理万机也不停止读书。晚年，他仍**手不释卷**。他一生苦研儒学、程朱理学、天文、地理、历算、音乐、法律、战术、骑射、医药，学习蒙古文、西域文字、拉丁文，**无所不学**。[14]79

4.5　知识大整合，融会贯通

融合是物理的组合加上化学的化合。爱因斯坦曾说："一个人，只有以他全部的力量和精神致力于某一事业时，才能成为一位**真正的大师**。因此，只有全力以赴才能达到精通。"我对精通的理解是**一门精，多门通**。如何实现精通呢？我在《治学：求知识于古今中外》一文中，提出**取舍一分类一悟通**三大步，学一思一悟三小步。经过三大步、三小步后，你就会在思想认识上达到融会贯通的境界。融会贯通，只是你对多学科知识的掌握、理解和打通，但要提出新的知识、新的理论，你还必须进行整合。任何一种新理论都是整合出来的。为此，我总结归纳了**知识大整合的六种方法**，参见本书另一篇文章。本文再补充一些要点，具体如下：

4.5.1　求同整合，认识本质

求同整合就是遵守科学的简约原理，即寻找事物间最少的共性。维纳等科学家们已认识到通信、控制和统计力学等一系列核心问题之间本质上的统一，不管这些问题是机器中的还是活的机体中的。

丹麦人奥古斯特·克罗格，于 1899 年从哥本哈根大学毕业，1914 年获得**动物学博士学位**。由于拥有两门学科的交叉知识，他对人和动物的一些共性问题有了更深的认识，著有《动物和人的呼吸交换》一书。他也因此书而被晋升为哥本哈根人学生理系土任和生理学教授。[15]101—102

4.5.2　求异整合，优势互补

曾国藩将《礼书纲目》《五礼通考》《汉学商兑》等观点截然不同、立场水火不容的著作掺和一起来读，最后悟出"含刚强于柔弱之中，寓申韩于黄老之内，斯为人为官之佳境"的道理。这句话前一句是讲做人的道理，人具有双重性格；后一句是讲做学问的道理，存在对立的统一。

1962 年，诺贝尔生理学或医学奖授予美国人沃森和克里克，以表彰他们共同合作发展脱氧核糖核酸分子结构，揭开了遗传的秘密，为生命科学建树了功绩。沃森原是**信息学派**成员，克里克是剑桥**结构学派**成员，他俩互相取长补短，在前人研究的基础上，最后划时代地提出双螺旋脱氧核酸分子结构模型。

管理的通用理论——古典理论、行为理论和定量分析理论，三者的关系**绝非水火不容**。尽管它们的假设和语言大相径庭，但同时也可以**相互补充**。应用几种不同理论的效果要好于试图用一种理论解决所有的问题。

4.5.3 矛盾整合，相反相成

一切天下事均存在相反相成、对立统一的现象，做学问亦是如此。这是一种最难、最高的整合形式。

4.5.4 结构整合，合众为一

我们还可以从有核细胞的结构和功能中得出一些启示。正常细胞在光镜下可观察到其结构分为三部分，即细胞膜、细胞质和细胞核。这些**结构都是与其功能相适应的**。[16]4 各种结构（要素）之间是相对独立、各司其职的，但又是相互依存、相互制约（反馈、控制、调节）的关系，**细胞核居于统治地位**，控制着遗传信息的贮存、传递和整个细胞的生命过程。[16]19 我们从细胞的结构可以推导出结构的一般模式：

$$结构 = 要素 + 层次 + 顺序 + 关系$$

事实上，**这种模式具有普遍性**，例如房屋的结构、书的结构、电脑的结构、组织的结构等，都可以将这个模式抽象出来。举一个大家都能够理解的例子：**领导班子**。任何组织都需要一个领导班子，它由若干成员组成，他们是组成结构的要素。这就存在一把手和组员的层次问题，他们之间的关系既有分工负责的一面，又有协调领导的一面，还有领导与被领导的一面。

认识了结构的普遍模式，可以有效指导学习和工作。优化结构，改善功能。知识的力量，不仅在于知识的数量，还在于知识的结构。所有开宗立派的大家，其知识结构大都是多学科的，有主次的、系统的，且密切关联。

4.5.5　思想整合，形成体系

最早提出思想整合的人是我国战国时期的商人白圭。他说："吾治生产，犹伊尹、吕尚之谋，孙、吴用兵，商鞅任法是也。"也就是说，他将谋略思想、军事思想和法家思想联合运用于商业竞争中，成为当时的巨富。

美国学者维纳写作《控制论》的思想，第一个来源是火炮控制等机械运动的自动控制技术，第二个来源是通信理论，第三个来源是神经生理学，第四个来源是电子计算机。从这些不同领域的研究中，他深刻地理解了**输入、输出和反馈、控制的概念**，逐步形成了控制论的基本概念。[10]导读16

世界级管理大师彼得·德鲁克将众多管理思想以及自己的相关思想进行整合。在纵观全球的基础上，囊括了**心理学、社会学、历史学、哲学、文学和经济学**等领域的知识，打造出新的管理学，揭示出管理的真相，反映出管理的真谛，为管理学奠定了方法论的基础。[17]译者序XXVI

整合各种边缘科学的知识，做到融会贯通……使各方面的有关知识有机地结合起来，使知识与知识辩证地综合，形成**新的知识、理论和技术**。[18]332 一种新理论能提供新的方法、新的技术、新的工具。

在整合各种思想过程中，系统论是指导思想。彼得·德鲁克并不是简单地就管理论管理，而是把社会、组织和个人置于一个大的系统中研究。[19]9 正因为此，他的著作必然涉及多个领域，即哲学、社会学、经济学、管理学等。[19]10 我们可以将彼得·德鲁克的成功经验概括为：**大视野、大格局、大思维、大整合。**

> ● ● ● **成功哲言：结构创新**
>
> 　　结构创新是创新的一条重要思路，比如政治上的机构改革，精兵简政；经济上的转型升级；药品研发上的结构改造；商业产品上的极简主义设计理念；科学研究中的简约原则和归约方法等。因此，从结构上去思考"数量增减"，从功能上去思考"角色转换"，都是走向成功的创新想法。

4.5.6 哲学整合，大道至简

根据我对哲学的专门研究，并结合一些自己的工作实践和经验，认为下列哲学整合具有指导意义。

4.5.6.1 物质主义与观念主义的整合

哲学的根本命题是物质与意识的关系，认为物质是第一性的是唯物主义，认为意识是第一位的是唯心主义。西方哲学界一般将二者对立起来，我国哲学界普遍认为唯物辩证法是普遍的真理，这是毋庸置疑的。近年来，我潜心研究学习古今中外的一些心学，觉得物质主义与观念主义是"**一枚硬币**"的两面，可以整合起来。

我国历史上出了一位大哲学家王阳明，主张"**心外无物，心外无理**"，同时也提出"**知行合一**"的思想，受到国内外学者的追崇。王阳明是"**三不朽**"的人物，被誉为中国历史上的"**完人**"。我们可以从其思想角度出发，潜心研究，知行合一。

一些世界级的励志学者，如拿破仑·希尔、奥里森·马登、安德鲁·卡耐基等，都主张"**心想事成**"，"心在哪里，哪里就有宝藏；志在哪里，哪里就有时间"；"改变思想，改变命运"，"思想是所有能量的主宰，能够解决所有的问题"。这些论述与王阳明的心学在本质上是一致的。

4.5.6.2 知行合一是理论与实践的整合

物质是第一性，意识是第二性，存在决定意识。这是唯物主义的观点。知识来自实践，科学来自经验，行动高于一切，行动解决一切，这些概念都源自物质主义。但另一方面，思想就是力量；精神就是力量，而且是强大的力量；一切成败最终取决于顽强的意志和百折不挠的坚持。这些概念又都源自观念主义。

反映哲学这个根本命题的是认识论，**实践—认识—再实践—再认识**，如此无限循环，认识不断深化。感性—理性—再感性—再理性，如此无限循环，认识不断发展。存储—记忆—印象—观念是感性认识阶段，观念—概念—理念是理性认识阶段。无限循环就形成一个**闭环**，强调从实践开始，就是行；强调从认识开始，就是知。**真正的认识论是知行合一。**

4.5.6.3 辩证法与哲学范畴的整合

辩证法有三大规律——对立统一律、质量互变律和否定之否定律，其中**对立统一律是辩证法的核心**。老子"一阴一阳之谓道"，讲的就是对立统一律。

哲学范畴是对立统一律的衍生物。由于存在对立统一的规律，才派生出哲学的一些范畴，例如个别与一般、现象与本质、原因与结果、形式与内容、偶然与必然、自由与必然、可能性与现实性、有用与无用等，**如何看待这些范畴的方法就是辩证法。**哲学的范畴都是存在两重性的问题，而**两重性是辩证法的核心。**

4.5.6.4 传统哲学与系统哲学的整合

系统论已经上升为一种哲学思想，叫作系统哲学。例如，宇宙是一个超级巨系统，世界是一个超大系统，国家是一个巨系统。传统哲学应整合系统哲学。此外，用系统的观点整合哲学各个流派的知识，使之系统化。

4.6 剑走偏锋，另辟蹊径

我国台湾画家何怀硕在《傅抱石画集》的序言中，评价吴昌硕、齐白石是中国第一流的水墨画家，他们的成就在于"振衰起弊，**另辟蹊径**"。他评价徐悲鸿、李可染也是中国第一流的水墨画家，他们的成就是用"西方（绘画）的观念与方法改造**中国绘画**"。中国绘画在两条振兴道路上所取得的伟大成就，为后人指出了努力的方向。[20]序言

古今中外，一些大科学家几乎都是涉足多门学科的创新人才。他们能够在多学科之间得到相互启发，使其理解能力、分析能力、观察能力和解决问题的能力，以及抓住转瞬即逝思想火花的能力更强大，还能通过研究方法，创立新学科、新学说，创造新知识、新思想、新成果。[18]113

曾国藩在评价刘石庵书法时说："凡大家名家之作，必有一种面貌，一种神态，与他人迥不相同……其面貌截然不同，其神气亦全无似处。本朝张得天、何义门虽称书家，而未能尽变古人之貌。故必如刘石庵之貌异神异，乃可推为大家。"[21]334 貌异神异就是从形式到内容的完全创新，这才是大家的风范。

4.6.1 创新规律，重组重构

创新能力是人的能力中最重要、最宝贵、层次最高的一种能力。创新能力是指人们产生新思想、创造新事物的能力。换一个角度说，创新能力是人们好奇地发现问题、提出正确的问题和创造性地解决问题的能力。创新能力是人的认识能力和实践能力的结合，创新能力的核心是创新思考能力。[22]269 我在学习和研究创新思维模式时，发现一种带有普遍性的创新思维模式。这个模式的公式是：

$$创新 = 元素 + 重组 + 重排 + 重构$$

我的这个发现是从音乐的 7 个音符、英语的 26 个字母和 118 种化学元素的分析中归纳出来的。7 个音符的排列组合变化，可以创造出无数美妙动人的乐章。26 个英语字母的排列组合变化，可以创造出几十万个英语单词和无数脍炙人口的文章。118 种化学元素进行重组、重排、重构，造就了宇宙万物。

由此，我归纳出一条规律：元素 + 重组 + 重排 + 重构是一切创新的本质。

中国学者的研究，一定要有中国元素，一定要有自己的资料，一定要有自己的观点，这样，才能有自己的特色。

• • • • 成功哲言：创新规律

　　小中见大，从几个不起眼的音符、英语字母和化学元素，居然发现一条创新的普遍规律。放眼望去，可以拿这条规律去审视周围的世界，写文章也是如此，无需多言；绘画是如此，中西合璧；方便面、拉杆箱的设计是如此，用的是加法；苹果手机的设计是如此，用的是减法；各国奥运会的开幕式是如此，都有主办国的元素。这样的例子不胜枚举。因此，留心身边的小事，或许可以发现重大的规律。

4.6.2 做学问的三种境界

中国近代学者王国维指出：古今之成大事业、大学问者，莫不经过三种之境界："昨夜西风凋碧树，独上高楼，望尽天涯路"，此第一境也。"衣带渐宽终不悔，为伊消得人憔悴"，此第二境也。"众里寻他千百度，蓦然回首，那人却在灯火阑珊处"，此第三境也。殷昆认为，第一境是**起点**，第二境是**着力点**，第三境是**亮点**。他还认为，"独上高楼"还有另辟蹊径、起点高的含义；"终不悔"是对目标的坚持；"蓦然回首"也含有**转变思路**的意思。[23]159—162

4.7 建功立业，干出一番事业

不论哪个行业的大家，都是在自己的领域干了一番大事业的人物。在自然科学里的大家，有名著或名作传世；在社会变革里的大家，或改朝换代，或保境安民，或富国强民。例如，清代左宗棠，18 岁时开始读兵学、地学、农学和经学（国计民生）。到 41 岁时，事权到手，左宗棠就作惊人之鸣了，干了许多大事情。[24]392—394 其中，造福我国子孙后代的当数用兵从俄国人手中收复国土新疆。曾国藩认为要成为一名大学问家，"初有**决定不移之志**，中有**勇猛精进之心**，末有**坚贞永固之力**"[25]175。

2010 年，我在山西省外科年会上做了一个报告：题目是《**对中国医生超越西方医生的思考**》。我提出了这样的一种观点：要想将这个梦想变成现实，除了才气以外，我们还必须有骨气、志气与勇气，**先成专家，后成杂家，综成大家**。专家是"一门精"，杂家是"多门通"，专家与杂家的综合，最终成就大家。这几乎是各行各业的所有大家所必然经历的过程。季羡林指出：**杂家一路杂下去，最终杂不出任何成果来**。[26]99 这也说明，杂家只是通向大家的一个过程，而非目的。

> **• • • • 成功哲言：成名三步骤**
>
> 先成专家，其标志是"一门精"；后成杂家，其标志是"多门通"；综成大家，其标志是"杂糅一体""浑然天成"。这是所有大家成名的三步骤。

最后，我以西方临床医学之父奥斯勒的话，告诫希望成为大家的年轻专家们："专精必须辅以**大眼光、大思维**，并留意一门知识在其他地方发展的现状，否则就可能陷入所谓专家的峡谷，有深度而无广度，或是对自见的重要发现视若珍宝，却不知在别处早已有人捷足先登。"[27] 82

参考文献

[1] 王梓坤 . 科学发现纵横谈 [M]. 长沙：湖南教育出版社，1999.

[2] 傅佩荣 . 哲学与人生 [M]. 北京：东方出版社，2006.

[3] 大前研一 . 专业主义 [M]. 裴立杰，译 . 北京：中信出版社，2006.

[4] 大前研一 . 即战力 [M]. 何鹏，译 . 北京：中信出版社，2007.

[5] 布鲁克·诺埃尔·摩尔，理查德·帕克 . 批判性思维（第 10 版）[M]. 朱素梅，译 . 北京：机械工业出版社，2014.

[6] 稻盛和夫 . 干法 [M]. 曹岫云，译 . 北京：机械工业出版社，2015.

[7] 巴尔塔沙·葛拉西安 . 智慧书 [M]. 李汉昭，译 . 天津：天津教育出版社，2008.

[8] 贾德江 . 中国现代十大名画家画集：黄胄画集 [M]. 北京：北京工艺美术出版社，2003.

[9] 白春礼，郭传杰 [M]. 院士谈做人　求知　问学 . 北京：学苑出版社，2003.

[10] 维纳 . 控制论：或关于在动物和机器中控制和通信的科学 [M]. 郝季仁，译 . 北京：北京大学出版社，2007.

[11] 唐浩明 . 唐浩明文集·曾国藩（中）[M]. 北京：人民文学出版社，2002.

[12] 王涵，等 . 名人名言录 [M]. 上海：上海人民出版社，2004

[13] 李天道. 外国演讲辞名篇快读 [M]. 成都：四川文艺出版社，2004.

[14] 柴宇球. 战争与谋略 [M]. 北京：中国发展出版社，2007.

[15] 卫正勋. 诺贝尔医学奖获得者的思维方法 [M]. 北京：人民卫生出版社，2002.

[16] 金惠铭，卢建，殷莲华. 细胞的结构与功能 [M]. 郑州：郑州大学出版社，2002

[17] 彼得·德鲁克. 管理（使命、责任、实务）（使命篇）[M]. 王永贵，译. 北京：机械工业出版社，2006.

[18] 王永生. 创新方略论 [M]. 北京：人民出版社，2002.

[19] 彼得·德鲁克，约瑟夫·马恰列洛. 德鲁克日志 [M]. 蒋旭峰，王珊珊，译. 上海：上海译文出版社，2006.

[20] 贾德江. 中国现代十大名画家画集：傅抱石画集 [M]. 北京：北京工艺美术出版社，2003.

[21] 唐浩明. 唐浩明评点曾国藩家书（下）[M]. 长沙：岳麓书社，2002.

[22] 盖伊·黑尔. 领导者之剑 [M]. 杜豪，等，编译. 北京：机械工业出版社，2006.

[23] 殷昱. 老子为道 [M]. 兰州：甘肃文化出版社，2005.

[24] 马道宗. 傲经 [M]. 北京：台海出版社，2003.

[25] 唐浩明. 唐浩明评点曾国藩语录（上）[M]. 北京：华夏出版社，2009.

[26] 季羡林. 季羡林谈读书治学 [M]. 北京：当代中国出版社，2006.

[27] 威廉·奥斯勒. 生活之道 [M]. 邓伯宸，译. 桂林：广西师范大学出版社，2007.

如何写一本属于自己的书

大凡人无才，则心思不出；无胆，则笔墨畏缩；无识，则不能取舍；无力，则不能自成一家。

——叶燮《原诗·内篇下》

如何写一本属于自己的书？这个题目有二层含义。第一层意思是如何写书？这是显而易见的。第二层意思是写一本"属于自己"的书。难道你自己写的书不属于你自己吗？答案是：不一定！这要看你写书的**目的是什么**，以及你写书的**条件是什么**。只有正确回答了这两个问题，你写的书才是属于你自己的！如果你的写书目的是"**为写书而写书**"，或者在**不具备条件下写的书**，都不能算是"属于你自己的书"或具有"**个性**"的书。根据这个要求，我想从以下七个方面探讨如何写一本属于自己的书：

1. 写书的目的是什么？

2. 写书的目标是什么？

3. 写书的条件有哪些？

4. 写书的大法是什么？

5. 写书的技法有哪些?

6. 读书与写作的关系是什么?

7. 电脑写书的技巧有哪些?

1 写书的目的是什么

在动手写书之前，应思考为什么要写这本书? 这是一个战略性的问题! 这决定你投入的时间、精力和金钱是否值得，对你自己有什么用，对读者有什么用。我自 2001 年以来，一直在研究思维与决策，准备将自己的研究成果写成几本书:《决策论》《外科决策论》《外科联合大查房: 思维与决策》和《成功之道》。为什么要写这几本书呢?

首先，它们对我的事业有用。这些书对发展我的外科事业有着极大的作用; 这些书与我的外科工作有着密切的关系，能够达到相互促进、相得益彰的效果。我的工作为写书提供了许多问题和大量素材，写书又将多学科的知识整合在一起，我在更大的范围、更高的层次上取得了统一。

其次，它们对医学科学和社会大众也有好处。只有既对自己有用又对社会有用的书，才具有写作和出版的价值。这是知识的输出，创新的产出。因此，我在写作上投入的时间、精力和金钱非常多，甚至在所不惜!

1.1 为了传播自己的创见

你写一本书，本质就是你想说什么和如何说的问题。你想说的就是你的感想、你的感悟和你的创见。如何说，则是你运用语言和文字的能力问题。虽然你写的许多资料是来自别人的，但是已经经过你的筛选、重组、重排和重构之后，形成一个新的知识体系。这个体系已经脱离了"原材料"的特性，而呈现一个有机整体涌现出来的特征。

胸中自有议论和创见。曾国藩说:"胸中自有条例自有议论……胸中道理愈多，议论愈贯串，乃当为之。"[1]26 但是议论性文章，道理不要说得太高。太高则近乎矫，太高则近于伪。要发自内心，通俗易懂，切实可用。理论性文章，规则越简单越好用。

台湾战略大师钮先钟说："在我决定写这一本书之前，这也正是我曾经一再反问自己的问题。我为什么还要写？经过长期思考之后，我的答案是：除非能有创见或至少是新见，否则就不必写。"[2]导言3 有时写作源于挫折，[3]前言这本身就是另一类的创见。

创见到了一吐为快的地步时才动笔。俄国文豪列夫·托尔斯泰说：只有当你感到有一种崭新的、重大的内容，**自己已经懂得**，而别人尚未懂得时；只有当你感到非把这个内容表达出来，否则不得安宁时，你才可以动笔。

创见是言前人所未言。明末清初的唐甄是第一位注意到孙子思想中有一个重大弱点的学者。他指出："《孙子》十三篇，智通微妙，然知除疾，而**未知养体也**。"钮先钟评价，这是一针见血，正确地指出孙子的重大缺失，的确是一种创见，言前人所未言，其智慧和勇气都令人佩服。[2]273 作家蓝翎说：见人所见，**见人所不见**；闻人所闻，**闻人所不闻**；不写人所写，**写人所不写**。

1.1.1 对成功的研究

我对成功进行了长时期的研究，发现**成功是一座金字塔**，处在最高层的是**思想、观念和意识**，位于最底层的是技术，中间有思维、习惯、性格、决策（战略、战役、战术）。其中的许多论述都来自名家、名言，但我将它们整合起来，贯串起来，形成了**"成功是一座金字塔"**的概念。

将这座金字塔扳倒，平摊在地上，就形成一条链条。而任何一条链条都是从薄弱的环节先断的。因此，我提出了**"成功是一条链条"**的概念。

后来，我又发现技术对思想观念具有巨大的反作用，就将这链条首尾连起来，构成一个无始无终的**"闭环"**。因此，我提出**"成功是一个闭环"**的概念。

这三个概念就是我的成功思想，而非他人的。这就是鲁巴金所说的："读书是在别人思想的帮助下，建立自己的思想。"这种思想是我感悟到的，而别人是不知道的。我将其整理出来，与大家分享。这就是南宋戴复古所说的"须教自我胸中出，切忌随人脚后行"。

1.1.2 "伞"字决策模型

国外学者创造出一些决策模式，例如生物－心理－社会医学模式（Bio-psycho-social medical model）、决策树（decision tree）模式、SWOT 分析（优势、劣势、机会与威胁）模式。我们中国人能否创造一种具有中国特色的决策模式？

2007 年 5 月，我利用形象思维、创新思维和整合思维等思维方式，将决策模式用"伞"字形结构来表示。这是基于我对**决策核心内容的理解和汉字结构的理解**，将二者整合在一起而形成的，并于 2009 年 6 月予以完善。

1. 汉字"伞"字，顶部为"人"字，**表示人是决策中的第一要素**。任何决策都是人做出的。

2. 人字下面加一横成为"亼"，表示所有的决策者都需要一个**平台**。没有**平台**，再能干的人也没有用武之地。

3. "伞"中间是一个"个"字，表示任何决策都要"**个性化**"。这在外科决策中尤其明显。

4. "伞"字中间有"**两个点**"，说明处理任何问题都要有**两点论**，都要有**辩证的思维方法**。思其利必虑其弊，思其成必虑其败。

5. "伞"字的下半部有一个"**十**"字，说明任何决策都是在"十字路口"的选择。它也有四通八达、纵横分析的含义。

6. "伞"字显然有**保护伞、降落伞**的寓意，暗指决策的作用和重要性。

1.1.3　发现一条创新的普遍规律

关于创新，诺贝尔物理学奖获得者江崎总结出**五条规律**：第一，不要被自己过去的经验所束缚；第二，不要过分追随你的研究领域中的任何一个权威；第三，不要抱着你不需要的东西不放，要严格地筛选信息；第四，不要回避对抗，如果有合理的观点，就去辩论；第五，不要忘记童年时的**好奇精神**，它是想象力的表现。[4]261

2023 年 8 月 27 日，我发现一条具有普遍性的创新规律：**元素加减排列组合法**。这是怎么发现的？我发现 26 个英语字母和 7 个音符的加减、排列、组合，可以创造出无数的文章和数不清的乐章。由此可见，这是一条普遍规律。后来，我发现 118 种化学元素进行重组、重排、重构，可以造就宇宙万物。

$$创新 = 元素 + 重组 + 重排 + 重构$$

将视野扩大到商业领域、科学领域和军事领域，都有不少这样的例子。在商业领域，碗式方便面就是碗 + 面的组合；在科学领域，光的本质 = 波动说 + 粒子说；在军事领域，孙膑用"**增兵减灶**"的方法故意示弱，虞诩用"**减兵增灶**"的方法故意示强，手段是不同的，但目的是相同的，都是制造假象，迷惑敌人。

1.2　为了传播普遍性的知识和方法

修·高奇撰写《科学方法实践》的**主要目的**是借助于逐步形成的关于科学方法普遍原理的深层次理解，帮助科学家成为更优秀的科学家和更具有创造性，并使他们的科研成果更为高产。例如，简约的模型通常能够得出更高的准确性，从而提高决策的正确性，加速科研进度，并增加研究投资的回报。这本书的次要目的是帮助科学家对科学理性和作用形成更为全面的认识。每个科学结论，经充分展开后，都包含三个组成部分：**预设（P）、证实（E）和逻辑（L）**。[5]前言IX

这种普遍性的知识和方法是整合的结果。有关科学方法的文献远没有其他学科那么多，特别是**科学哲学**的内容更为稀缺，修·高奇不得不像拾荒者一样，从分布广泛和久远的**各个来源**中去寻找、查看和挑选，最终得到呈现在大家面前的这些思想……不过，一旦成书，它就与其各个资料来源产生了**显著的差别**。[5]前言X

1.3 为了阐述新的理论

美国肯尼思·华尔兹在写《国际政治理论》时，确定以下三个目标：首先，检视那些被视为在理论上具有重要性的国际政治理论与方法；其次，在对现存理论的缺陷加以修正之后，建构一个**新的国际政治理论**；再次，对这一新理论的适用性进行检验。要实现这些目标，其首要前提就是阐明**什么是理论，以及对理论进行检验的必要条件**。[6]1

思想体系已经形成。曾国藩把《礼书纲目》《五礼通考》《汉学商兑》等观点截然不同、立场水火不容的著作掺和一起来读。在博览群书、泛读百家的基础上，曾国藩对各家学说都进行了分析研究，找寻出各家的特长，加以融会贯通，心领神会，从而形成自己庞大而复杂的思想体系。

思维科学的概念已经形成。钱学森认为思维科学是一大类科学，人工智能、认识科学、神经生理学、神经解剖学、心理学、语言学、数理语言学、文字学、科学方法论、形式逻辑、辩证逻辑、数理逻辑、算法论、数学、控制论和信息论等，都和思维科学有着密切关系。这些长期以来分散而又不相直接关联的学科，可以有机地结合成为一个**知识体系**了。[7]123

思想体系的形成都是知识大整合的结果，参见本书《知识大整合的六种方法》一文。

1.4 为了延年益寿

心智萎缩也可能要人的命。写书是一种智力和体力的活动，有助于延年益寿。有证据显示，心智萎缩也可能要人的命。一些工作忙碌的人，一旦退休之后就会立刻死亡。他们活着是因为工作对他们的心智有所要求，那是一种人为的支撑力量，也就是**外界的力量**。一旦外界要求的力量消失之后，他们又没有**内在的心智活动**，便停止了思考，死亡也跟着来了。此时，如果我们没有内在的生命力量，我们的智力、品德与心灵就会停止成长。**当我们停止成长时，也就迈向了死亡**。[8]297 康熙也认为："凡人之心志有所专，即是**养身之道**。"[9]74 吉姆·柯林斯回忆彼得·德鲁克道：彼得·德鲁克先生已 85 岁高龄，却依然精力充沛，每年会为读者献上一本新作；当他 94 岁的时候，他依然笔耕不辍，探讨 21 世纪的一些挑战。据统计，中国的院士大都是高寿的人，这也旁证了益智益寿的道理。

1.5　为了宣泄一种情绪

许多名人发愤著书。太史公司马迁在《报任安书》中说过这样一段话："盖文王拘而演《周易》；仲尼厄而作《春秋》；屈原放逐，乃赋《离骚》；左丘失明，厥有《国语》；孙子膑脚，兵法修列；不韦迁蜀，世传《吕览》；韩非囚秦，《说难》《孤愤》；《诗》三百篇，大抵圣贤发愤之所为作也。"这段话强调了情感的力量以及情感对理性的作用。

1.6　为了给特定的读者群提供新知识

这本书是写给谁看的？写书之前应有一个定位：未来的读者群体是谁？修·高奇认为，《科学方法实践》的**预期读者**主要面向专业的科学家……因为先有方法才会有结果，**科学方法是通向所有科学思维的关口**。[5]前言9

《成功之道》适合每位读者，不管是政府官员还是企业执行官，医生、律师、艺术家、学生、老师、父母，或者从事其他任何职业的人员，都至少能在本书中发现一些观点和方法以帮助他们做出最好的决策。

2 写书的目标是什么

写书的目的和写书的目标不是一回事。目的是最终的结果，目标是阶段性的结果。英国罗温纳·摩雷提出设定有效目标（SMART）的五种方法：①特殊的，独到的（Specific）；②可测量的（Measurable）；③可以办到的（Achievable）；④现实的（Realistic）；⑤有时间计划的（Timescaled）。[10]28

这五个英语单词的第一个字母组成另一个英语单词 SMART，即聪明的意思。

2.1 写一本多厚的书

写多厚的书取决于内容。英国休谟写了《人性论》4 卷，每卷约 90 万字。我主编的《肝胆胰外科理论与实践》一书，有 120 万字。彼得·德鲁克的《管理的实践》，内容既无所不包，又写得浅显易懂，大概只有 30 多万字。这种成功的方法可以借鉴，将书写成一本易读、便携且中等厚度的书可能是一种明智的选择。因此，我写《成功之道》，计划控制在三四十万字。

2.2 多长时间写完

有些人是多产作家，一年写几本书。有些人几年甚至几十年才写完一本书。这取决于人的天赋、所选主题的复杂程度和对主题投入的心思和毅力等因素。

完成一本高质量的书耗时很长。曹雪芹写《红楼梦》用时 10 年，达尔文写《物种起源》用时 15 年，司马迁写《史记》用时 16 年，司马光写《资治通鉴》用时 19 年，李时珍写《本草纲目》用时 27 年，哥白尼写《论天体运动》用时 30 年，摩尔根写《古代社会》用时 40 年，马克思写《资本论》用时 40 年。[11]202

曹雪芹对《红楼梦》"批阅十载，增删五次"，一个原因是他对作品的结构下了一般人无法比拟的功夫，极端地精心设计，极端地精心组织。他在《红楼梦》中留下许多伏笔，"草蛇灰线，伏脉千里"。这些伏线是寻找这部伟大作品结构运行的路标，找不到这些伏线就不能真正读懂《红楼梦》。[12]32 只有下功夫弄清它那复杂的非线性的结构手法，你才有望读懂它。曹雪芹自己深知这一点，所以他发出"谁解其中味"的感叹。[12]43

朱东润自述撰写《张居正大传》，在社会动乱中花了几年的时间收集整理资料，真正动笔写作的时间仅仅用了短短 7 个月，赶出一部 30 万字的皇皇巨著。在 80 年前的条件下，他相当于每天要写 1500 字左右。[13]序 14 雍正每天除了完成各种礼仪、接见众多官僚之外，还要阅读大量奏章，并一一作出批复，平均每天用毛笔朱批七八千字。[14]264 这是一位非常勤奋的皇帝。以现在的条件，一小时写千字文，是可以做得到的。[10]8 弗朗西斯·培根指出："过于求速是做事最大的危险之一。"因此，写作既要抓紧时间，又要留出思考的时间和放松的时间。

2001 年，由于外科临床决策的乱象，我开始研究思维与决策。这两个主题的内容很大，跨度的时间也很长，涵盖的范围非常广，其间的相互关系十分复杂，至今已经过去 23 个年头，我仍然没有全部完成此部著作。近期完成的《成功之道》一书，只是这项研究的一部分成果。其中的一些初稿已经完成了数年，我最近几个月才集中时间整理成书。

3 写书的条件有哪些

写书不是人人都可以完成的一件事情。它需要具备一定的主观条件和客观条件。

3.1 在自己的兴趣和能力之内

古罗马贺拉斯在《诗艺》中说："写作要选自己力所能及的题目。"《控制论》的作者诺伯特·维纳说过："这既不是我的兴趣所在，也不是我的能力所及。"[15]18 这说明写书既有兴趣的问题，也存在能力的问题。诺伯特·维纳又说：对于我自己感兴趣的那些东西给予了**很大的篇幅**，对于我自己**没有研究**过的东西，**篇幅却较小**。[15]8

能力问题实际上是胃口和大脑的问题。正如杰斯·费斯特指出的那样，建构理论也有胃口大小的问题，**消化、吸收、重组、再造**是理论建构的几项重要工作。若有人想要构建一个**完整的综合理论**，想成为某一领域的**集大成者**，需要阅读古今中外的大量书籍，这需要很大的胃口和强大的大脑。有些人却没有那么大的胃口，他们只关注理论的几个方面，形成自己的观点。[16]3

源自百家，自成一家。你的大脑要有处理海量资料的能力，达到材料源自百家，但最终能熔百家于一炉，成为一家。在写作之前，首先是广泛收集文献材料，其次是精选文献材料作为**参考文献**，再次是摘选相关的、有针对性的重点资料，**消化、吸收、重组、重排、重构**，形成自己的系统思想。一旦成书，它就与各个资料的来源**发生了质的变化**。用殷昆的话说：在这个著作里面，虽也引用别人的观点，但主要观点、思想内容、文字结构都是"我"的，不是别人的，不是"他"的，也不是"你"的，而是"我"的思想，"我"的观点。[17]60 源自百家，自成一家，就像蜜蜂"**采得百花酿成蜜**"的过程一样，又与厨师将各种食材炒成一盘菜类似。

3.2 在客观资料允许的范围之内

写文章必须有充足的资料。不是少到无从探取，也不能多到无从收拾。李敖的文章很长，但资料扣得紧，主题不会因为文章长而被淹没，每篇文章在动笔前他都会冷静地思考及广泛地搜集资料，动笔时可能很情绪化，就好像炒东西的时候，把肉、菜、葱等东西准备好了以后，把它炒得很火爆。[18]49

大部头的书需要海量资料的支撑。要想讲一个大课题，例如思维与决策，包罗万象，古今中外，概莫能外，没有海量的资料是不可能完成的，即使完成了，其质量也不会高到哪里去。修·高奇在写《科学方法实践》一书时，认真地从相关的历史学文献、哲学文献、社会学文献和教育学文献中，**有选**

择性地、针对性地采用和选取必要的资料。[5]12

密歇根州立大学吉姆斯·米勒博士介绍《科学方法实践》时说，修·高奇广泛而深入地阅读、升华和集成了**几百册书籍和大量文章**，抽取了其中论述科学历史、科学哲学和科学实践方面的内容。把这么一大批的精品进行"**熔炼和提纯**"，用所得到的"**智慧的黄金**"款待读者。

要做资料大王。我国台湾学者李敖号称自己是**资料大王**。他生平收藏了大规模的资料，正像韩愈在《进学解》中所谓的"**贪多务得，细大不捐**""**俱收并蓄，待用无遗者**"。有些资料乍看没用，但是，往往在你看不到的地方、想不到的时候，这些资料，就会发挥正面证据或"反面教材"的作用。[18]23

要海量搜集资料。一本书的价值在于**言之有物、言之有理、言之有据**，因此，我们要大量收集、阅读与积累资料。古今中外的资料，凡是与专题相关的，都应在搜集之列。

要搜集多学科的资料。资料的价值不仅在于数量，而且也在于资料的结构。例如，彼得·德鲁克在写《管理的实践》一书时，将众多管理思想及自己的相关思想进行整合，囊括了**心理学、社会学、历史学、哲学、文学和经济学**等领域的知识，打造了新的管理学，并为管理学奠定了方法论基础。

要搜集不同学派的资料。管理学有几种决策理论，各自理论之间的关系绝非水火不容。尽管它们的假设和语言大相径庭，但同时也可以相互补充。

古典管理理论：包括科学管理和行政管理两部分。

行为管理理论：认识到组织中人类行为的复杂性。

定量分析管理理论：关注的是决策、经济效益、数学模型和计算机应用。

系统理论：将组织看成一个系统，从中可以识别出四项要素：投入、转化、产出和反馈。

权变理论：该理论认为在给定情境下，适当的管理行为取决于这一情境下的独特要素，也就是实行权变。[19]40

资料选择的范围。清代万斯同在《与钱汉臣书》中说，必读尽天下之书，尽通古今之事，然后可以**放笔为文**。在资讯不发达的古代，这种要求并不为过。但在当今信息爆炸时代，这是完全不可能做到的！必须**窄化搜索的范围**，学习修·高奇写《科学方法实践》时采用的方法，选取必要的资料，有针对性、合理性和恰当性的重点。

网上收集资料。当今是互联网时代，上网搜索、检索、下载、核对，非常便利、快捷，为全世界范围内收集资料提供了前所未有的方便。我们可以依托互联网，全面搜集所需资料与信息。当然，互联网上的资料鱼龙混杂，需要我们具有一定的判断力，需要交互印证、核实，方可采用。必要时，我们还应查找原文进行核对。此外，网上查找资料，可以节省不少时间，提高效率。

4 写书的大法是什么？

德国哲学家弗利德里希·尼采说："如果我们**有目的**，我们就什么方法都能找到。"[20]110 巴甫洛夫曾经深刻地指出："良好的方法是成功的钥匙，可以为获得可靠的真理提供可能性。"[21]23 因此，掌握写书的方法是实现写书目的之**必要条件和必要技能**。

4.1 资源整合法

英国詹姆士·艾伦被称为"人生哲学之父"，他的思想影响了很多后来者。他在写作方面的经验是："现在就告诉你真正力量的秘密。要通过不断地练习学会在任何时候都能对某一个给定的题目进行**资源整合，并思考它**。"[22]209

每本书都是经过深思而来的。作家哈蒙德·英尼斯说："每一本书都是不同的，是深思锤炼出来的。"[23]270 用《战争论》的作者克劳塞维茨的话来说："这一本书还是可以代表许多年来深入思考的成果。"[2]自序1 那么思考什么？重点思考书名、副标题和架构。书名很重要，需要反复推敲，既要名副其实，又要有亮点，**读者一看书名就想拿起来读，买回家去看**！

规划书的架构需要逻辑＋想象。美国管理大师彼得·德鲁克在写名著《管理的实践》时，介绍了他的写作过程：先描绘出"黑暗大陆"——**管理的整体结构**，然后厘清拼图中有待填补的失落片段，最后再将**整体组合起来**，成为有系统、有组织，但篇幅很短的一本书。[24]序Ⅻ

架构体现作者的智慧。最好的书都有最睿智的架构。虽然它们通常比一些差一点的书要复杂一些，但它们的**复杂也是一种单纯**，因为它们的**各个部分都组织得更完善**，也更统一。[8]71—72

架构就是杂糅一体。钱学森讲系统就是"分门别类，共居一体"。[7]序Ⅳ曾国藩集各家之长，对诸子百家兼师并用，吸收各家之长**杂糅一体**。[25]253 杂糅一体是整合的结果。因此，写书的资源整合法可以概括为下面的公式：

$$资源整合法 ＝ 主题思想 ＋ 思考 ＋ 架构 ＋ 统一$$

4.2　结构规划法

一本书的结构是作者长期思考的结果，绝不是仅仅添加几个热门话题而已，至于章节的组织要采取整体化的方法。**结构决定功能，以功能顺序来安排书的结构**。理查德·L.达夫特的《管理学》一书是以管理的功能，即计划、组织、领导和控制为基本理论框架，原因是这几项功能基本上囊括了管理研究的范畴及现实中管理人员的基本特性。[26]序言《成功之道》一书的结构是：**大道理—小道理—实际应用**。

反复修改书的架构。在 20 多年的写作过程中，我深感最难的是**谋篇布局**，需要反复修改。每一次的修改都是基于我认识水平的提高，知识面的扩大，经验的积累，社会阅历的丰富，思考问题的角度、力度和深度不断的增加。

一本书的结构公式。《现代汉语词典》对"结构"的解释是："各个组成部分的搭配和排列。"我认为这种定义不够全面，它没有体现出各部分之间的**主次关系和功能联系**，也没有反映出**结构决定功能**的意义。我是学医的，知道药物的结构决定药物的功效，酶的分子结构决定酶的化学功能。大家都知道，篮球队在场上打球要有前锋、中锋、后卫和队长，各自发挥自己的作用，守好自己的位置，彼此信任互动，这样才构成一支真正的球队。因此，我对结构普遍性的研究发现：任何结构都是由要素组成的，每个要素都有其独特的作用，要素与要素之间是交互作用的，并保持协调一致，共同完成某一项特定的任务。何为要素？要素就是主要的元素，在整体中扮演着重要的角色，起着重要的作用。因此，我将结构的普遍性概括为下面的公式：

$$结构 = 要素 + 层次 + 顺序 + 关系 + 协调 + 统一$$

事实上，这种模式具有普遍性，比如房屋的结构、电脑的结构、组织的结构等，都可以抽象出这个模式。结构优先考虑的是确定"要素"的种类和数量，每个要素都有其特定的作用（功能）。这些要素之间的关系是体现在层次、顺序和彼此的联系与反馈上，在整体上要成为协调与统一的有机体。

结构要前后连贯，首尾呼应。钮先钟评论《孙子兵法》和《战争论》的结构，说两书颇为相似：《孙子兵法》以"计"为起点，以"用间"为终点；《战争论》以"战争性质"为起点，以"战争计划"为终点。它们都有起点，有终点，都是首尾呼应，使全书在理论体系上形成一个整体。[2]120 一般而言，学术著作第一篇或第一章是全书的基础理论（或指导思想），中间的篇章是基础理论的展开；最后一篇或最后一章是实际应用所取得的效果。

4.3 哲学思辨法

奥里森·马登等大师写书，都有一个共同点：先讲故事，后说道理，再说哲理。美国戴维·谢弗认为对待像社会性与人格发展这样一门博大精深的学科，需要一定的哲学观。[27]序王梓坤认为，哲学思辨不能解决具体的问题，但有助于打开心灵的智慧之窗，引导人们去思考关于茫茫宇宙的种种大而有趣的问题。[28]154 写书就要写出哲学思辨性的分析，这样，对人的帮助最大，助其从根本上掌握知识、技术的普遍性。例如，我对技巧是如何产生的这个问题，进行了哲学的思考，得出一条规律：只要改变操作的顺序就可以产生技巧。这条规律不受时空的限制，不以人的意志为转移，从而深入哲学的境界。

在思想体系中融入科学哲学。美国维纳在写《控制论》时，表明和详述他在这门学科上的思想，以及继续引起其兴趣的某些观念和哲学上的考虑。[15]序言8

科学的抽象和哲学的抽象。美国密歇根州立大学的吉姆斯·米勒博士在评介修·高奇《科学方法实践》一书时说：他竟然能够把自己的实际经验、所历、所见、所闻总结得如此全面精到，并上升为论述科学哲学和科学思维方法的基础。[5]序Ⅵ实际经验、所历、所见、所闻属于事实部分，是对事实进行科学的抽象，使认识上升了一个层次；再对科学的抽象进行哲学的抽象，从而使认识又上升了一个更高的层次。

找出普遍适用的原理。修·高奇认为各学科之间的方法是相互联系的，背后有普遍性的原理。他说："难道各种各样的科学学科和分支学科的实用方法，真的毫不相干、互无联系吗？真的没有普遍适用的原理吗？其实，只要问三五个具体的问题，就足以消除疑惑、廓清正误。"[5]3 实际上，万法归宗，都有普遍实用的原理。

辩证法是哲学的核心。钮先钟先生认为《孙子兵法》和《战争论》是两部不朽的名著，不仅都有完整的思想体系，而且还有共同的哲学基础。[2]173 这两部兵学名著充满着攻与守、进与退、智与谋、战略与战术等辩证思想。

4.4 理论建构法

理论建构的目的。用司马迁的话来说，它就是"究天人之际，通古今之变，成一家之言"。我补充一句："贯中西之学"，将二者结合起来就是：究天人之际，通古今之变，贯中西之学，成一家之言。要想达到此目的，我们应掌握理论建构的方法和步骤。第一步，建立合适的方法论。第二步，广泛收集资料。第三步，资料分类。第四步，简化，主要通过以下四种途径进行：①分离；②提取要素；③归并，将某些互不相关的要素归并在一起；④理想化。第五步，提出基本假设。第六步，关系推理，确定基本假设之间的逻辑关系。第七步，概念重组。第八步，哲学思辨。

5 写书的技法有哪些

上面介绍的四种写书的大法，就是写书的**章法**，而章法是要通过技法来实现的。技法的核心是"语言的艺术"和"文字的功夫"。为什么说是"语言的艺术"呢？因为写书的本质与说话的本质是一样的，语言是思想的代言人。为什么说是"文字的功夫"呢？因为书是以文字为载体的，即"文以载道"。口语是说给人听的，书面语是写给人看的。与书面语言相比，口语字节较短，一般不超过七个字。有人用电脑统计过毛泽东发表的很多演讲词，发现其每句话都在七个字左右。**口语比较直白，无须添加很多修饰语，也不用**为咬文嚼字而劳心费神。[29]118—119 彼得·德鲁克曾说：你的效能取决于你通过**语言和文字**与他人交流的能力。

5.1 语言的艺术

演讲的"三题"。演讲从什么角度切入？在正式演讲之前，演讲者要明确演讲的内容、演讲的角度、演讲的卖点，要对整个演讲的结构进行策划。直白点说，演讲前要明确三"题"，即题材、主题、题目。

题材是选择演讲的材料。要讲你熟悉的或有研究的；要讲听众感兴趣的，因此你得自己先感兴趣，听众才能被你的演讲吸引并深度参与；要讲你有感动的，只有先感动你自己，才会让听众感动；要讲你有激情的，要想点燃听众的激情，你自己必须先满怀激情。演讲时，演讲者必须饱含激情，有感而发，才能打动听众。选择充满吸引力的题材，你才能创造性地发挥，才能有效带动听众的情绪。兴趣是最好的老师，兴趣也是最好的教练。

主题是取材的视角。演讲题材选定后，下一步就是寻找视角，对这些材料进行加工，确定演讲主题。演讲主题是贯穿演讲的主线，是整个演讲的灵魂。如何加工这些材料、如何确立演讲的立意、如何**给这些材料赋予意义**，这些是演讲的灵魂。只有视角独特，主题才能新颖。

题目是演讲的眼睛。所谓目，就是眼睛，是一篇演讲的旗帜、招牌和衣领。这是演讲者为全篇演讲树起的一面旗帜，起到招牌作用。它也是演讲者给全篇演讲定的衣领，通过这个衣领，演讲者可以抓住整篇演讲稿。它还是一篇演讲的定音之弦和第一印象，关乎演讲的整体布局。当代著名演讲家李燕杰根据自己演讲的体验，对题目的拟定确定了四条原则：**文题相符，大小适度，遣词得体，合乎身份**。他认为好的题目是很难确定的，只有经过深思熟虑、反复推敲，才可能为演讲找到一个美好、生动、有力而又适度的题目。**演讲题目是演讲稿的画龙点睛之笔，文字应简短明了**。演讲题目是演讲内容的提炼，必须反映内容、服务内容。演讲题目不宜过于宽泛、抽象，由于演讲时间的限制，演讲不可能表现太多的内容，题目太大，既不适合阐述，也没法展开。[29]79—83

演讲构造的三步骤。有人问及伍德·威尔逊演讲构造方法时，他回答：首先，**列出要谈的话题**，在脑海中，按它们的自然联系组织起来——也就是说，先把演讲的骨架组装在一起；其次，用速写的方法写出演讲内容；第三，**更换修辞、纠正句子、不断加进材料**，然后，把它打印出来。[30]48

演讲需要多学科的知识。2011 年，我购买了《**我为演讲狂：过好生命每一天**》一书。原本想提高我的演讲能力，结果通篇读完后，我却学到了许多新的思想，增加了许多哲学和决策方面的知识，对生活的意义有了更深层次的认识。一场好的演讲，有赖于宽广的见识、多彩的情趣、厚实的学养，以及对于人情世界的洞察和敏锐犀利的智慧。视角所及古今中外，天文地理，博大精深。从说理举证、谋篇布局、开首结尾到声调体态，演讲又是那么讲究，涉及那么多的技巧，需要潜心琢磨、反复体验，才能达到雄辩的境地。[31]序

5.1.1 演讲成功的四条标准

演讲成功的四条标准是：内容、艺术、语言和道德。

内容标准包括：视角新颖、见解独到；言之有物，有理，有据；信息正确、准确、完整；**信息量恰到好处**；信息可以满足听众的需要。

艺术标准包括：重点突出、脉络清晰、浑然一体；娴熟运用各种表达手段；

语流、语速和声调都把握得恰到好处；手势和体语大方自然；敏锐机智，把握演讲全局；与听众进行互动。

语言标准包括：正确和清晰是衡量语言的两个基本标准；语言的风格，正式程度，是庄重严肃还是风趣幽默，都要视具体演讲的题目、听众、目的及场合而定。

道德标准包括：坦直诚恳、值得信赖；对演讲热忱投入；友好随和、尊重听众。而虚伪诡诈、假仁假义、闪烁其词；对演讲漫不经心、无精打采；对听众武断傲慢、动辄训斥、说教连篇，这样的演讲者，大概是没有几位听众会喜欢的。[31]7—9

5.1.2　写一本演说书的过程

司普雷·道格拉斯在《天才演说：造就演说家的技能与艺术》中介绍其写该书的经验时说：写一本关于演说的书就是一个创造的过程。这个过程分为**准备阶段、酝酿阶段、明朗阶段和润色加工阶段**。[32]75—76

准备阶段，如何选题和立意，如何分析**听众的特点**，如何**收集资料**，如何规范地使用所搜集的论据来说明自己的想法。[33]序Ⅳ你可能在地上踱来踱去，或者两眼瞪着天花板，把一张又一张写坏的稿纸扔到废纸篓里。仅**目录的名称**和前后顺序就用了几个小时的时间。在你决定采纳某种**大致的提纲**之后，在具体写作过程中提纲的**细节**也还是要经过多次修改的。[32]75—76

酝酿阶段，你面对大量复杂的资料时，眼花缭乱，一团乱麻，感到无从下手。你必须**厘清头绪**，分门别类是一个可行的办法。这是实现无序到有序的一个有效工具。

明朗阶段，对信息进行**分析和综合**。分析是将一个题目拆开来进行研究；综合是重新组合各个部分，把它们塑造成一个新的整体。**这个整体是一种创新的产物，**是以前不曾存在的解释。综合没有固定的模式和法则，不同的人都可以收集相同的事实和内容，但解释绝对不会雷同。**综合是你自身创造力的体现，**

代表你的个性特征、你的价值观以及你对生活的个人看法和态度。[32]76

润色加工阶段，在细节上下功夫，使演说条理清晰，使自己的想法简洁明了，语言形象生动，丰富多变，**便于记忆，富有哲理**。过渡自然，选择适当的用词和句子来实现。结论水到渠成，坚强有力。

5.1.3 写一篇演讲稿的过程

英文版《演讲的艺术》（第 8 版）详细介绍了撰写一篇演讲稿的过程，讲述准备阶段，如何选题和立意，如何分析听众的特点，如何收集资料和如何规范地使用所搜集的论据来说明自己的想法。

开头最难写。万事开头难，演讲稿的开头并不容易写。开头一般由四部分构成：引起注意力和兴趣；揭示话题；建立可信度和亲善感；预展正文的主要内容。[33]序Ⅶ你在开始演讲时就要激发听众的**好奇心**，这样，才能吸引他们的注意力。[30]139**切记不要以道歉开始**[30]137，也不要说自己水平不行之类的客套话。

正文组织有序的方法。演讲稿一般采用几种构思方法来组织演讲稿的正文内容，如时间顺序法、空间顺序法、因果顺序法、话题顺序法和问题与解决方案顺序法。[33]序Ⅶ

段落之间巧用连接性词语。在正文段落之间巧用连接性词语，可使演讲稿逻辑清晰，结构紧凑。连接性词语包括"过渡""段落预展""段落总结"和"指向标"等[33]序Ⅶ，起到起承转合的作用。

收尾的写作。演讲稿的结尾一般由两部分构成：示意收尾；强化中心思想。[33]序Ⅶ收尾不能虎头蛇尾，要用坚定的语气，首尾呼应，连贯起来。

利用写作提纲组织材料。演讲稿的写作，一般采用**文稿提纲**（preparation outline）和**讲稿提纲**（speaking outline）。所谓文稿提纲，是指利用提纲的形式写完演讲稿的全文，而讲稿提纲只包括演讲稿的要点。[33]序Ⅶ

运用回指修辞强化演讲效果。回指，是指同一词或短语出现在几个连续句子中的修辞手法，能化平淡为生动。我们不妨想想马丁·路德·金的"我有一个梦想……我有一个梦想……今天，我有一个梦想"。伟大的政治演说家，在演讲中都会使用**回指法**，通过运用**这一修辞手法**来展开强有力的论述。任何需要控制观众情绪的演讲者，都可以运用这种修辞手法。[34]272—273

5.1.4　影响演讲效果的因素

演讲方式至关重要。演讲的目的是与听众进行**面对面的交流**。其效果不仅取决于**你说话的内容**，更取决于你**说话的方式**。演讲者的表述方式和演讲风格对演讲效果起着决定性的作用。条理清晰、重点突出，语言处理得当，**语气、语调、节奏富于变化**，为了配合演讲，**灵活运用手势**等肢体语言和听众交流，都是成功演讲的必要条件。[34]211

影响演讲效果的因素排序。加州大学洛杉矶分校的科学家艾伯特·梅拉比安在其《无声的信息》(*Silent Messages*)一书中，阐述了表达和交流的技巧。他发现，肢体语言既是意识、思维的表达方式，也是暗示的表达方式；**非语言因素是交流中最具决定性的因素**，**其次是语调**等与语言有关的因素，**排在第三**，也是最不重要的因素，即实际的谈话内容。[34]221

劳德·莫利从哲学的角度总结说："在演讲中，有三个因素最为重要：**谁来演讲、怎样演讲、讲些什么**，而在这三者中，第三个因素相对说来最为次要。"[30]94 最重要的应当是你演说的风格和情调。也就是说，"最重要的不是你说些什么，而是**你怎样去说**"[30]93。充满激情和忠诚，犹如在讲述自己的真情实感。[30]46 因此，你上台演讲时的**"精气神"**是第一位的，这是通过你的肢体语言、手势和信心满满的自信心表现出来的。其次是**抑扬顿挫的语言艺术**，表现在吐字的清晰、语音的高低、语调的升降、语速的快慢和节奏的转换。请你务必记住：只有变化才会精彩，只有激情才会动人。第三是内容的精练、精准、奇妙，语出惊人同样是必要的。

5.2　文字的功夫

思想在先，文字在后。作家圈有一句老话："词句晦涩意味着思想混乱。

需要整理的不是文句，而是文句所要表达的思想。"因此，必须先有正确的思想，随后再考虑文字的问题。

绝好文字有四端。曾国藩认为，绝好文字有四项：**气势、识度、情韵、趣味。**有气则有势，有识则有度，有情则有韵，有趣则有味，古人绝好文字，大约于此四者之中必有一长。[1]274 气是第一位的，语言通顺，读起来朗朗上口，**能一口气读下来。势**是一种力量，有理直气壮者，有义正词严者，有波澜壮阔者，有豪情万丈者，有指挥若定者，有咄咄逼人者⋯⋯这些气势表现在文章的**标题**上，表现在开篇的口气上，表现在内容的逻辑**层次**上，表现在语言的**选择**上，表现在作者的**气度**上，表现在文章结尾的**力度**上。

语言要雅俗共赏。书中的语言要为读者考虑，特别是涉及太专业的问题，要通俗易懂，但也不能一味俗下去，全是大白话，显得没有文学功底。正如郭沫若所讲的："**言之无文，行之不远。**"曾国藩说："时文家有典、显、浅三字诀，奏疏能备此三字，则尽善矣。"所谓典，即典故，是故事；所谓显，则明，一目了然；所谓浅，则浅显易懂，易于传播。正如王梓坤所讲的："书中讲的是科学发现，夹杂一点文学、历史和数学，无他，**希增其可读性而已，非敢弄斧也。**"

养成良好的写作习惯。莎士比亚有句名言："简洁是智慧的灵魂。"请遵从下面的指导原则，你就能养成良好的写作习惯：让你的文字显得**自然**；力求简洁；用简单的语言表述观点；使句子富于**变化；重述多于引用；**用自己的话表述其他作者的观点；要**生动，**清除文字中乏味、呆板的表述；试着用丰富多彩且**具有想象力**的文字表述你的观点。这样，你的文字就会呈现新的活力。[35]271

重要的观点多方面突出。对重要的观点给予应有的突出度。具体做法是：为重要观点增加**更多的篇幅**；只要有可能，就把重要观点放在**最突出的位置**；文章的结尾是最突出的位置，开头次之；不时重复关键词，或者使用雷同词。[35]267 最后一点是运用**回指**修辞手法予以强调。

抓两头带中间。清代李渔在《闲情偶寄》中说：**开卷之初，当以奇句夺目，**使之一见而惊，不敢弃去。终篇之际，当以媚语摄魂，使之执卷留连，勾魂摄魄，使人看过后数月而犹觉声音在耳，情形在目者，全亏此局撒娇，作临去秋波那一转也。**中间的正文**，内容层层递进，逻辑环环相扣，是为层递阶升的手法。[29]106

演讲的"三题"，也是文章的"三题"。写文章要重事实，抓思想。2000年前，林瑞斯这样写道："不要为辞藻而搜肠刮肚，要**为事实与思想而投入**；如此，每当下笔，**有如神助**。"[30]55 要想实现文章的"三题"，必须从字、句、段、结构上下功夫。由字成句，由句成段，由段成文。虽然字是最小、最基本的单位，但也是**体现文字功夫**的最重要地方。

一字之改，水平立现。选字非常重要，有"一字之贫"和"一字之师"之说。一字之改，意境立变，水平立现。范文正公在《严先生祠堂记》中评价严光时用"先生之德，山高水长"，李泰伯改"德"为"风"。显然"**先生之风**"的境界优于"**先生之德**"。这就是有名的一字之师。[36]231

句式长短的变化。中文的句式分简单句和复合句，简单句比较短，复合句比较长。大部分好的文章一般都是长句与短句混合使用。

要有一两句点睛之笔。一篇好文章，就是依靠一两句点睛之笔来支撑。侍读学士潘祖荫出面营救左宗棠，入奏曰：是**国家不可一日无湖南，而湖南不可一日无宗棠也**……宗棠一在籍举人，去留无足轻重。而楚南事势关系尤大，不得不为国家惜此才。[37]84 唐浩明认为"是国家不可一日无湖南，湖南不可一日无左宗棠"，确是神助之笔。

引语必须重组。如果你把别人写的东西逐字逐句地放在自己的文章中，那就是剽窃，无论你是否指出作者的名字。[10]154 因此，**不能一字不差地引用别人的话**，要用"自己的话"来重组其思想，要用"自己的话"将它们串联起来。

段落长短变化。有些伟大的作家，像蒙田、洛克或普鲁斯特，写的段落奇长无比；另一些作家，像马基雅维里、霍布斯或托尔斯泰，却喜欢短短的段落。现代人受到报纸与杂志风格的影响，大多数作者会将**段落简化**，以符合快速与简单的阅读习惯。[8]116 我认为，这个问题不仅是段落长短的问题，而且还涉及**语言与思想的关系问题**。

一段文字一个思想。你可以一口气说完一句话，但你在表达一段论述时却总要有些停顿。你要先说一件事，然后说另一件事，接下来再说另一件事。一个论述是从某处开始，经过某处，再到达某处的。那是思想的演变移转。[8]112 因此，一段文字表述一个思想，作者易写，读者易懂。

精练段落提纲句。欧几里得、伽利略、牛顿这些写作大家，都同意这样的写法：一个段落就是一个论述。[8]117 撰写论文的一般方法是**每一段落有一个提纲句**，作为这段内容的中心思想。提纲句是从内容中"提炼"出来的，要简明扼要，一目了然。统修全书时，要修改所有的提纲句，使之更准确、更精练。若将每个**提纲句摘下来，连起来**，就是该篇文章的**摘要**。

段落次序调整。段落放前或放后，意思是不同的，逻辑关系也是不同的，因为语境变了。因此，要**按照思维的逻辑顺序调整段落的排序**，在段落排序调整之后，也要对段落提纲句进行相应的修改，使思想和语气能够连贯起来。这就是**重构的核心内容**。

统揽全书。约翰·欧文曾说："如果一个作者看不到结尾，我难以想象他怎么能够心怀足够的目标开始其写作。"[10]244 因此，统揽全书，需有**系统观和大局观**。所谓系统观，是有"一以贯之"的思想观点。所谓大局观，就是**从头到尾整本书的思想都在自己的脑子里**。正如彼得·德鲁克在自评《管理的实践》一书时所说的："我相信本书之所以如此成功，原因在于**内容既无所不包，又写得浅显易懂**。每一章都很短，却又**完整说明了管理的基本观念**。"[24]序XII

5.3 体裁的转化

将一篇讲稿转为一本书。乔治·威尔逊为了帮助一所学校，专门撰写了**演讲稿《知识的五种门径》**（*Five Gateways of Knowledge*），后来又扩充为一本书。[38]265《业绩是奋斗出来的》《使命、价值、业绩、品牌》和《全面振兴娄烦县人民医院》也都是将演讲稿转化为文章，收录本书。

将一个理念转为一本书。"燃烧的斗魂"是"稻盛和夫经营十二条"中的第八条,而且是篇幅不长的一条。后来,福盛和夫将这一条演绎成一本书——《心法之贰:燃烧的斗魂》。这本书一经出版就十分畅销,短短 2 个月在日本卖出了 10 万多册,势头不逊色于《活法》当初的景况。

将一篇论文转为一本书。1933 年,戴高乐发表了一篇文章,题目是《建立职业军》。他本想一石激起千层浪,引起军内外轰动,不料,却无声无息。他认识到,面对军内的保守派,**单凭一篇文章是远远不够的**。于是,他决定把文章进一步充实,经过一年多的努力,写成并出版了专著《建立职业军》。[39]172

5.4 长期和突击的结合

厚积薄发。一部巨著的写作,是一个长期积累和思考的过程,可以形象地比喻为**温火慢炖**;然后在短时间内一挥而就,一气呵成,形象地比喻为**急火爆炒**。正如王梓坤所讲的:"许多大事业、大作品,都是长期积累和短期突击相结合的产物。"[28]166

二慢一快。大部头的写作需要二慢一快,即两头慢,中间快。开头阶段是准备阶段,是反复构思,逐渐收集资料的过程,要耐得住性子,得慢;中间阶段要勇猛精进,要集中时间、集中精力成章、成书,得快;收尾阶段要慢,要认真校对、推敲,全书统一,使之成为一个有机的整体。曾国藩写作的做法是,多少年来烂熟于胸,用不着多想。他笔不停挥,文不加点,一直写到鸡叫头遍才住手。我写《成功之道》一书,是 23 年研究思维与决策的一个成果,有些初稿或二稿已经完成了数年,最近几个月才集中时间成书。

5.5 功夫在诗外

南宋大诗人陆游向儿子传授写诗的经验时说:"**汝果欲学诗,工夫在诗外**。"意思是说,作诗不能只在辞藻、技巧、形式上下功夫,要有诗以外的大量的知识积累,做到言之有物,言之有理,言之有据。此外,我认为还要深入实践,有切身的体会,才能写出有血有肉、感人至深、富有哲理的好诗。

6 读书与写作的关系是什么

中国古人云："**读书破万卷，下笔如有神**"，一语道破了读书与写作的关系。

6.1 海量读书

读书的三个阶段。由于工作和学习需要，我大量地买书和读书。关于读书，我有三句话：**好读书，读好书，读书好**。读书是一个循序渐进的过程，第一阶段由近及远，先读与自己专业相近的书，再读专业之外的书。第二阶段，读一些科学、哲学、文学之类的书籍。第三阶段是专题读书。一个专题可能涉及几门甚至十几门学科，这就是跨学科研究。通过兼学别样，达到触类旁通的效果。**读海量的书，需要有方法论，**下面我将分别简要介绍一些方法：

审其大义法。孔子读书是"每纵观大意"，诸葛亮读书是览其概要，而不是寻章摘句。陆游是"好读书、不求甚解"。康熙读书是"当审其大义之所在，所谓一以贯之也"。所谓一以贯之，就是将一种道理贯穿于事物之间。

连环读书法。这是钱学森读书的方法，非常可取，读书有点像滚雪球一样，书越读越多。由这门学科联系到那门学科，由那门学科又联系另外一门学科，这样，就将许多学科相同、相近甚至相反的观点关联起来。我称之为连环读书法。

快速读书法。近代儒学大师梁启超介绍其读书的方法，择书是第一位，不读无用之学，"独标大义"，不为章句，专求大义。**删除琐碎，独留简要。**这样，能快速读书，一字不放过，一句求其故，以自出议论为主。久久为功，触发自多，**见地自进**，始能贯串群书，**自成条理**。[40]253—255 如果你想在短时间内获取更多的信息，不妨学习**一目十行的速读法**。

慢读经典法。经典名著要精读，精读的要求是一慢、二记、三思考。放慢读书的速度，你就会看得细一些。其中的名言警句要记在脑子里，如果读书不记忆，读再多的书也没有用。只有熟记在心中的词句，才可以随时调动得出来。[41]368 通过多读或者大声朗读，或摘抄都可以促进、加深对书的记忆。[42]95 只有思考才能将经典转化为自己的思想。亚瑟·叔本华在《论读书》中写道："如果你觉得读书就是为了模仿别人的想法，那么这是思想上的懒惰。请丢开书本自己思考。"[42]102 他对读书的评价就是"自己的原创思考"。

批判性阅读。"尽信书不如无书"，读书要有一种质疑的态度。这不是对作者的不尊重，而是在追求真理。我们必须拿起批判的武器，运用批判性思维，进行批判性阅读。批判的武器是什么？是各种判断，包括常识判断、经验判断、知识判断、理论判断、逻辑判断、智慧判断、直觉判断、道德判断、价值判断、美学判断、哲学判断等。批判性思维是什么？批判性思维是对思维过程的反思，目的是考量思维是否符合逻辑、是否符合好的标准。批判性思维的目标是做出明智的决定，得到正确的结论。

创造性阅读。在批判性阅读的基础上，进行创造性阅读。创造性阅读是运用创造性思维。什么是创造性思维？创造性思维寓于抽象思维和形象思维之中，是逻辑思维和非逻辑思维的辩证统一，是发散思维和辐合思维的辩证统一。[43]116 创造性思维是一种天赋，其实践程度将人类和所有其他形式的生命区分开来。[44]193 创造性思维是价值最高的思维。[45]133 创新性阅读的结果是产生了创见。何谓创见？创见是见人之未见，发人之未发，言人之未言。明末清初的唐甄是第一位注意到孙子思想中有一个重大弱点的学者。他指出："《孙子》十三篇，智通微妙，然知除疾，而未知养体也。"钮先钟评价，的确是一种创见，言前人所未言，其智慧和勇气都令人佩服。由此可见，创见的产生需要智慧和勇气。

多次阅读法。《品格的力量》《生活之道》《如何阅读一本书》《战略研究》《决策是如何产生的》《管子》《荀子》《毛泽东选集》和《管理的实践》等都是我的案头书。我一般读两遍，第一遍阅读，画出重点，标上批注与感悟。第二遍阅读是边读边"吃书"，将要点、金句摘出来并录入电脑。《生活之道》，我读了五六遍，每读一遍就有一次的新发现和收获，经常会遇到上次阅读时忽略的重点，遇到意想不到的好句子。[42]128

6.2　专题读书

选准切入点。虽然开卷有益，但乱看无益，漫看无获。没有目标，没有重点，没有带着问题去读书，书就读不深、读不透。因此，一定**要选择一个切入点**——进行专题研读，你就可能成为某个问题的专家。胡林翼的读书方法是，选好一个切入点：**兵略**，广采众长，将时间、精力、心智都集中于这一点，写出《胡林翼读史兵略》一书。魏征等人将切入点选在**治国方略**上，写出《群书治要》一书。

多门精通，一点高明。王梓坤指出，经过博而达到多学科的精；集多学科的精，达到某一大方面或几大方面更高水平的精，这可以看成为一个公式。[28]48 这段话的意思是，在精通多门学问的基础上，在一个或几个切入点上进行整合，在"点"上达到更高水平的精。本书的《成功之道》一文就是在"成功"这个"点"上实现了更高水平的精。

6.3　读书形成自己的思想

读书形成自己的思想。俄国鲁巴金说过："**读书是在别人思想的帮助下，建立自己的思想**。"如果读书不能形成你自己的系统思想，就像佛家所说的"**阅尽他宝，终非己分**"。[13]2 通过读书，形成自己的思想，是**批判性阅读和创新性阅读**的结果。一些经典书籍要慢啃、多啃，细细品味，才能得其精华。正如梁启超所说的："撷其实，咀其华，融会而贯通焉。"这些说法都有其道理，但可操作性并不强，一般人难以上手。我想介绍一些**易懂、易记、易上手**的方法：

第一步，化整为零。人类消化食物，需经过**消化、吸收、重组、重构**，才能成为自己的东西。读书的道理在本质上与人类消化食物的过程是一致的。无非一个是物质营养，一个是精神食粮。所谓消化，就是"**破坏**"，由大变小；就是分解，由复杂变简单。读书时，在书中找到让你自己心动的语句；[42]97 找到你认为好的小标题；[42]99 找到你喜欢的段落；[42]前言 10 找到你与作者共鸣的词语；[42]97 记录你读书时的感想。[42]101 所有这些都是你原创思考的源泉。把读到的这些信息以准确的形式记录下来，保存起来，这就完成了消化的过程，这些信息成为你思想的原始材料——共鸣、感想、感悟、质疑、顿悟、批注、书评等。

第二步，分类取舍。书读多了，脑子里的知识多了，就必须予以分类整理，才能够使学问清晰，有条理，为自己所用。好的学者，其知识之储备一定是丰富而又条理分明的。平时之运用，尤其是提高与创新，非在这样的基础之上不可。[41]368 区分优先次序是分类和过滤信息的一种重要方法。哪些信息是最重要的？它与其他信息有什么关联？选择就是过滤，过滤就是取舍，**取舍需要智慧，有时需要直觉**。

第三步，攒零合整。这一步是按照自己的思路，将分类取舍的"原材料"重新组装起来。这是一个**综合**的过程，一个**整合**的过程，一个**再造**的过程，一个创新的过程。**创新 = 元素 + 重组 + 重排 + 重构**。如果在元素中能够加入自己的实践经验、研究成果、创见，则是具有**原创性的创新**；否则，是**集成性的创新**。对于一篇文章来说，它由片段的资料重组、重排成段落，再由段落重构成一篇文章。这样，就实现了读别人的书，形成了自己的思想。

我总结的三步骤，将名家抽象的说教转化成**易学、易懂、易用**的实际操作流程。这也符合彼得·德鲁克提倡的方法，将方法论、原则以及将潜力转化为**工作的流程**。[46]156

读书形成战略思想。钮先钟在战略研究中，对思想的重要性做了详细的解释。他说：在思想、计划、行动三个层次之中，**以思想的境界最高**，最具有**抽象性和总体性的意识**。思想不是科学而是艺术，甚至还会深入哲学的境界。这段话对战略思想做了深刻的解读，包含几层意思：一是战略思想是艺术而非科学，实际上科学与艺术是一体两面的关系；二是战略思想是意识，只不过这种意识是**抽象性**的，从而带有**总体性**的；三是战略思想是战略计划和战略行动的基础，是**最高的层次**，已经深入哲学的境界。后一句话也可以解释为：**战略是一种哲学**。

读书整合成专著。斯坦福大学菲利普·津巴多在《决策与判断》的序言中说，对老的思想给出新的解释，进行批判性思维练习，从而把许多通常不相关的材料整合成一本令人遐思、发人深省的好书。我将这段话演绎为：旧理论 + 新解释 + 新概念 + 整合，就形成了一种新理论。钱学森说："我认为把运筹学、控制论和信息论同贝塔朗菲、普利高津、哈肯、弗洛里希、艾肯等人的工作融会贯通，加以整理，就可以写出《系统学》这本书。"

使用"3I"和"3R"的处理方法。从读书到形成自己的思想，需要使用批判性思维和创造性思维的读书方法，形成创新三步骤。同时在创新的过程中，还需要一些特殊的技能。为此，钮先钟提供了"3I"和"3R"的方法。

创意源自既有信息的重组。这些知识是我后来学到的，印证了我的创新规律是正确的。美国广告大师詹姆斯·韦伯·扬在《创意的生成》一书中说："所谓创意，只是把原有的元素重新组合而已。"[42]145 不管有多少信息，如果不重新组合碰撞，是不会产生创意的。一个创意好不好，关键在于如何安排信息与信息之间的关系。[42]145

6.4 融会贯通

整合多学科的知识，最终目的是实现融会贯通。明代哲学家吕坤说："学问博识强记易，会通解悟难。会通到天地万物为一，解悟到幽明古今无间，为尤难。"[47]231 如何破解这个难题？明代另一位大哲学家李贽说："破疑即是悟。"会通到"为一"是进入了"道"，解悟到"无间"是打通了"结"。梁启超说："能常常注意（学科之间的）关系，才可以成通学。"[48]21 彼得·德鲁克认为为了实现融会贯通的目的，需要系统地分析特定问题所需知识和信息的种类，以及解决特定问题各阶段所需的方法论。这种方法论是我们现在所说的"系统研究"的基础。[46]156 根据以上诸家的论述，我进行综合归纳，认为实现融会贯通有下列两条途径：

6.4.1 源流毕贯，打通壁垒

这是曾国藩做学问的方法。他认为："本末兼赅，源流毕贯……可以通汉宋二家之结，而息顿渐诸说之争。"[25]93 **"本末兼赅"** 是指根本的问题和枝叶的问题都包括在内；**"源流毕贯"** 是指源头的问题和流派的问题都弄清楚了**来龙去脉**。"通汉宋二家之结"是指打通了汉儒和宋儒两家的"学术纠结"。"息顿渐诸说之争"是指平息了各种流派之间的"学术争论"。毛泽东评价曾国藩为读书、治学、修身的 **"大本大源"** 之人。[25]296 把源流搞清楚了，把壁垒打通了，自然而然就融会贯通了。

6.4.2　知识产出，形成体系

彼得·德鲁克指出，为了增加现有**知识的产出**，只有通过融会贯通；为了使**知识创造出生产力**，我们必须学会融会贯通。这一直是伟大艺术家的特点，但同时又是伟大科学家的特点。[46]156 **演讲和写作**都是将多学科知识融会贯通的重要手段。为了向对方传达自己想说的内容，你会自觉地把原来杂乱无章的想法组织起来，然后通顺地说出来或写出来；你会去检索那些我们从未在意的资料和出处；你会重新审视自己的观点，建立系统的知识体系。反之，如果**知识不去积极输出，也无法形成知识体系**。最典型的例子，不少人谈论政治，闲聊几句政治话题，每天接触政治的记者也数不胜数，可是能够正儿八经地写出政论的人却少之又少。此外，**积极输出促进思想内化**[42]122。记在自己的脑海里，融化在自己的血液里，流露在自己的言谈中，落实在自己的行动上。

● ● ● 成功哲言：融会贯通

融会贯通是伟大科学家、伟大艺术家等大家的成才之道。要**源流毕贯**，将问题的来龙去脉搞清楚；要**本末皆赅**，将根本问题和枝节问题分清楚；要**通各家之结**，将各种流派间的壁垒打通；要**息各家之争**，将各种流派之间的争论平息。在此基础上，进行信息的甄选，去伪存真，去粗取精。对这样淘来的**金玉信息**，进行**重组、重排、重构**，形成你自己的**思想体系**。要内化于心，将这样的思想记在自己的脑海里，融化在自己的血液里；**要外化于行**，或演讲，或写作，或创新，进行**知识的输出**（或称产出）。

6.5　写书的态度

大书是大难。法国作家巴尔扎克在《古董陈列室》中说：梦想写一本书容易，动手写一本书很难。罗素在《西方的智慧》中引用诗人卡利马科斯的话："**大书是大难！**"[49]前言他对这一观点颇有同感，我也感同身受！我曾经花了6年的时间，主编出版了一本120万字的大书——《**肝胆胰外科理论与实践**》，写到最后的定稿阶段时，感觉自己一点力气都没有了。将稿件交给出版社后，我才如释重负。难在何处？**难在如何驾驭海量的信息**。你读的书越多，积累的信息量就越大，你产生混乱的可能性就越大。面对扑面而来的洪水般的信息流，你必须克服畏难情绪，然后寻找解决问题的办法。此外，**大量的校对工作非常消耗人的精力和体力**，真是对人意志的考验。

困惑与畏难相互影响。我从2001年开始专门研究思维与决策，已经读了五六百本书，在电脑里储存了近**2万条资料（电子卡片）**，我在着手写书时，在自己的电脑里一下子检索出几百条信息，让我感觉眼花缭乱，心烦意乱。有段时间，我懒于动笔，也懒于打开电脑，原因之一是**困惑**，原因之二是**畏难**。两者是相互影响的。**根本原因是此时我的知识处于无序状态**。正如阿尔伯特·斯宾萨所说的："当一个人的**知识处于无序时**，其知识越多，思想越感到迷惘。"[30]40

以静止躁，找到有序的方法。老子说：重为轻根，静为躁君。大概过了一个月的时间，我的心"静"了下来，保持一个态度——"慢慢来，不用急"。说也奇怪，这样一来，我反而能"写进去"了，真正体会到智慧在静默中自然产生。我找到了处理大量资料的方法：一删，二分，三升，四串。

"**删**"是删除相关性不强或资料可靠性差的资料，留下的数量就少了；"**分**"是分门别类，建立不同的"文件夹"；"**升**"是升格，利用概念之间的从属关系，将下位概念的文件夹合并到上位概念的文件夹里，例如，将科学精神、科学方法、科学技术、科学进展的小文件夹，都归到"科学"的大文件夹里；"**串**"是"贯"。

吕坤说：有大一贯，有小一贯。小一贯，贯万殊；大一贯，贯小一贯。大一贯一，小一贯千百。无大一贯，则小一贯终是零星；无小一贯，则大一贯终是浑沌。梁启超说：满屋散钱，穿不起来，虽多也无用。资料越多越丰富，则驾驭资料越发繁难。总须求得个"一以贯之"的线索，才不至"博而寡要"。[48]21

6.6 写书的哲学

博求慎取的原则。关于写作材料，要掌握"博求慎取"的原则。何谓"博求"？那就是收集的资料多多益善。何谓"慎取"？那就是慎重取舍。取舍不是随意挑选，必须有标准、有方法、有思维。**这是博与约的辩证关系。**

落笔无古人的志气。清代袁枚在《随园诗话》说："人闲居时，不可一刻无古人；落笔时，不可一刻有古人。平居有古人，而学力方深；落笔无古人，而精神始出。"**这是继承与创新的辩证关系。**

6.7 反复修改

好文章是修改出来的。对自己的文章要修改、修改、再修改。不要只打算二易其稿或三易其稿，要不厌其烦、千推万敲。先要识别你的**论题**和**立场**，你的视角是否明确，你的观点是否坚定。重要的文章要一字一句地仔细斟酌。在时间和条件受限的情况下，优先把注意力集中于**最主要的环节**上，不要过分关心枝节上的分歧。如果在语法或拼写上有困难，**大声朗读文章**，可以帮你发现默读时错过的问题。对自己的文章完全满意后，把它搁在一边，隔段时间再进一步修改。[50]63 这就是**捂一捂**和**冷一冷**的做法。

全书统修，把好最后一道关。审核目录结构是否合理化、逻辑化；题目是否简短、明白、准确；全书的人称是否统一；认真仔细核实、校对引文和参考文献是否对应。季羡林在《我的人生感悟》中说：只有硬着头皮，耐住性子，一本一本地借，一本一本地查，把论文中引用的大量出处重新核对一遍，**不让它发生任何一点错误**。德国学者写好一本书或者一篇文章，在**读校样的时候**，都是用这种办法来一一仔细核对。[51]82

本书的参考文献出处，采用**一本书一个文献号**的办法，在文献标号的左上角标出引用的页码。例如 [1]3，则表示该书的第 3 页。

定稿时必须将内容吃透，知道自己想表述什么，要告诉读者什么，写了什么，是否表述清楚，只有自己心中十分明了，才能在笔下流畅、准确地表述出来。

7 利用电脑写书的技巧有哪些

利用电脑写作，不能代替大脑的思考。这同样需要灵活的头脑、勤奋的精神、旺盛的精力和持久的毅力。但是，我们要发挥电脑的优势，提高写作的速度和准确性。重要的是要弄清楚电脑的优势，电脑技巧掌握得如何。下面，我将分别予以简要介绍。

7.1 利用电脑写书的优势在哪里

电脑的优势在于**检索、存储、分类、排序、校对、传输与处理资料的速度**。但这些优势是建立在你掌握和使用电脑的知识、技巧和熟练程度的基础之上。如果你根本不会使用电脑，或敲键盘的功夫不行，那么还是请回到传统的办法——手写。有时，你激情似火，思绪如潮涌，再快的键盘速度也赶不上你的思想，那怎么办？果断地拿起笔，文不加点，字不推敲，顺势而为，一挥而就。我时不时地使用这种方法，记录难得而易失的"灵感"。

上网检索、求证和核对资料。文献检索有四先四后：先内（国内）后外（国外），先近（新）后远（旧），先窄（专业）后宽（广泛），先综（综述）后单（单篇）。

7.2 利用电脑写书的实用技巧

利用电脑写书，重在发挥电脑的优势，将其发挥到极致。以下是我利用电脑写书的一些实用技巧，分享给读者：

7.2.1　建立自己的数据库

任何写作，资料无价。 因此，收集、存储资料是第一位的。这些材料就像盖房子的砖瓦石头一样。你可依据自己的爱好、兴趣、志向去收集资料，录入电脑。我有影像资料数据库、病历资料数据库、读书摘要数据库、心得体会数据库、数据库检索资料库和网上资料数据库。我为什么要单列一个网上资料数据库，因为这种数据的可信度、可靠性比较差，需要认真校对、核实。对于通过此渠道获得的信息，我一定要通过其他途径来验证。

使用电子卡片。 我在读研究生阶段接受了专门的训练——制作读书卡片，后来我利用电脑完全替代了读书卡片，效率得以大大提高，因为通过电脑，文献分类、检索、使用都非常便捷。我把一本厚厚的书，**摘其精华**，用一个个文档文件记录下来，录入电脑，我将这一过程称之为"**吃书**"。一本书一本书地吃，我已经吃了近五百本书，还计划再吃二三百本书。

"吃书"的方法，同样适用于资料、经验总结、读书札记等。甚至看电视和小视频收集的资料，以及日常生活的一点感悟，我都用"电子卡片"记录下来，储存起来。**这些资料日后都将有用。** 不能小看有声学问，有时候在某个领域，听演讲、看视频比读书更合适。通过耳朵进行思想输入，得到的刺激一定与看书时不同。[42]190 制作读书电子卡片要注意以下几点：

观点单元化。 一个电子卡片只记录一个观点。

著录标准化。 参考文献的著录信息要完整、准确，以备日后引用。

观点系统化。 如果将一本书全部或摘要录入电脑，可利用电脑的检索功能，在查找中输入一个关键词，就可以找到一种思想的**多种表述**。这是一种掌握作者思想的快捷分类方法。例如，在《品格的力量》中键入"勇气"，就可得到勇气的力量、勇气重要性和勇气的多种表现形式，将其放在一个文件内，这样我们可以全面掌握和理解作者的思想。

"读、记、思、悟、新"五步一次完成。"吃书"的过程是二次阅读的过程，是一个再学习的过程，是一个再校阅的过程，是一个加深记忆的过程，是一个再思考的过程，是一个再悟的过程，是一个有**新发现的过程**。这些过程可以一次完成，记录和保存在一个文件中。

由于思想观点已经单元化和著录化，所以我们可以随用随取，十分方便。要确保第一次的输入准确，今后引用时就不必去找原书核对了，省去不少的麻烦，能够省下很多的时间。

7.2.2　利用文件夹管理数据库

利用文件夹建立结构，归纳资料，分类管理。一个大文件夹内有许多子文件夹，按照思维的逻辑顺序将其排序，题个文件名，如"战略思维"，将许多文件排在其下。这样，单片资料可以快速归类，**由杂乱一堆到分门别类**，先归入大文件夹，然后归入子文件夹。这样，各类资料层次清楚，眉清目秀，一目了然。

7.2.3　利用自己的数据库撰写文章

利用搜索软件进行检索。目前，市面上有很多搜索软件，非常好用，比如 everything，我用起来，很顺手。

一篇文章一个大文件夹。将检索出来的文件全部放在一个大文件夹里，一个大文件夹就是一篇文章。文件命名时加上**时间、地点、用途**，这样可以帮助你记忆文章的信息。根据内容的多少，大文件夹还可以细分为若干子文件夹。再建立一个"已经引用"的文件夹，存放引用过的文件，这样，你就可以知道，哪些**已引用了**，哪些没有引用，而且文章与"已经引用"的材料形成"一对一"的关系，好找，好校。

写草稿时用英文字母标注文献编号。文献标号注明文献的来源，是对作者的尊重，也是科学性的必备条件。但文献标号非常麻烦，尤其是在修稿的过程中，增删文献所带来的序号改变令作者非常头疼。一处更改，全文都得修改。因为，序号是按照先后顺序排列的。为了解决这个问题，**我创设了一种方法，先用英文字母排文献的流水号**，从 [A] —[Z]，是 26 个；若超过 26 个，用 [BA] —[BZ]，又是 26 个；若超过 52 个，用 [CA] —[CZ]，又是 26 个；若超过 78 个，用 [DA] —[DZ]. 又是 26 个；以此类推。每增加一个新文献，我便用"查找"菜单查找一遍，无重复时，再编个新号，以防重复引用。这样，我可以在文件中随便增加参考文献，文章的段落可以随便调整次序，不用顾忌参考文献的顺序问题。

7.2.3　利用电脑修改文章

我在电脑上修改文章，使用"审阅"菜单下的"修订"子菜单。修稿无非是字斟句酌，段落重写、重排、重构，不一一细说。这里，我重点谈一下文献编号的修改，用英文编号，可以随便挪动文献位置。定稿后，再将英文编号统一改成阿拉伯数字编号。按其在文章出现的顺序编号。用 word 软件中的"查找"功能，输入"["，从头到尾查，**边查、边改、边记录、边校对**，一次完成。再用"查找"和"替换"菜单，将一本书多处引用，一下子就全修改了，比手工改更快且准确。每个文献号的数字后面要跟上文献的名称，**双向核对，以防错误**。这样，看似慢，**实则快**! 请注意，一定要删除重复引用的文献。

市面上的书籍非常多，但适合你的且值得深入阅读的书籍却很少。我过去爱逛书店，像北京的王府井书店，上海的大书店，太原的大书店，我可以在里面待一天，每一层的书都浏览一下，感觉好的书翻一翻，认为不错的书就放在购物车里，一次可以买一两千元的书。但是，我感觉原创的书很少，不少是"心灵鸡汤式"的书。一些古今中外的经典名著名不虚传，值得深读! **受几十年读书的熏陶**，结合自己有限的**写作经验**，结合自己半个多世纪的工作经验，结合自己 20 多年对思维与决策的**研究心得**，我深感写一本值得读的大书是大难，是非常"**难产**"的。近日，我写就《成功之道》一书，约 40 万字，是我"如何写一本属于自己的书"的**具体实践和运用**。有心的读者可以从中窥探到我的一些写书诀窍，诚如此，则吾愿足矣!

• • • 成功哲言：著书立说

成功者的一个重要标志是著书立说，若能写出一本名著，中外传播，千古流传，是中国传统"三不朽"中的"立言"。在人类几千年的文明史中，古今中外的"经典"都是"立言"的典范。我综合古今中外关于写书的一些思想、原则、方法、技巧和哲学思考，结合自己的治学经验和写作心得，写就此文，以作为爱好写作人士的入门读物，并作为通向神圣的作家殿堂的垫脚石，吾愿足矣！

参考文献

[1] 唐浩明 . 唐浩明评点曾国藩家书（上）[M]. 长沙：岳麓书社，2002.

[2] 钮先钟 . 孙子三论 [M]. 桂林：广西师范大学出版社，2003.

[3] 约翰·N. 曼吉埃里，凯茜·柯林斯·布劳克 . 思考的技术：思考力决定领导力 [M]. 李家强，译 . 北京：高等教育出版社，2005.

[4] 白春礼，郭传杰 . 院士谈做人　求知　问学 [M]. 北京：学苑出版社，2003.

[5] 修·高奇 . 科学方法实践 [M]. 王义豹，译 . 北京：清华大学出版社，2005.

[6] 肯尼思·华尔兹 . 国际政治理论 [M]. 信强，译 . 上海：上海人民出版社，2017.

[7] 钱学森，等 . 论系统工程 [M]. 上海：上海交通大学出版社，2007.

[8] 莫提默·J. 艾德勒，查尔斯·范多伦 . 如何阅读一本书 [M]. 北京：商务印书馆，2008.

[9] 唐汉 . 康熙教子庭训格言 [M]. 北京：中国社会科学出版社，2004.

[10] 罗温纳·摩雷 . 怎样撰写学位论文 [M]. 顾肃，燕燕，译 . 北京：东方

出版社，2007.

[11] 杨先举. 老子管理学 [M]. 北京：中国人民大学出版社，2005.

[12] 苗东升. 系统科学大学讲稿 [M]. 北京：中国人民大学出版社，2007.

[13] 朱东润. 张居正大传 [M]. 天津：百花文艺出版社，2000.

[14] 易中天. 品人录 [M]. 上海：上海文艺出版社，1999.

[15] 维纳. 控制论：或关于在动物和机器中控制和通信的科学 [M]. 郝季仁，译. 北京：北京大学出版社，2007.

[16] 杰斯·费斯特，格雷格·费斯特. 人格理论（第 7 版）[M]. 李茹主，译. 北京：人民卫生出版社，2011.

[17] 殷昃. 老子为道 [M]. 兰州：甘肃文化出版社，2005.

[18] 李敖. 李敖语萃 [M]. 上海：文汇出版社，2003.

[19] 里奇·格里芬. 管理学（第 8 版）[M]. 刘伟，译. 北京：中国市场出版社，2006.

[20] 吉米·道南. 成功的策略 [M]. 赖伟雄，译. 天津：天津教育出版社，2012.

[21] 卫正勋. 论诺贝尔医学奖获得者的思维方法 [M]. 北京：人民卫生出版社，2002.

[22] 卢达·科佩金娜. 每一次都做对决策 [M]. 李莹，译. 北京：机械工业出版社，2006.

[23] 约翰·阿代尔. 战略领导 [M]. 冷元红，译. 海口：海南出版社，2006.

[24] 彼得·德鲁克. 管理的实践 [M]. 齐若兰，译. 北京：机械工业出版社，2006.

[25] 罗益群 . 曾国藩读书记 [M]. 武汉：长江文艺出版社，2004.

[26] 理查德・L. 达夫特著 . 管理学（第 5 版）[M]. 韩经纶，韦福祥，等，译 . 北京：机械工业出版社，2005.

[27] 戴维・谢弗 . 社会性与人格发展（第 5 版）[M]. 陈会昌，等，译 . 北京：人民邮电出版社，2012.

[28] 王梓坤 . 科学发现纵横谈 [M]. 长沙：湖南教育出版社，1999.

[29] 乔宪金 . 四维演讲兵法 [M]. 北京；北京工业大学出版社，2008.

[30] 戴尔・卡耐基 . 演讲的艺术 [M]. 丁艳玲，孙健，译 . 呼和浩特：内蒙古人民出版社，2003.

[31] 祁寿华编 . 英语演讲艺术 [M]. 上海：上海外语教育出版社，2005.

[32] 司普雷・道格拉斯，等 . 天才演说：造就演说家的技能与艺术 [M]. 林林，译 . 北京：中国档案出版社，2003.

[33] 卢卡斯 . 演讲的艺术（第 8 版）[M]. 北京：外语教学与研究出版社，2004.

[34] 加洛 . 乔布斯的魔力演讲 [M]，徐臻真，译 . 北京：中信出版社，2010.

[35] 文森特・赖安・拉吉罗 . 思考的艺术：非凡大脑养成手册（第 8 版）[M]. 马昕，译 . 北京：世界图书出版公司，2010.

[36] 唐浩明 . 唐浩明文集・曾国藩（下）[M]. 北京：人民文学出版社，2002.

[37] 史林 . 曾国藩和他的幕僚（第 2 版）[M]. 北京：中国言实出版社，2003.

[38] 塞缪尔・斯迈尔斯 . 品格的力量 [M]. 王正斌，秦传安，译 . 北京：中央编译出版社，2007.

[39] 马骏．为将之道 [M]．北京：中国青年出版社，2006．

[40] 梁启超．儒家哲学：国学要籍研读法四种 [M]．长春：吉林人民出版社，2013．

[41] 唐浩明．唐浩明评点曾国藩家书（上）[M]．长沙：岳麓书社，2002．

[42] 奥野宣之．如何有效阅读一本书：超实用笔记读书法 [M]．张晶晶，译．南昌：江西人民出版社，2016．

[43] 何华编．认知心理学理论和研究 [M]．上海：上海交通大学出版社，2017．

[44] 托马斯·L.萨蒂．创造性思维：问题处理与科学决策 [M]．石勇，李兴森，译．北京：机械工业出版社，2016．

[45] 王小燕．科学思维与科学方法论 [M]．广州：华南理工大学出版社，2015．

[46] 彼得·德鲁克．德鲁克日志 [M]．上海：上海译文出版社，2006．

[47] 吕坤．呻吟语正宗 [M]．王国轩，王秀梅，注译．北京：华夏出版社，2007．

[48] 梁启超．梁启超论中国文化中 [M]．北京·商务印书馆，2017

[49] 伯特兰·罗素．西方的智慧 [M]．翟铁鹏，殷晓蓉，俞吾金，译．上海：上海人民出版社，2017．

[50] 布鲁克·诺埃尔·摩尔，理查德·帕克．批判性思维（第 10 版）[M]．朱素梅，译．北京：机械工业出版社，2014．

[51] 季羡林．我的人生感悟 [M]．北京：中国青年出版社，2006．

使命、价值、业绩、品牌 ①

　　刚才，李芙田院长介绍了这次讲座的背景。正是基于目前我们医院（娄烦县人民医院）处于一个特殊的历史阶段，所以我选择了这样一个题目——《使命、价值、业绩、品牌》。为什么呢？因为我们医院经过一年的奋斗，终于重归二甲。但是，回归二甲仅仅是全面振兴的第一步，我们还有更高的目标、更高的追求，所以我们还有很多工作需要做。这就需要我们全院职工尤其是领导班子、中层干部和骨干力量，有一个共同的认识：那就是**使命、价值、业绩、品牌**。今天，我按照这个四个关键词来展开讲。

　　什么是使命？使命就是肩负某种重要而庄重的任务。那么，咱们在座的诸位，肩负着什么重要的使命？那就是全面振兴娄烦县人民医院！这就是我们现阶段的使命。

　　如何完成这个使命？实际上就是要将使命具体化。**使命是一种目标感，使命是一套价值观。**这是对使命进行了具体化的定义。我们要全面振兴娄烦县人民医院，同时也有很多其他的目标。大家还记得托尔斯泰讲的一段话吗？"要有生活目标，一辈子的目标，一段时期的目标，一个阶段的目标，一年的目

---

　　① 本文是根据作者2022年7月1日在《精英教育大讲堂》的讲话录音整理而成的，之后被娄烦县委、县政府指定为在职副科及以上干部的学习资料。

标，一个月的目标，一个星期的目标，一天的目标，一个小时的目标，一分钟的目标。还得为大目标而牺牲的小目标。"所以，目标是个系列，目标是一个体系。特别要注意"有为大目标而牺牲小目标"的精神。我们必须有所失才能有所得，我们必须有所为和有所不为。

使命是一套价值观。你要实现一个目标，就必须采取某些手段。而采取怎样的手段就跟你的价值观有关。比如，某人追求学术成就，他不是通过辛苦的努力去获得，而是采取剽窃的方式，这就是他的价值观。因此，任何使命都必然伴随着一套价值观。有的书上讲：要有使命感和责任感。那么，什么是使命感呢？"感"是一种认识，是一种情感，是一种信念，是应该担负责任的自觉性。使命感衍生出目标感，目标感衍生出责任感，责任感衍生出价值观，它们之间是相互联系的。

高于一切的原则。美国麦克·梅里尔写了一本《敢于领导》的书。他说："各级领导人都要有这种使命感，都要有在暴风雨中使用的指南针，即高于一切的原则。它远远超越了公司战略，向下渗透到最小的决策里。它光芒四射，整个组织回荡着它的影响。共享一种方向感和目标感，有助于使每一个决策，无论大小，皆不偏离正轨。"[1]187 我们医院从领导到每一位职工，都要有一种方向感和目标感。我们每做一件事，不论大小，都不能够偏离正轨。

使命感、目标感、责任感和价值观。这是心灵层面的东西，是道德层面的东西，是指导我们日常行为的总则，是"高于一切的原则"，是我们的人生哲学，是我们的"为人之道"。"道"是什么？《现代汉语词典》对其给出的定义是：①技艺、技术，例如，医道，茶道；②学术思想体系。我对"道"的理解是：道是知识、科学、理论、法则、规律、原理，这些可统称为知识。道的本质是知道是什么、为什么的问题，就是要知其然，并知其所以然。道的种类有很多，既有大道，也有小道；既有正道，也有邪道。大道至简，就是进入哲学境界。

道可以衍生出术。什么是术？术就是知道做什么、怎么做的问题。比如，我们的程序、流程就是术之层面的东西，是操作层面的东西。

大家不要以为我的讲座很空洞，事实上，你只有掌握了这些基本的原理，在整个工作过程中，你才能够有明确方向，掌握正确的方法。

医院的使命是什么？我个人总结有这么几条：挽救生命，恢复健康，培养人才，科学研究，预防疾病。这些是所有医院的使命，我们医院也不能例外。

科室的使命是什么？就是要全面完成医院的使命，医院布下的任务是指令性的任务，你必须完成。你所在的科室要把使命具体化、专业化，你要培养专业技术人才，特别是在特色上下足功夫。我们每一个科室都要有自己的特色。

医生的使命是什么？要全面完成科室的使命。现在医院都给每个科室下发了目标责任书，那就是科室的使命。每位医生肩上都要有任务。每位医生都要在自己的专长方面下足功夫。

使命催生了新文化。娄烦县人民医院处在一个特殊的历史时期，肩负着特殊的使命，特殊的使命催生了特殊的文化。娄烦县人民医院的新文化是什么？全面振兴，从我做起。履职尽责，全力以赴；时不我待，只争朝夕。壮士断腕，下定决心；昨日已死，今日新生。一言一行，符合法规；一举一动，不忘初心。日复一日，牢记使命；勇于任事，敢于担当；锁定目标，志在必得！

医院的价值观是什么？我总结有这么几条：生命至上，安全第一，健康是金，服务至善。我本来写了一个"健康是金"的大标语，被娄烦县卫健局拿走了，挂到卫健局的过道里。现在，我们的服务还存在很多的问题，要不断创新，精诚团结，拼搏进取。昨天，我在内一科看病历的时候，有位同志跟我讲：他们科室很团结，因此他们科室的成绩很好。所以，科室能否精诚团结，医院的领导班子能否精诚团结，实际上也是价值观的问题。

要把使命落实在具体产品和服务上。《敢于领导》这本书讲："世界上所有的使命陈述和战略规划，如果没有出色的产品或服务，那就毫无用处。"[1]190因此，医院最终是提供产品的地方，是提供服务的地方。如果我们的使命是在墙上写着，在空中飘着，不落地，不提供具体的优质产品，不提供与产品相应的优质服务，我们的这个使命就是空的。

使我们的产品具有特色。什么是特色？特色就是与众不同！特色是会带来市场的，这也是《敢于领导》这本书所讲的："顾客正是依据这个特性做出市场反应。"[1]190 咱们这个礼拜六，也就是明天，我们又请一些专家来到我们医院出门诊。为什么要请专家下来呢？因为他们有特长。老百姓是来干什么的？是来买这些专家技能的！买这些专家服务的！所以，我们医院也要逐渐形成自己的特色。

使我们的产品具有专长。什么是专长？专长就是掌握别人干不了或干不好的技术。比如说，现在腹腔镜胆囊切除术，县级医院在做，市级医院也在做，省级医院也在做。都是同样的手术，那么特色呢？就是你干别人干不了或者干不好的，你干的效果与别人不一样。所以，我上一次在手术室对刘会星主任讲，现在不是会不会做的问题，而是能不能做精的问题、能不能做细的问题。

专长比特色更重要。特色是可以复制的，某个医院有了一个特色，由于同行竞争，你今天的特色，他明天就可以复制出来，使特色不特。但是，专长是不容易复制的。专长是你内在的东西，是你悟性的产物，也是你个性的产物！竞争对手是不容易跟进的！比如现在的一些外科大咖，他们都有自己的专长，别的外科医生也同样可以做这个手术，但就是达不到人家的那个境界。

服务比技术更重要。现在的技术发展得很快，你今天出现一个新技术，明天就有一帮子人跟进，你的新技术马上就不新了。因此，我们一方面要在技术上跟进、创新，另一方面要在服务上下功夫。服务至善的空间是很大的。怎样才能做到服务至善呢？我认为，下面几件事情应做好：

首先，做正确的事，把正确的事做正确。英文就是 do right thing，do it right。正确的事情该怎么做，你就怎么做，这就叫作正确的事情。做事正确，就是把该做的事情，一步一个脚印地做好。对于领导，要强调做正确的事；对于下属，要强调把正确的事做正确。前者是决策的问题，后者是执行的问题。

其次，货真价实，物超所值。我们医院的服务就像在外边商店的东西一样，顾客买的是什么呢？货真价实，物超所值，他们就容易心满意足，所以我们不要在价格方面给病人及家属以欺诈，对不对？

第三，要有人性化的服务。我们要在生活方面、心理方面、服务方面多做一些工作，多给予病人和家属一些关心。

第四，要不断创新。有人总结过三句话：人无我有，人有我精，人精我新。这三句话，我觉得总结得很到位。**人无我有，是特色；人有我精，是专长；人精我新，是创新。**所以，我们医院的各个科室、各位医生都要按照这三句话去思考、去践行。现在，我们内一科也开始做了脑卒中的溶栓治疗，而且首例获得成功。我们要在人家的基础上，能否做得更好一点！

第五，拿手的东西要更拿手。美国约翰·曾格写了一本《卓越领导者完全手册》，其中有一段话："拿手的东西要更拿手：把注意力放在自己的专长和才能上，你会得到更大的收获。督促自己**精益求精**吧！"[2]91 所以，我们临床医生要在精益求精方面做文章。比如说，我们现在普外科的一些常用手术，刘主任基本上都掌握了，但是怎么做到精益求精呢？又比如，内三科的同志，你们现在溶栓的病例数上去了，怎么能够做到**更好、更快、更准确**，要精益求精，使整个流程进一步**优化、细化**，让拿手的东西更拿手。

第六，要注意克服致命性的弱点。我们在治疗方面，尤其是在外科手术操作方面，要特别注意克服**致命性的弱点——疏忽**。常常不注意一个小小的环节，就会带来致命性的后果。此外，**一个人的个性**，如果在某些地方有严重缺陷，很可能是致命性的。比如说，有些人个性太强，不能和大家团结共事，不仅影响个人的发展，同时也会影响整个科室的发展，这都是致命性的弱点。这个缺点一定要克服，你不克服，就不能融入集体，就不可能获得成功。

第七，质量始终如一是赢得顾客信赖的根本条件。换言之，我们如何才能赢得患者的信赖？质量始终如一！如果我们现在的工作做得不好，怎么办呢？宁可推倒重来，也不要凑合；宁可牺牲我们自己的利益，也要**保持完美的品质**。我最近在娄烦饭店吃饭，发现有的饭店开了两三年就不行了，开始时饭菜挺好的，顾客盈门，但慢慢地就不行了，为啥呢？**不能保证质量始终如一**。前两天，我们又去一家饭店吃饭，比前两三个月差了不少。整个晚上就我们一桌人，而且饭菜很难吃，服务还跟不上。**饭后我心里说：再也不来这家饭店了。**

因为他们不能提供始终如一的质量！他们只考虑眼前的经济利益，不考虑完美的品质，牺牲了顾客的利益。

业绩就是要为自己的组织创造良好的绩效。美国约翰·曾格在《卓越领导者完全手册》中说："优秀领导者往往可以让自己的组织发挥良好的绩效。"（Good leaders tend to produce good results for their organization）[2]19 所以，没有良好的绩效，你就不是一位优秀的领导者。他又说："如果不能为自己的组织带来持久而亮眼的绩效，就不算是个好的领导者。"[2]57 所以，没有亮眼的绩效，你就不是一位好领导。今天在座的，有李芙田院长和各个科室的主任。如果你们不能为医院、为科室带来持久亮眼的绩效，就都不算是好领导！业绩是奋斗出来的，我曾经讲过这样一个课题，希望在座的各位大小领导，为了医院，为了科室，也为了你们自己，撸起袖子加油干，去努力奋斗吧！

品牌的价值。品牌有个人的品牌，有科室的品牌，有医院的品牌。品牌就是招牌，品牌就是价值，品牌就是利润。科室的品牌是由医生的个人品牌组成的，医院的品牌是由科室的品牌组成的，因此，医生的个人品牌是最基本的品牌。医生如何创造自己的品牌呢？医生要有技术，要有知识，并能将知识转化成智慧；要有一个良好的心态，要有适度的冒险精神；要善于思维与决策。这样，你就会逐渐成为一个高层次的有所作为的医生。

品牌是奋斗出来的。任何知名的品牌都是奋斗出来的！你个人的品牌要靠自己去奋斗。像我现在，人家都说：遇到高难复杂手术就找冯主任，为啥呢？因为我几十年的行医理念是："治别人治不了或者不愿意治的病，开别人不敢开或不愿意开的刀。"我就是带着这种理念去奋斗的，确确实实地也做了一些超人的工作，取得了一些超人的效果，创造了许许多多的生命奇迹。这就是我的个人品牌，对不对？品牌一定是有特色的，品牌一定是有专长的。同样的道理，科室要有自己的品牌，医院要有自己的品牌。院领导计划为我们医院打造三个特色科室，就是要把这些科室的品牌打出去。医院要为科室发展创造有利的条件，科室也必须更加努力地去奋斗！

关于如何奋斗的问题。业绩是奋斗出来的，品牌是奋斗出来的，这里面涉及如何奋斗的问题。关于这个问题，我曾经做过一篇专题报告《**业绩是奋斗出来的**》。这篇文章被娄烦县委指定为全县干部学习的资料。简而言之，奋斗要有志气，奋斗要有目标，奋斗要有本事，奋斗要抓住机会，奋斗要有激情。现在我们的机会就比较好，我们医院的院内环境和院外环境都是比较好的。我们现在准备安装信息系统，政府向我们投入很大的资金，支持医疗事业的发展。政府提供 1000 多万元用于信息系统的建设，2000 多万元用于采购新的设备，还提供 1000 多万元的医疗改革资金，这都是**千载难逢的机会**，我们医院要抓住这个机会。

激情是动力。有些人死气沉沉的，懒洋洋的，没有一点干劲，没有一点精气神，这是奋斗不出来的。**业绩跟你的激情是成正比的**。我们要研究怎样激发职工的持久激情，怎样把我们的门诊量搞上去，怎样把专家就诊的信息宣传到全县域。激情固然很重要，但我们还**要想别的办法**，要进行专题研究，成立专门的机构。

怎样将全院的业绩搞上去？要发动广大职工，要调动科室的积极性，请大家来献计献策，每个科室用 5 分钟的时间，以视频形式向全院展示各自计划采取的措施。展示要进行评比，设立奖金，以兹奖励，一等奖 1 名，奖金 1000 元，二等奖 2 名，奖金 500 元，三等奖 3 名，奖金 300 元，其余的为参与奖，奖金 100 元。

要想将使命转化为目标，创造出良好的业绩，创造出自己的品牌，除了上面所讲的，还有两个话题是绕不开的，那就是**领导力和管理**问题。

关于领导力的问题。不管是院领导也好，还是科室领导也好，或者是担负一定组织工作的人也好，都存在领导力的问题。那么，**什么是领导力**？我最近有所体会。这个领导力，英文叫 leadership。Leadership = leader + ship。这个 leader 当然是领导了，那么 ship 是什么？是船。因此，英文 leadership 的原意是领航人、领航的能力，我们把它引申为领导个人影响群体的力量。

什么是领导（LEADER）？日本镰田胜写了一本《怎样提高领导艺术》的书，对 LEADER 的每一个字母分别进行了解释：L：Listen，聆听；E：

Explain，说明、解释；A：Assist，帮助；D：Discuss，谈心；E：Evaluate，评价；R：Respond，负责。[3]101 这是日本人引用美国学者**皮格斯教授**的说法。

根据我的认识与经验，我对皮格斯教授的提法进行了修改：将 E 改成 Eye，观察；将 A 改成 Ask，提问。我的修改是有依据的。领导在聆听之后，不要马上表态、解释，而要听其言、观其行。爱因斯坦曾讲："提出一个问题比解决一个问题更重要。"英国的哲学家培根曾讲："聪明地提问就是一半的真理。"因此，领导要学会提出正确的问题，善于提出正确的问题。

修改后的领导（LEADER）：先聆听对方的陈述；然后进行观察与调查研究；接着提出正确的问题；进行讨论、议论和辩论；对各种意见进行评价；最后做出决策。这就是领导的思维与决策方式。

这也就告诉大家，你阅读别人的书，要有自己的看法，要形成自己的思想。按照我修改后的这套程序去做，你也会成为一个真正的领导者。

领导力是怎么形成的？刚才我讲了什么是领导的问题，现在来讲领导力的问题。领导力＝领导＋力。领导的含义，我们已经知道了，现在只要把"力"的来源搞清楚就行了。

力的来源大致分两种：一种是上级授权的，组织任命的；另一种是来自自身的。我重点阐述自身力的来源，其大体有以下几个方面：

第一，知识就是力量。你有没有力量？首先要看你有没有知识。病历写得很苍白，有些概念尚未搞清楚，我们一看就知道这位医生的水平非常低下，为什么呢？因为他没有知识。

知识的力量不仅在于数量，而且还在于结构。所以，我提出**精通原则**。什么是精通呢？我的解释是一门精多门通！画家黄胄讲："'一门精'就可以把水平提上去，许多大艺术家都有这样的经验。"我们现在的专业越分越细，我们医院的内二科又分解成内二科和内三科。那么，我们每一个人、每一个科室都有各自的专业和专长，你要把你的专业搞上去，先成专家，这就是"一门精"。

光"一门精"是不够的，下一步要成为杂家，这叫多门通。王永生讲：古今中外，一些大科学家几乎都是涉足多门学科的创新人才。大家的知识都是综合性的，都是在"一门精"的基础上，经过全面的、大量的资料积累，将多种学科的知识在某一方面进行了整合，有所创新、有所突破，最终成为一代开宗立派的大家。

专家 + 杂家 + 综合 = 大家。要实现这个目标，很难！很难！很难！我们虽不能至，但心向往之。我们一定要有这样伟大的抱负，要选择这样伟大的目标，并朝着这个伟大的目标去努力，去奋斗！你不能只有非常窄的专业知识，还应有大外科、大内科、自然科学、社会科学和哲学等学科的知识，并将其融会贯通，运用于临床实践。

第二，**思考就是力量**。拿破仑·希尔讲过："思考的力量是人类最大的力量，它能建立伟大的王国，也可使王国灭亡。所有的**观念、计划、目的及欲望，都起源于思想**。"思考产生思想，没有思考就没有思想。我花了十几年的时间，研究总结出一张"**思维决策导图**"，以后有机会给大家详细阐述。

第三，**思想就是力量**。这句话是谁讲的？它是法国作家雨果讲的。书本上的知识是死的东西，而思想是活的知识。你对问题经过**分析、判断、推断**而做出结论，这就是你的思想，是活的、具体的知识。活的思想当然胜过死的知识，一定要把知识转化成活的思想。**活的思想就是道理，活的思想就是智慧**。

"智慧胜于知识"，这是法国哲学家帕斯卡尔的一句名言。**如何将知识转化成智慧**？我有次在山西省人民医院做报告，谈到如何将知识转化成智慧的几种方法：

第一条，**好学近乎智**。这是《中庸》里的一句话。你看这个"智"字，上面是知识的"知"，下面是一天两天的"日"。意思就是说：**你每天学一点，久久为功，就会有了智慧**。

第二条，**善于运用知识**。英国查尔斯·斯珀吉翁讲："所谓智慧，是指知识运用得当。"也就是说，你有了知识，还得学会运用它，**运用知识的过程就**

是产生智慧的过程。

第三条，敢想出智慧。克劳塞维茨在《战争论》一书中说："勇敢可以替理智和见识添翼。"这就是说，敢想出智慧。

第四条，静思出智慧。德国歌德说："宁静中自见智慧。"这就告诉你冷静下来思考，你就会产生智慧。

第五条，苦思出智慧。法国雨果讲："最大的决心会产生最高的智慧。"只要你下定决心去思考某个问题，想去解决某个问题，你就会产生智慧。因为人都是被逼出来的。

以上五条，既是转识成智的方法，也是产生思想的方法。

第四，技术就是力量。刚才我讲了要把知识通过思考转化成智慧，现在讲要把知识转换成技术。斯大林说过："没有掌握技术的人才，技术就是死的东西。有了掌握技术的人才，技术就能够而且一定能够创造出来奇迹。"我们在临床上创造的很多生命奇迹，都是技术直接参与的结果。我们内一科脑卒中溶栓的病例，就是依靠溶栓技术，也创造出生命的奇迹。

什么是技术？就是知道做什么，怎么做。你能干什么？能干到什么水平？这些都是技术层次的概念问题。技术一般由两部分组成：软技术和硬技术。

软技术是什么？它是程序、方法、步骤；硬技术是什么？它是场地、设备、工具。我们手术室就是一个体现技术的场所。首先，我们需要一个手术室吧，这就是一个场所，对不对？要有手术台，要有空调，对不对？要有许多的手术器械，这些都是工具。我们每做一台手术都是依靠一些硬技术来支撑，然后消毒、铺单、切皮、解剖、暴露、止血、缝合等，这些都是软技术。我们只有将硬技术和软技术有机地结合起来，才能完成一个高难复杂的手术，才有可能创造出生命奇迹来。

第五，信息就是力量。日本镰田胜在《怎样提高领导艺术》中指出：信息获得和使用的能力是一种力量，要有"抢先得到和独占信息并掌握其广度、准确度和要害"。[3]25 当今的世界，信息呈爆炸性地增长，尤其是互联网得到广泛应用，信息收集、处理、存储、传播、筛选、应用等都是十分重要的能力。**医院信息化的建设和使用**也是医院领导、中层干部和广大职工必须掌握的一种能力。

第六，人格就是力量。美国爱默生讲："保持你高贵的品格和良好的个性，它们能够让你充分地**激发出生命的潜能**，还能影响和吸引很多人。因为**人格就是力量**。"爱默生将人格的力量分成两部分：**一部分是激发自己的潜能**，去完成看似不可能完成的事情；另一部分是外在的影响力和吸引力，团结更多的人去完成更加伟大的事情。**激发自己的潜能是一个自我完善的过程**，所以爱因斯坦说："大多数人说，是才智造就了伟大的科学家，他们错了，是人格。"人格胜于才智，这是爱因斯坦的结论。戴夫·乌尔利奇认为："伟大的领导完全是性格造就而成。"[2]47

第七，人脉就是力量。美国励志大师安德鲁·卡耐基说过："一个人的成功，只有 15% 是靠他的专业知识，而 85% 是靠他良好的人际关系和处世能力。"丹尼尔·戈尔说过："一个人的成功，20% 是靠智商，80% 是靠情商。"因此，**领导者要有高情商，要有良好的人际关系**，一定要注意跟你的上级、你的下属、你周边的同事，处理好人际关系。

我曾经总结：**人际关系的核心就是"律己待人"四个字**。科室人际关系好的表现是团结，团结的表现是**搭台唱戏**。如果不是搭台、补台，而是拆台甚至唱对台戏，这个科室肯定是不团结的，科室发展几乎也不可能，良好绩效也是无法创造的！至于情商，很多的书都在讲这个问题，我的认识是：**能够控制自己的情绪，能够感知他人的心情**。情商高的人，在这两方面都能做得很好。

第八，**整体就是力量**。马克思说过："我们知道个人是微弱的，但是我们也知道整体就是力量。"一个人的能力再大也是渺小的。一滴水很容易被晒干，但是太平洋是绝对晒不干的，这就是整体的力量。

综上所述，将上述八种力量整合起来，那就是十分强大的领导力，是十足的**实战力和行动力**，是一个领导者综合素质的体现。培养领导者，关键就是要帮助他们培养和发展上述这八种力量。

关于管理的问题。世界级管理大师彼得·德鲁克说过："管理者没有什么权力可言,他有的只是责任。"

这句话真的对吗? 我个人认为不完全正确。责、权、利是三位一体的关系。如果没有权力,光讲责任是办不到的。如果没有利益的驱动,光讲责任也是落实不到位的。历史事实证明,**曾国藩以二品官员的身份处理军务,与太平天国作战,由于朝廷没有给予他地方实权**,结果他要钱没钱,要人没人,到处受制于人,于是一气之下辞职回家不干了。后来,皇帝把他再次请出来,给了他地方实权,授予两江总督,他才开辟了一番事业。由此可见,**没有权力,什么事也干不成**。因此,**我认为责、权、利是三位一体的关系**。我们今天在座的都是医院的干部,要学会做管理的工作。

阿盖·哈桑·阿贝迪认为:"关于管理,传统的定义是通过人来完成工作。事实上,管理的**真正意义在于通过工作来开发人的潜能**。"我对这句话也不太认可。我认为,**管理的本质就是六个字:人、事、绩、效、奖、惩**。用什么人做什么事,看你的业绩,看你的效果,好的奖励,不好的惩罚。

教育上有一种论调:"**好孩子是表扬出来的。**"我对这种管理方法也是不太赞成的。实际上,好孩子也不是表扬出来的,必须既有表扬,也有批评,这样才行!

同样,好的业绩也不是奖励出来的。**光有奖励没有惩罚是不行的**。光有奖励会把人惯坏了,对不对?光有惩罚也不行,罚得大家什么都不敢干,什么也不能干,这也不行!**关键是要掌握好度,这就是管理的艺术**。

管理的关键是处理好效能和效率的关系。效能是解决方向的问题,效率是解决时间的问题。要注意我们的四个导向,这也是我们在二甲等级复审过程中产生的医院文化。

以目标为导向,就是要有使命感;以问题为导向,就是要做决策;以结果为导向,就是要看社会效益和经济效益;以事业为导向,就是检验我们的价值观。这四个导向不仅在我们医院二甲等级复审过程中起到重要的作用，而且一定会在未来的振兴工作中继续起到引领的作用。

管理一定要发挥核心骨干的作用。我曾经多次讲过，一个医院若有了一个好院长，就可以把医院搞上去；一个集团若有了一个好书记，就可以把集团搞上去；一个科室若有了一个好主任，就可以把科室搞上去。曾国藩讲："**非刘邦，三杰皆不杰也；而非三杰，则刘邦亦非汉高祖矣！**"汉初三杰是张良、萧何、韩信，没有刘邦，这三杰就没有施展才华的舞台；没有这三杰，刘邦也不可能在群雄逐鹿中夺取天下，当上皇帝。由此可见，**只要大家团结一致，拧成一股绳，就可以干出一番大事业来。**

从我们医院目前的情况来看，领导班子是很团结的。我们能够拧成一股绳，一起做一些事情。比如说，我们二甲评上了，大家都知道上二甲是很不容易的，对不对？医院的院容院貌得到彻底改善；养老保险是所有临聘员工的心头病，几十年都没有解决，今年，50 位临聘员工的养老保险问题得到了解决。虽然这些成绩的取得是广大职工积极参与的结果，但**启动这些工作的发动机是医院的高层领导。**

管理的本质是解决问题。我们医院还面临着很多的问题。比如，如何提高门诊人数，如何提高门诊—住院的转化率，如何增加手术的例数，如何增加医疗安全性，**如何减少医疗不良事件的发生率，如何增加医院的经济收入，如何提高病人对医院的信任度，如何减少转诊转院的人数，如何进行人事绩效的深化改革等。**医院要想解决这些问题，不妨学习与借鉴企业管理的经验，学会编写企业计划书（简称**企划**）。今天，我把这个问题提出来，就是要我们在座的人来谋划医院的发展，谋划科室的发展，同时也谋划我们每一个人的发展和进步。

解决问题需要思考、判断与决断。上述这些问题都是我们医院管理中存在的问题，也是企划需要解决的问题。企划的本质是分析、判断与决断。分析是判断的基础，判断经过想象和逻辑推理，便形成了推断。推断加上决心就形成**决断：干或不干。**注意啊，不干也是一种决断，我们要有所为而有所不为。

什么是**决心**呢？我总结出**三个要素：目标、手段、坚持**。目标定下了，手段也有了，但你不能坚持，则说明你没有决心。如果你有了目标，没有手段，没有进行资源的整合，说明你这个决心也是空的。什么是坚持？坚持就是百折不挠。这是解决问题的一个非常有用的方式。

科学管理要学会用数据说话。我曾经讲过，能干不能干，拿绩效来说话。彼得·德鲁克说："如果做不到卓有成效，就谈不上'绩效'，不管你在工作中投入了多少才智和知识，花了多少时间和心血。"我院今年上半年的各项统计数据总体向好，住院人数最高的一天达 179 人。

总而言之，**使命、价值、业绩、品牌**都是谋划娄烦县人民医院未来的发展问题。虽然，我花费了很多的时间、精力和心血，酝酿了好几个月，写出 1 万多字的文章，并经过几次的修改，以期完善。但是，娄烦县人民医院明天的命运是掌握在你们的手里。因此，我借用娄烦县人民医院建院 50 周年画展的寄语作为本文的结束语：

娄烦县人民医院的明天，路在何方？路在你们的心坎里，路在你们的脑海里，路在你们的手头上，路在你们的脚底下！

谢谢大家的聆听！谢谢你们的耐心！

参考文献

[1] 麦克·梅里尔 . 敢于领导 [M]. 冷元红，译 . 北京：中国发展出版社，2005.

[2] 约翰·曾格，约瑟夫·弗克曼 . 卓越领导者完全手册 [M]. 许晋福，译 . 北京：清华大学出版社，2006.

[3] 镰田胜 . 怎样提高领导艺术 [M]. 李则文，李玉莲，译 . 北京：科学普及出版社，1988.

外科决策：险中求胜 ①

摘要：外科决策是一项高风险的事情，在当前医患关系紧张的环境下，尤其突出。如何险中求胜，具有重要的现实意义。本文提出科际整合，将军事学、谋略学、决策学、管理学从哲学层面进行有机地结合，将做人、做事、做决策与临床密切联系起来，开创一个全新的决策思路、方法和技巧，它们在实践中已突显优越性。

关键词：外科，决策，军事，谋略，管理，哲学

Surgical decision : Failsafe strategies. Feng Bianxi. Shanxi Provincial People's Hospital, Taiyuan, 030012, P.R. China

Abstract : Surgical decision is full of hazards, especially in the situation of unhealthy doctor-patient relationship. Failsafe strategies are very important for doctors and patients. It is suggested that interdisciplinary of military science, strategic science, decision science, management and philosophy , combined with personal behaviors, method of handling affairs and making decisions, is a totally

① 本文发表于《医学与哲学》杂志 2007 年第 9 期。

new train of thought, method and technique for surgical decision.They are highly beneficial for clinical practice.

Key words：Surgery, Decision, Military Science, Strategy, Management, Philosophy.

作者简介：冯变喜，男，教授，主任医师，硕士生导师，普通外科主任，山西省外科学会、山西省器官移植学会副主任委员；主要研究方向为肝胆胰外科疾病的诊断与治疗。

外科决策是一项高风险的事情，在当前医患关系紧张的环境下，尤其突出。不同的医生可能有不同的选择，不少医生不愿意承担风险，不愿意做大手术，不愿意抢救重危病人。这种状态若继续发展，近期内患者无疑是受害者，远期的后果则是医学的停滞与落后，医生也是受害者。因此，研究外科决策的规律和技巧，探讨险中求胜的能力，提高外科决策的成功率，减少失败率，显然具有重要的现实意义。

要想险中求胜，就要对风险进行分析、评估与预测，才能有效避免风险。我们的设计有两个维度：识别维度和选择维度。识别维度是认识风险存在于何处；选择维度是避免风险要有更多的选择[1]2]。大多数决策都具有风险，我们对可能遇到的风险和怎样消除这些风险应该有个清晰的认识。所以，当我们要做一个决策时，要问一些基本问题并回答它们：会出现什么问题？出现问题的可能性有多大？问题的结果有多严重？有什么应对的办法？我们承受风险的能力如何？

那么，外科决策的风险来自何方？第一，来自病人。"病人"是有病的人，病人本身有诸多的不确定性，这是风险之一。即使明知有风险，但发生的概率也不确定，这是风险之二。第二，来自医疗技术。医学对许多疾病的认识还不清楚，对其发生机制还是未知数，当然谈不上有效的预防，这是风险之三。医疗技术本身就有风险，手术刀是柄双刃剑，在治疗中存在医源性损伤的可能，这是风险之四。第三，来自外科医生。外科医生本身就是一个预后因素，外科医生的知识、技术、胆量、思维、决策等千差万别，对治疗的最终结果有很大的影响，这是风险之五。尤其是外科医生思想僵化，不敢冒险，有时是更大的风险，这是风险之六。第四，来自系统。科室的工作流程和管理方式，医院各团队间的协同性等都存在差异性，这是风险之七。第五，来自决策环境。医患关系紧张，互不信任，举证倒置，少数医闹得不到有效解决，围攻打骂医生，扰乱医疗秩序，砸打医院，要求巨额赔偿，严重影响外科医生决策的积极性和主动性，这是风险之八。我们还可以列举出更多的风险，但这五个方面是有代表性的。

我将通过下列典型病例的诊治过程与结果，结合理论分析，探讨外科决策险中求胜的一般规律。

临床资料

典型病例一

6年前的一个下午，急诊室来了一位坑下砸伤腹部的复合外伤患者，男，54岁，生命体征平稳，经初步检查，发现患者有骨盆骨折伴直肠损伤，盆腔有出血。在请骨科、普通外科会诊的过程中，患者化验结果提示弥漫性血管内凝血（DIC），我们又请血液科会诊。大家一晚上忙于会诊，一线看了二线看，二线看了科主任看，谁也拿不定主意，谁也不敢拍板。第二天上午医务科组织会诊，我参加了，情况基本同昨晚。我的意见是尽快手术探查，但由于我既不是首诊负责医生，也不是最后拍板的人，我的意见最终未被采纳。第二天中午，病人血压开始下降，下午病情恶化，当晚就遗憾地离开了人世。

典型病例二

郭××，男，57岁，左上腹憋痛1年，加重3个月，于2001年5月入院。CT显示，患者腹主动脉右前方有一个 8.3×6.9 cm 肿瘤伴钙化，强化明显，肠系膜动、静脉紧贴其左上方，被诊断为腹主动脉瘤。

B 超报告显示，患者肝内、外胆管扩张，胰头部可见一实性中等回声团块，大小约 $9.7 \times 7.5 \times 6.7cm$，胰管扩张约 0.36cm。其后方的下腔静脉受压变细。彩色多普勒显示肿物内有丰富的动静脉血流信号，呈"火海征"，肿瘤内有钙化灶，被诊断为畸胎瘤。肠系膜上动脉造影显示肿瘤血管呈环形，血供丰富，被诊断为胰头血管瘤。

我们在科室讨论病例时，几乎所有的外科医生都认为手术风险太大，最多只能通过剖腹探查来明确诊断。但是，我坚持患者肿瘤有切除的可能，需要采取特殊的技术手段。我带领团队于 2001 年 6 月 6 日对该患者进行剖腹探查胰十二指肠切除术，术中见胰头部约 $10 \times 9 \times 8cm$ 肿物，质软，血供丰富，术中出血 1000 ml，手术过程有惊无险，术后过程顺利。病理结果为胰头神经内分泌癌伴坏死、钙化。2001 年 7 月 2 日，患者痊愈出院，我随访至 2004 年 5 月，患者尚健在。

典型病例三

贾 ××，男，42 岁，于 2000 年 9 月进行了肝、肾联合移植术。术后 10 天，患者腹腔内大出血，我们进行了第二次手术，清除血凝块，未发现活动性出血。二次手术后第 4 天，患者腹腔内又大出血，量约 3200ml，只好第三次手术，其左膈面膈肌处渗血，左肝外侧叶近肝上下腔静脉处有可疑小出血，肝后下腔静脉旁有可疑的小出血点处，均予以缝扎止血。第三次手术第 2 天，患者当晚被拔了腹腔引流管后腹腔内又大出血，我推断是引流管压迫处出血，便在局麻情况下对患者开腹，放了一根引流管进去，吸出腹腔内积血 2000ml，检查引流管处发现有活动性动脉出血，予以缝扎止血。患者 4 次大出血，每次都处在生死关头，经全院协力抢救，终于化险为夷，至今仍健康生存。

典型病例四

吕 ××，女，26 岁，妊娠 4 个多月，转移性右下腹痛 5 日，加重 1 日，急诊入院于 2003 年 8 月 24 日，入院诊断为妊娠合并阑尾炎、腹膜炎。家属要求保守治疗，给予抗感染治疗 1 日后，腹痛加重，急诊行阑尾切除术。术中见阑尾穿孔，右下腹有 200—300ml 黄色脓汁，切除阑尾后清洗腹腔，右髂窝置潘氏管引流。

术后第 4 日，患者出现规律宫缩和先兆流产，于 2003 年 8 月 28 日转妇产科引产及抗感染治疗。引产后患者出现小肠梗阻，非手术治疗无效，于 2003 年 8 月 31 日在全麻下急诊行肠粘连松解术、腹腔脓肿清除术、肠减压术，术中发现小肠间有多量脓性积液。

术后，患者梗阻曾一度缓解，但第二次术后 9 日又出现腹胀、腹痛，肛诊未见明显包块。拍腹平片，显示为低位肠梗阻。行下消化道造影，显示乙状结肠与直肠交界处不能通过。纤维结肠镜距肛门 16cm 处有菜花样肿物，堵塞肠腔不能通过，活检为中分化腺癌。

患者家属对此诊疗过程很不理解，引发医疗纠纷。经协调后，家属同意给患者进行第三次手术，于 2003 年 9 月 20 日在全麻下行癌肿切除、结肠结肠端端吻合、横结肠 T 管造瘘术。手术很难做，我们历时 7 个小时才完成。患者术后 1 月余可以拔除造瘘管，并痊愈出院。

典型病例五

马××，女，72 岁，CT 显示肝左内叶一团状低密度影，病灶边界尚清，大小约 8.2×5.0cm，平扫 CT 值为 45.5HU，增强后动脉期病灶明显强化，CT 值为 75HU，静脉期病灶显示更加清晰，肝内胆管明显扩张，肝外胆管不扩张，肝门部结构不清，可见肿大淋巴结影，CT 诊断为肝左内叶占位伴肝门部淋巴结肿大。

患者于 2004 年 2 月 19 日在全麻下行中肝叶切除术、肝门转移癌切除术、双侧胆肠吻合术，内置支撑引流管经肝引出。术后病理结果为肝脏恶性淋巴瘤伴肝门部转移。患者后来痊愈出院，并接受化疗，随访 2 年仍健在。

典型病例六

朗××，男，72 岁，慢性胆囊炎，胆囊结石，有 40 年慢性支气管炎病史，近期合并肺部感染，Ⅰ型呼衰，在呼吸科住院治疗期间呕吐咖啡色胃内容物约 1 000ml 后晕倒，被诊断为上消化道大出血，急诊胃镜检查，发现胃小弯后壁有一块 2×2cm 的大溃疡面，一小动脉破裂在喷血，呼吸科联系我科行急诊手术。

值班医生在患者全麻下先切开胃前壁，清除胃腔内的积血及血凝块后，于胃小弯侧后壁可见一大块溃疡，溃疡底部见一小动脉搏动性出血；先缝扎溃疡底部出血点，再缝扎胃右动脉，冲洗胃腔后未见活动性出血。值班医生向我请示下一步的手术方案。

我根据患者术中生命体征平稳，在全麻的情况下血氧饱和度正常的前提，分析各种手术方式的利弊，在征得患者家属的同意后，决定行胃大部切除术、毕Ⅰ式吻合及胆囊切除术，一次性解决患者的新旧疾病。计划用 1 个小时的时间完成上述手术，结果手术如期完成。患者术毕带气管插管平安返回监护室，经过以呼吸机为主的 5 天综合治疗后，肠功能恢复，腹胀消失，肺功能改善，拔除气管插管后痊愈出院。我随访至今，患者健康状态尚好。

典型病例七

司××，男，72 岁，主因患急性梗阻性胆管炎、肝内外胆管结石、糖尿病、十二指肠陈旧性溃疡、陈旧性脑梗及陈旧性胸膜炎伴胸廓塌陷等多种疾病，于 2003 年 4 月 29 由兄弟医院转入我科。患者体格检查，皮肤巩膜中度黄染，右上腹压痛阳性，局部肌紧张阳性。

2003 年 5 月 19 日，我们在患者全麻下行胆囊切除术、胆总管探查术和胆道镜手术，手术过程顺利，患者术后 3 周病情平稳，进入恢复期。

6 月 9 日早晨 6 点 40 分，患者突然呕吐咖啡样物，量约 500ml，随后排黑色成形便一次。经快速补液后, 患者生命体征趋于稳定, 但血压一直维持在较低水平, 为 11/6Kpa。当天下午 5 点, 患者出现呼吸困难、不停咳嗽和血压下降等一系列急性左心衰竭的表现, 给予气管插管及强心利尿等抢救措施后, 病情再次趋于稳定。次日患者被拔除气管插管, 在随后的 5 天中, 病情趋于平稳, 没有出现大的反复。在患者病情相对平静的间隙, 科室组织了病例讨论, 认为患者目前仍未脱离危险, 需加强监护, 密切注意患者的病情变化, 防止再次出血。

果然不出所料, 6 月 14 日, 患者再次出现上消化道大出血, 在给予输血及应用洛赛克后, 血压平稳中尚有波动。6 月 15 日上午, 患者血压再次下降, 心电图及酶学检查均提示心肌梗死! 心内科建议禁忌任何身体搬动, 限制液体的量和速度, 而且不同意应用强心药西地兰。

然而, 外科面临的问题是血在不停地出, 出血的部位和原因还不确定, 患者的生命又一次到了危急的关头, 该怎么办? 是继续维持目前的非手术治疗, 还是做相应的检查以明确出血原因, 以便采取进一步的外科治疗? 显而易见, 前者稳妥, 医生不冒任何风险, 但患者会因不断出血而时刻有生命危险; 后者虽然医生要承担很大的风险, 却会给患者带来一线生存的希望。在请示院领导并取得患者家属全力支持的情况下, **我们采取了非常措施。**

6 月 15 日下午, 在西地兰强心作用下, 我们给患者快速输血输液, 急诊床头内镜证实十二指肠球部有一块 2×2cm 的溃疡面, 一条裸露的动脉在喷血。此时, 患者血压急剧下降, 最低跌至 5.3/2.7 Kpa (40/20mmHg)。我们立即急诊手术, 手术由经验丰富、技术过硬的麻醉师配合。术中患者病情趋于平稳, 我们做了胃大部切除术、毕 II 式吻合。术后在密切的监护下, 患者恢复得比较顺利, 最终痊愈出院, 至今仍健在。

典型病例八

孔 ××, 男, 60 岁, 呕吐, 体重下降 10 多公斤, 行胃镜检查未见异常, 行上消化道造影, 发现十二指肠梗阻, 于 2007 年 5 月入院。当时患者健康状况较差，家庭经济困难，在营养支持后行手术治疗。手术证实为胰体尾部肿瘤，侵犯十二指肠屈氏韧带处而引起梗阻。此外，患者胃大弯受侵，左肾血管包在肿瘤中间，估计还有区域切除的可能性。我们在术中与家属进行补充谈话，征得家属同意做扩大手术，请泌尿外科医生上台会诊切除左肾，普外科将肿块整块完整切除，包括胰体尾、脾、部分胃、十二指肠、空肠、结肠和肠系膜上静脉部分侧壁，切除完整彻底，肠系膜血管骨骼化，肠系膜上静脉侧壁缝合修补，十二指肠降部与空肠侧侧吻合，结肠端端吻合结束手术。术后患者有少量胰瘘，进行非手术治疗，后来痊愈出院。

讨论

结合以上几个病例，我想就外科医生如何做到险中求胜作一讨论：

首要的问题是外科医生的人生观和价值观

制定决策靠人，执行决策也靠人。患者甘愿以性命相托，这是对医生的信任。因此，优秀的外科医生不仅要有精湛的技术，还要有许多"做人"的素质。闵乃本院士指出："治学与为人是不可分割的，要做好学问首先应该学会做人。"[2]序言那么，怎么做人呢？

从典型病例一患者的病情来看，其表面的平稳中隐含着致命危险，从诊治过程和程序来看，医院和医生都没有太大的责任。但是从结果来看，患者在医院、在医生的眼皮底下失去了宝贵的生命，难道在院内长达 20 个小时就没有手术的机会吗？救死扶伤的神圣使命完成得如何？难道不值得深思吗？除了医院系统的因素以外，除了社会环境给医疗决策环境带来严重的负面影响以外，外科医生是否也应考虑自己的人生观和价值观问题。**这看起来虽然是个老生常谈的问题，但其实也是问题的根本。**

典型病例二患者的手术极具风险，但我们心态正，决心大，方法多，想到并采取一些特殊的控制出血手段，成功地行胰十二指肠切除术，挽救了患者的生命。

外科医生的人生观和价值观还关系到思考问题的立脚点和出发点，立脚点不同即角度不同，出发点不同则道路不同，立脚点和出发点不同，则思考的结果自然会不同。面对一个疑难复杂的病例，外科医生是首先想到病人呢，还是首先想到自己呢？这就是立脚点的问题。你对病人采取的第一项重要治疗决策就是出发点的问题。典型病例二患者的手术风险很大，医生冒的风险也很大，**敢不敢开刀就是立脚点和出发点的问题**。

外科决策不能停留在制定决策阶段，还必须将决策付诸行动。像典型病例二，同一个病人，同样的病情，同样的危险，为什么有的医生敢做，而有的医生就不敢做呢？这与外科医生的综合素质有着密切的关系，其中一条就是敢不敢**挺身入局**的问题。

要战胜自己

典型病例三患者术后腹腔内大出血，4次手术，每次手术病人都面临生死的危险，医生的心理负担很重，因此，要想给病人做好手术，首先要战胜自己。好在患者的家属十分通情达理，对外科医生高度信任，每次手术不仅未说过一句不理解的话，而且每次都说"谢谢你，辛苦了"。这些话使我们很是感动，心无顾忌地拼命抢救病人，**敢采取断然措施，敢采取非规范手段**，付出超人的精力与心血，几次将患者从死亡线上拉回来，**真正体会到良好的医患关系可以创造人间奇迹**。

典型病例四是年轻人患直肠癌，妊娠合并阑尾炎、腹膜炎，非常罕见，诊疗非常困难，外科的高风险因不确定性（Uncertainty）很大而增加。更为严重的是患者的家属对此不理解，进而出现比较大的医疗纠纷，在此情况下，我们怎么办？我们及时**调整了医患关系，调整了我们的心态**，依靠我们的**勇气、技术和自信心**，冒着更大的风险做了第三次手术，手术成功了，同时也化解了医疗纠纷。

战不过攻守，法不过奇正

我将军事思想用于外科决策。外科治疗可以概括为手术的"攻"和非手术的"守"，传统思维的"正"和超常思维的"奇"。攻守可以转换，正亦胜，奇亦胜。

典型病例七患者是一种复杂、高危的胆道病，我们将复杂问题分解开来，各个击破，这是"正"的应用过程。正当我们为成功可以松口气的时候，意外情况发生了，患者一次又一次来到生命危急的关头，上消化道大出血，急性左心衰竭和心肌梗死，哪一种都是要命的病，而且治疗原则还是互相矛盾的，这时我们不得不采取非常措施，以"奇"的手段，出奇制胜，化险为夷。这就需要外科医生具有很强的内科基本功和外科决策能力，更需要外科医生的胆量、智慧和娴熟的技巧；还需要密切的监护和抢救技术，以及医护人员日日夜夜的辛劳；需要兄弟科室的大力协作，更需要家属的理解、信任与配合。我们终于将这名复杂、高危患者，一次又一次地从死神手中夺回来，创造了生命奇迹。

典型病例六是违反急诊情况下手术宜简不宜繁的原则，虽是"奇"的应用，但也存在违规行为，稍有不慎就会酿成医疗纠纷甚至医疗事故。因此，"奇"的应用是有条件的。首先是能把病情吃透，本例的主要危险因素是上消化道大出血、老年性慢性支气管炎和根治性手术，要权衡三者的风险比例、控制手段和可能的结果；其次是外科医生对根治性手术的把握程度和技术熟练程度；第三，后续治疗的条件和能力，并对治疗过程和预后有清晰的认识；第四，手术失败后的风险承受能力，对潜在医疗纠纷的控制能力，医患关系的信任程度，家属对根治手术的需求程度和进一步治疗所需经济的承受能力。外科医生要将这些后果都想清楚，向家属交代清楚，并做好文字记录。该病例具备上述条件，结果幸运地完全按照我们的设计与预计走，患者最终痊愈出院。

用谋略手段来降低不确定性

临床决策存在诸多的不确定因素, 包括临床资料的错误、临床资料的模糊性和解释的多样性、临床信息和疾病表现间关系的不确定性、治疗效果的不确定性等。[3] 此外, 医生作为观察者也有局限性, 比如, 进行观察的条件, 观察时疾病特征的含糊程度, 医生的身体或感情状况, 在观察前的预期结果, 受做同样观察的同行影响等, 从而造成观察错误。 [3]106

外科决策也可以运用谋略手段来降低不确定性。那么, 哪些谋略思想能够指导我们取得外科决策的成功呢? 我认为有以下几条原则:

师必有名

手术决策中首先是把握好手术适应证, 这就要求我们应诊断明确, 依据充分, 并对病情的病期有足够的估计, 对手术切除病灶可能性有较好的预测, 并判定没有手术禁忌证。

先胜而后求战

不打无准备之仗, 不打无把握之仗。在典型病例六中, 我们计划用 1 个小时完成胃大部切除术、毕 I 式吻合及胆囊切除术, 结果真是在 1 个小时内完成了上述手术。

兵争交, 将争谋, 帅争机

关于各级医生的主要任务和职责, 我们可以从中得到一些新的启迪。例如, 在典型病例一中, 值得探讨的问题虽然很多, 但其中一条就是手术时机没有把握好, 过多的会诊耽误了太多的时间, 失去了宝贵的抢救机会。

风险与机遇既是对病人而言, 也是对外科医生而言, 但更重要的是对病人而言。典型病例八患者在手术中被发现是胰体尾癌, 尚可区域切除, 而我们有能力、有勇气去完成这个非常困难、十分危险的手术。家属抓住这个机会, 冒一些风险, 我们也抓住这个机会, 冒一些风险, 打了一个遭遇战, 涉险成功，最终达到医患双赢的效果。

先谋后事，虑定而动

外科决策，要把握病情的特点和发展趋势，权衡各种治疗方案的利弊得失，审时度势，采取的措施应具有针对性，切中要害。利用疾病发生、发展和变化的规律预见转归结果，采取预防性治疗。这些都是先谋后事、虑定而动的具体做法，临床应用屡获成功。

要变在变前

典型病例五的患者中肝叶被切除，须保留双侧的血管和胆管，手术难度很大，风险也很大，加之患者年龄偏大，又有糖尿病，围手术期的处理比较困难。但是，我们有预见，有预案，有应急方案，最终化险为夷。

统筹兼顾，重点突出

外科危重病人的病情一般都很复杂，我们分析问题时要抓住重点环节，找出"牵一发而动全身"的主要矛盾。对重点问题要抓紧，措施的针对性要强，要一抓到底，抓出成效，直至主要矛盾得到彻底解决为止。至于重点问题，不抓不行，抓而不紧也不行。

抓重点而不忘一般。既要以主要精力抓好重点环节，又要注意处理好重点与一般的关系；要统筹兼顾，标本兼治，急则治其标、缓则治其本；要分轻、重、缓、急，区别对待。

及时抓住矛盾转化。旧的主要矛盾解决了，新的主要矛盾又产生了，要注意矛盾的转化，及时抓住新的主要矛盾。

典型病例七患者病情的主要矛盾不断转化，开始是肺，然后是出血，最后又是肺。我们统筹兼顾，重点突出，抓住转化，成功救治病人并获得重要经验。

临事而惧，好谋而成

外科虽然有高风险，但能思其所以危，则可安矣。

险中取胜很大程度上取决于智慧，而敢想胜于智慧。思维的进攻性就是敢想。敢想胜于智慧，因为，你想都不敢想，哪来的智慧？哪来的实践？外科决策险中求胜就是创新思维的进攻性产物。

敢发奇谋，也在于创新思维。前面说，敢想胜于智慧，而创造性思维的产生要敢想，要独立思考，要见别人之未见，发别人之未发，想别人之未想。决策思维的科际整合就是一种创新思维的结果。

行成于思。典型病例二患者的情况，临床屡见不鲜，同一个病人，同样的资料，不同的外科医生有完全不同的意见。为什么？原因很多，但其中一个重要的差别就是思维方法问题。

资料合理取舍，判断准确入微，更有赖于思与谋。临床上经常会遇到实验检查结果波动很大，不知以何为准的情况；影像检查结果也是差别很大，甚至是矛盾的情况。如何对这些错综复杂的资料进行整合，这既涉及专业问题，也涉及思维方法问题。正确的做法是应用专业知识，加上科学的思维方法，对所有材料进行综合分析，去粗取精、去伪存真、由此及彼和由表及里，达到分清主次，明确因果关系，去除疑点，甄别真伪的目的。

在甄别真伪时，要对材料进行取舍。但取舍不是随意挑选，而是要认真分析材料的一些属性问题。第一，要分析检查方法的特异性和敏感性，检查方法特异性和敏感性高的，其结果的可信度大，比如B超关于胆囊息肉的诊断优于CT；第二，要分析检查方法本身的局限性，比如B超关于胆总管远端结石的诊断，由于其受肠气的干扰，效果不如CT；第三，要分析和比较几种影像检查结果的异同点，能够互相印证的，其结果的可信度大，不能够互相印证的，其结果的可信度就要进一步分析判断，但不要轻易否定，特别注意检查时间的先后、医院规模的大小、医生的经验等；第四，要动态分析病情变化和发展趋势，好转还是恶化，加重还是减轻；第五，要剔除影像检查中的伪像；第六，要分析操作人员和报告人员的经验。

只有资料取舍合理，判断才能准确入微。而准确入微的判断，是制定决策的依据。

总之，外科决策险中求胜是一项很大、很难的系统课题，**既有学术问题，又有社会问题**，在当前的医疗环境下更鲜有人去做。我们在多年的临床实践中，**敢字当头**，**办法随后**，积累了许多成功的病例，也有一些失败的病例。无论成功的病例还是失败的病例都带给我们许多反思，而且失败的病例比成功的病例留给我们思考的空间更大，问题更多。例如，成功的典型病例三，大出血会带来许多问题，包括外科医生的决策问题；4 次手术的技术问题；病人、家属和单位的配合与信任问题；外科医生自身的诸多问题，包括精力、耐力、智力、毅力、压力和魄力以及医院的组织、管理、支持、配合与协调等问题。这些问题被及时妥善地解决了，我们也创造了人间奇迹。相反，典型病例一失败了，但留给我们思考的空间更大，问题更多。比如，与其坐以待毙，为何不采取紧急手术一搏？为何那么多的外科医生都不拍板？是技术问题，还是素质问题；是社会环境问题，还是家属的态度问题；是医院的管理水平问题，还是制度问题。这些都是外科决策险中求胜需进一步研究的问题。

参考文献

[1] 萨扬·查特吉. 险中求胜：在他人视为风险之地发现财富 [M]. 王钦，王雯，译. 北京：中国人民大学出版社，2006.

[2] 白春礼，郭传杰. 院士谈做人　求知　问学 [M]. 北京：学苑出版社，2004.

[3] 米尔托姆·温斯坦，等. 临床决策分析 [M]. 曹建文，译. 上海：复旦大学出版社，2005.

创造生命奇迹

本文是探讨临床思维和外科决策的关系。有效的临床思维和正确的外科决策，可以创造无数的生命奇迹。**怎么看 + 怎么想 + 怎么做**是决定手术成败的三个关键环节。外科医生，天天在看病，天天在思考，天天在做决策，天天在做手术。这些问题的源头是临床问题，而解决临床问题就存在一个**思维与决策**的共性问题。思维与决策，又涉及一个问题，即**怎么看、怎么想、怎么做**。

病人来医院找医生看病，医生需要检查病人，**这就是"看"的开始**。在看的过程中，医生就存在思考的问题，思考开什么化验单、做什么影像检查等。

经过一番临床检查、实验室检查和影像检查之后，医生又开始思考疾病的诊断问题、治疗问题、费用问题、预后问题、需不需要开刀、做什么手术、何时做手术、选择什么麻醉、要不要备血、备多少血、病人能否耐受手术、医患关系如何、需要做什么特殊的术前准备等。

在决定做手术之后，主刀医生要思考，如何对病人体位的选择、切口的选择、传统开刀还是微创手术或者二者联合、手术的主要风险、如何采取措施降低风险、自己还需要进行哪些知识与技术方面的充电、如何与病人和家属进行术前沟通，这些问题都需要我们思考与解决。

外科医生进入手术室，就像战士上了战场。主刀医生是双重角色，**既是士兵，又是将军**。说他是士兵，那是因为他手持手术器械，一招一式、一步一步地完成手术。说他是将军，因为他需要把控手术的全局，调整手术的节奏，应对术中出现的意外情况，采取紧急措施，协调麻醉、台上医生护士、台下巡回护士的工作，调整自己的心态，必要时需再次与家属进行沟通，通报术中发现的新问题、出现的新情况，准备采取的新措施，家属应该做哪些工作和心理准备。

上述诸多环节和问题，都涉及思维与决策的问题。本文将着重探讨以下几个问题：

1. 怎么看决定怎么想；

2. 怎么想决定怎么做；

3. 对思维的深入研究；

4. 对临床思维的深入研究；

5. 对决策的深入研究；

6. 对临床决策的深入研究；

7. 外科临床的实战案例。

1 怎么看决定怎么想

怎么看决定怎么想！ 对于同样一个病人，同样的临床表现，同样的实验室检查结果，同样的影像检查结果，**你找 10 名外科医生，10 名外科医生的看法都不一致**。举一个简单的例子，某个病人心率很慢，每分钟低于 60 次，心电图不正常，有心肌缺血的表现，还有胆囊结石需做胆囊切除术，但县里的医生不敢做，转到山西省人民医院。我是主刀医生，认为患者是一位农民，平日还下地干活，应该能够耐受手术，愿意冒险为他做胆囊切除术。但在麻醉的过程中，病人心率始终到不了每分钟 60 次，即使用阿托品也不能将心率提上去，此时手术是停止还是继续做？这里面又有一个**选择与决策**的问题。最后，麻醉师与我同家属在术中进行沟通，家属同意冒险手术。最终，患者顺利完成手术，痊愈出院。

2 怎么想决定怎么做

没有思路就没有出路，改变思路就改变了出路。这就是临床思维和外科决策。这也是外科医生必须面对和解决的问题，既是外科医生的核心能力，又是外科医生的综合素质。思维与决策能力，是外科医生的知识、技术、能力和水平的**试金石**，也是其有无敬业精神和责任心的**分水岭**。为了更深层次地理解临床思维与外科决策，我们需要对思维与决策的一般概念及其相互关系有更广泛、更深刻的认识与理解，并将其整合到临床思维与外科决策中。

3 对思维的深入研究

什么是思维？《四角号码新词典》将"思维"定义为："理性认识活动，在表象、概念的基础上进行分析、综合、判断、推理等认识活动的过程。"

思维的简单形式有三种：形象思维（又称直觉思维），抽象思维（又称逻辑思维）和灵感思维（又称顿悟思维）。

复合思维形式。这是实用性思维，是由三种简单思维的排列组合而形成的。不管有多少种思维形式，其内容不外乎哲学家黎鸣所讲的："思维包括三个内容：记忆、理解、创新。这三大块也是思维过程中的三个阶段，环环相扣。它也可表述为三种思维能力：记忆力、理解力和创造力。"[1] 这三种力量在临床上可以发挥无穷的力量。

3.1　思维是一种竞争力

权威专家指出，当前企业国际竞争，一般在以下八个层级展开：第一级是产品和服务，这是初级、最前端、最直接的市场较量；第二级是技术；第三级是管理；第四级是人才；第五级是团队；第六级是机制；第七级是规则；第八级也是最高级的竞争：观念、意识、思维。因此，思维是一种高端竞争力。

3.2　思维是一种生产力

拿破仑·希尔在《一年致富法》说过："思考的力量是人类最大的力量，它能建立伟大的王国，也可使王国灭亡。所有的观念、计划、目的及欲望，都起源于思想。"**思维是一种生产力**，也是一种战斗力。我们经常将外科手术比作打仗。因为手术与打仗有许多内在的相似之处。如何才能打好仗？刘邦指出："运筹帷幄之中，决胜千里之外。"英国蒙哥马利元帅曾讲："**笔比剑更重要。**"如何才能做好手术？重在手术前的谋划，做好充分的准备工作。正如毛泽东主席所讲的："**不打无准备之仗，不打无把握之仗。**"在手术时机的选择方面，正如曾国藩所讲的："**速而无益，不如迟而有备。**"

3.3　思维是一把金钥匙

全国高等学校教材《诊断学》（第 8 版）对临床思维的重要性予以充分肯定：临床思维方法在过去教科书中很少提及，课堂上也很少讨论，学生经过多年的实践后才逐渐领悟其意义，"觉悟"恨晚。如果学生能更早地认识到其重要性，能够从刚开始接触临床的实践活动中，就注重临床思维方法的基本训练，**养成良好的思维习惯**，无疑将事半功倍，受益终身。[2]582

关键是如何进行思考。日本盖川崎指出："传统意义上的智慧是指人们在对某一形势、局面或问题经过深思熟虑之后得出的创新性思想……但**这种观点太陈旧**，也没有太大的用处，因为创新思想的产生并不仅仅是因为长时间的思考……问题的关键在于**你将如何进行思考。**"我认为盖川崎的观点是正确的。关于如何思考的问题，我们可以借鉴一些科学大师们的成功经验。

3.3.1　发展独立思考的能力

爱因斯坦指出："发展独立思考和独立判断的一般能力应当始终放在首位。"法国罗曼·罗兰更认为："**放弃独立思考，是一切不幸的核心**。"所以，外科医生要养成独立思考的习惯。所谓独立思考，就是自己静下心来"苦思冥想"。

天天思考，不断思考。牛顿讲述他发现万有引力定律的经验时说："我是如何发现万有引力的呢？因为天天都在思考它。""思索，继续不断地思索以待天明。如果说我对世界有些微小贡献的话，那不是由于别的，却只是由于我辛勤、持久的思索所致。"爱因斯坦也有同样的经验，曾说："我日复一日，年复一年地不断思考，99 次的结论都是错误的，但第 100 次我是正确的。"思考也有一个从量变到质变的过程，对于疑难重症的诊断与治疗，外科医生也要天天思考，不断思考，才能有所发现，有所发明，有所创造。

要学会深入细致的思考。深入细致的思考得益于精细化的观察。牛顿总结自己成功的经验时说："我的成就，当归功于精微的思考。"**精微的思考始于精细化的观察**，要有人见其粗我见其细、人见其细我见其微的观察能力。精细观察的结果是精微思考的原材料。

3.3.2　改变思维的方式

以不同的方式思考。诺贝尔物理学奖获得者艾伯特凡·斯·赛特格罗依指出："发明过程包含了与别人看一件相同的事，但却能以不同的方式思考。"

用别人忽略的方式思考。1997 年，诺贝尔化学奖获得者朱棣文在谈到成功者的经验时说："一个人要想取得成功，最重要的一点就是要学会用与别人不同的思维方式、别人忽略的思维方式来思考问题。"

3.3.3　产生不一样的思想

思考的结果是思想。关于相同的事，不同的医生有不同的看法和不同的想法，从而形成不一样的思想。"人与人智慧的区别不在于看到了什么，而在于想到了什么，做出了什么。看到的事实是相同的，产生的思想则是不一样的。"

4 \ 对临床思维的深入研究

4.1 临床思维的概念

临床思维是临床医生的一种能力。这种能力体现在四个方面：①能全面、分析、综合一个病人所有可用的数据；②能同时与早期的历史数据进行比较；③能从书籍中获得知识；④有直觉（经验）能力。临床思维，就是医生应用这四种能力对病人做出诊断、预后和治疗决策。

4.2 临床思维常用形式

临床思维是一种复合思维，最常用的有八种思维形式：科学思维、假说思维、批判性思维、创新思维、直觉思维、系统性思维、类比思维和哲学思维。临床思维是一种**实用性思维**，旨在解决临床的各种问题。

科学思维追求精准。100 年前，西方临床医学之父奥斯勒讲过科学思维："以科学为手段，以科学为依据，以科学为目的，但到目前为止，还没有完全达到科学的崇高地位……我们只算达到了某种程度的精准……"如今虽然影像技术发展很快，但奥斯勒的话并没有过时，我们只能做到更大程度的精准。**精准诊断的手段有实验室诊断、影像诊断和病理诊断**。我曾撰写论文《十二指肠乳头癌的精准诊断》，发表在《中华肝胆外科杂志》2013 年第 7 期。

假说思维发挥想象力。假说思维是做出临床诊断的一种重要方法。临床医生对已获得的全部资料，包括完整的证据、**不完整的信息和缺失的信息（空当）**，在相互联系中（包括空当在内）寻找一种假定性的说明，尤其是发挥想象力和联想力的推测与弥合作用。一个好的诊断性假说应符合六项标准：科学性，合理性，相容性，预见性，完备性和可检验性。[3]601—602

创新思维产生智慧。创新思维的方式非常多，比如头脑风暴、逆向思维等，但用与别人不同的方式思考，用别人忽略的方式思考，即便针对相同的事也会产生不一样的思想，它是一个最普遍、很实用的思维方式。

批判性思维产生独特的见解。批判性思维的方法，是对某一问题有个人的、独特的见解，而非人云亦云、随大流。批判性思维的核心是"合乎逻辑地思维、辨别自己和他人思维中的谬误"[4]168。科学始于问题，问题始于批判，批判始于质疑。批判的武器从哪里来？要有知识，你不知道所以就想不到；要有经验，你没有干过所以就不会产生直觉；要会读片，临床医生要有独立的影像诊断能力；要会思维，分析问题要有逻辑性和条理性。

直觉思维直接揭示本质。所谓直觉思维，又称形象思维，是靠表象来进行分析、综合、抽象和概括的思维活动。它是指不受某种固定的逻辑规则约束而直接领悟事物本质的一种思维形式。

爱因斯坦非常重视直觉，他说："要发现（复杂的科学定律），没有逻辑方法，只有用直觉，才能够感受到表象背后隐藏的规则。"

大量的经验会产生直觉。英国数学家阿提雅曾说："你通过大量例子，以及通过与其他东西的联系，取得了处理那个问题的足够多的经验。对此，你就会产生一种关于正在发展的过程是怎么回事以及什么结论应该是正确的直觉。"

系统性思维强调相互联系。在诊断方面，我们需要从症状、体征、化验和影像的相互联系中寻找诊断依据。在治疗方面，一台高品质的手术就是一个系统工程。系统工程强调从总体着眼构思，从局部着手实现，从全局出发用好局部，从全过程出发关照好各个阶段。毛泽东主席在《中国革命战争的战略问题》中指出："指挥员的正确的部署来源于正确的决心，正确的决心来源于正确的判断，正确的判断来源于周到的和必要的侦察，和对于各种侦察材料的联贯起来的思索。"

类比思维强调探究相互关系。类比思维是对比两个具有相同或相似特征的事物，从甲事物的某些已知特征去推测乙事物的相应特征而进行的思维活动。这种思维对于提出假说、探求机理、推测预后具有非常大的作用。

哲学思维是根本性思维。人们一提起哲学，就会觉得很深奥。其实不然，简单地说，哲学就是**世界观、人生观、价值观和辩证法。**世界观是人们对世界的根本看法，唯物主义认为物质是第一位的，存在决定意识，强调注重实践，密切联系实际。这就要求临床医生要**深入病房，贴近临床，**才能发现问题，解决问题。人生观是回答你将成为一个什么样的人。临床医生自己的奋斗目标是什么？是积极进取、拼搏向上，还是当一天和尚撞一天钟？价值观是**你的价值取向，**你更看重什么？在对待疑难重危、复杂的病例时，你是积极投入救治，还是推诿转院？辩证法是辩证性地看问题，任何问题都有两面性。这些问题的回答最终不仅严重影响你的临床思维与外科决策，更重要的是直接影响你收治病人的预后，最终影响你自己的人格。

4.3　临床思维能力的培养

培养临床思维，十年磨一剑。为了提高外科医生的思维与决策能力，**2006 年，我们在全国率先举办外科决策与思维研讨会。**2007 年的会议主题是外科与内科基础；2008 年的会议主题是外科与影像诊断；2009 年的会议主题是外科与水电解质；2011 年的会议主题是疑难病例的讨论；2013 年的会议主题是外科决策和手术技巧；2015 年的主题是高品质手术。

4.4　临床思维对医生人格的作用

思想造就外科医生的个性。思维的结果是思想，一个人是被其思想铸造的。医生的个性是由许多性格元素组成的，有先天因素，也有后天因素。后天因素在于学习，正如英国哲学家培根所讲的："读史使人明智，读诗使人灵秀，数学使人周密，科学使人深刻，伦理学使人庄重，逻辑修辞之学使人善辩，凡有所学，皆成性格。"个性是人格的涌现性。人格的作用在临床思维与决策中起着决定性的作用。正如爱因斯坦所讲的："大多数人说是才智造就了伟大的科学家，他们错了，是人格。"

凡有所学，皆成性格。这是培根的一句名言。这也不难理解，学习养成习惯，习惯形成性格。基于同样的认识，临床医生不仅要学习本专业知识，还要学习很多临近专业的知识，例如大内科知识、大外科知识、生理生化知识、影像诊断学知识；还有稍远一些的相关知识，例如法律学、管理学、伦理学、逻辑学、科学学、军事学和哲学等，这些知识不仅对临床思维和外科决策有着很大的帮助，而且**铸就了外科医生的性格**。

医生的个性决定命运。所有的临床决策都是医生自己思考后做出的，也是由医生自己去执行的。美国励志专家奥里森·马登曾说："一个医生的个性与他能否在事业上取得成功有莫大的关系，同时也深深地影响着他手中病人的命运。"我们在临床上也确实看到这种现象：同一个病人，同样的材料，不同的医生，会产生不同的决策；而不同的决策会给病人带来天壤之别的后果，同时也将医生带入或成功或失败的不同境界。

5 对决策的深入研究

什么是决策？《现代汉语词典》对"决策"（Decision）的解释是："决定政策或策略，也指定下来的政策或策略。""决策"既是名词，又是动词。"决策"作为名词使用，它表述的是决策活动的产品，所侧重的是决策活动的结果。决策作为动词使用，表述的是决策活动，所侧重的是决策活动的**过程**。

5.1 思维与决策的关系

任何决策的过程都是一个思维的过程，思考是决策的前提，决策是思考的结果。**思维是隐性的决策，决策是显性的思维**。思维分高下，胜负在胸中。因此，要想提高决策的水平，首先要从提高思维质量入手。下面三条有助于提高思维质量。

5.1.1 "先谋后战"的工作方法

外科手术与打仗存在许多相似和共同之处，要谋划在前。思维好比是坐而论道，决策好比是起而行之。正如姜太公所讲的："**先谋后事者昌，先事后谋者亡。**"《兵境或问·谋战》也指出："是故先谋后战，其战可胜；先战而后谋，其谋可败。"

5.1.2 "虑定而动"的决断方法

虑是忧虑，是一种思维方法，是一种防患于未然的思考。曹操非常重视虑的重要性。他说："**虑为功首，谋为赏本，野绩不越庙堂，战多不逾国勋。**"明代张居正更提倡"虑定而动"的决断方法。他说："**审度时宜，虑定而动，天下无不可为之事。**"

5.1.3 "先胜后战"的预测方法

我经常说，外科医生在做决策时，"胸中有成功的胜算，手上有成功的把握"。这也是借鉴孙子兵法的思想："故善战者，立于不败之地，而不失敌之败也。是故胜兵**先胜而后求战**，败兵先战而后求胜。"

5.2 决策是制胜法宝

决策无小事，成败一念间。瞬间决断，成为永恒。托马斯·彼得斯在《探索企业成功之路》中指出："领导在于制定目标。"美国里奇·格里芬在《管理学》中指出："目标被分为**战略、战术和作业**三个层次。首先是长期目标，其次是中期目标，最后是短期目标。在不同的层次，时间跨度的概念不一样。"美国管理大师彼得·德鲁克在《有效的管理者》中指出："管理者的一言一行，都必须兼顾临时之计和长远目标。"这些关于企业管理的决策理念同样适用于临床决策。

上述这些关于思维与决策的理念，看起来似乎与临床思维和外科决策没有太大的关系。其实相反，这些理念对临床思维和外科决策有着极大的指导作用，这就叫"看似无关却有关"。

5.3 决策的种类

决策的方法有四种：科学决策，经验决策，艺术决策，智慧决策。

什么是科学决策？ 科学决策，用理论说话，就是要进行理论分析；科学决策，用事实说话，要有循证医学的知识；科学决策，用数据说话，要对数据进行统计分析。

什么是经验决策？ 就是根据自己或别人的经验进行决策。这方面最典型的例子是抗生素的使用。科学使用抗生素，应该根据药敏试验的结果来选择敏感性高的药物，但临床上在药敏试验的结果出来之前，必须根据以往的经验先选择有效的药物进行治疗。待药敏试验的结果出来之后，再重新选择敏感性高的抗生素。

什么是智慧决策？ 智慧决策就是创造性地解决问题，用智慧解决临床进退维谷的难题。如何才能产生智慧？重要的是改变思考问题的方式，要将知识转变成智慧。知识是死的东西，并不等于智慧，它对所有的医生都是一样的。但如何运用知识来解决困难问题，这就是要将知识转化成智慧。

什么是艺术决策？ 艺术决策有两个关键词：艺术与决策。艺术具有个性化、实践性、智慧性、灵活性、创造性和哲学思辨性等特征。**艺术决策是极具个性的决策，即个性化决策。**

6 对临床决策的深入研究

6.1 临床决策的概念

临床决策是用**系统方法**处理与计算资料，来决定行动的最佳过程。将临床决策的定义缩小到外科决策，那就是外科医生要对外科病人的各种问题，用系统的方法处理和计算所有可用的资料，从病人的最大利益出发，采取最佳的诊断与治疗方案。

6.2 临床决策能力的培养

外科决策，十年磨一剑。 临床决策是外科实践的核心能力。2003 年，我在山西省肛肠外科学术会议上做了一篇报告《外科决策的技巧与艺术》。2004 年，我在武汉举办的国际肝胆胰协会中国分会第一届学术研讨会上做了同样的报告。报告均引起与会代表们的热烈反响。后来，我将发言稿整理成论文《外科决策的理念、技巧与艺术》发表在《医学与哲学》2009 年第 10 期。此外，《外科决策：险中求胜》一文发表在《医学与哲学》2007 年第 9 期。这两篇文章将军事学、谋略学、决策学和管理学从哲学层面进行了大整合。

外科决策的原则与方法。 外科决策需要掌握一些基本的决策原则：整体性原则、系统化原则、利益原则、风险原则、预案原则、应变原则和监控原则。

整体性原则。 整体性原则强调任何决策都要从病人的整体情况出发，要有大局观，不能只见树木不见森林。

系统性原则。 系统性原则强调决策之间相互联系和相互制约，一个大的决策出台要有配套的措施，是一套组合拳。

利益原则。 利益原则强调 切决策都应从患者的最大利益出发，敬畏生命，珍爱生命，呵护健康，同时关注生活质量。

风险原则。 外科决策是一种高风险决策，要有险中求胜的精神。术前要充分评估各种风险，权衡风险的大小，预测发生风险的可能性，从而制定相应的预防措施。

预案原则。 外科的重大决策必须有预案，可以笼统地分成上、中、下三策。上策是力争实现的最佳目标，中策是可以接受的方案，下策是不得已的方案。

应变原则。 术前再好的决策，术中也会出现或大或小的变化；手术中还可能出现各种意外的情况，需要有应急应变的准备。

监控原则。决策贵在落实，要将决策落实到人事的安排上。在决策执行过程中，要有监测、反馈和调控，才能保证决策沿着正确的道路和目标走，才能很好地控制质量。

7 外科临床的实战案例

典型案例一：杨××，男，82岁，2014年4月以"左后腹膜肿物"收住山西省人民医院普通外科。于2009年11月在山西医科大学第一医院行乙状结肠癌根治术，术后已经两年半。患者近1个月出现左下腹痛，有压痛，超声检查发现左后腹膜包裹性积液；CT检查发现左侧腹膜后包裹性积液；左肾周筋膜增厚；左侧肾盂及上段输尿管扩展。

2012年4月6日，山西省人民医院普通外科进行病例讨论，我提出一个**诊断性假说**：左侧输尿管慢性、缺血性、迟发性瘘，建议行诊断性穿刺＋化验，若为尿液则转泌尿外科。果然穿刺的结果是尿液，患者于2012年4月12日转入我院泌尿外科，行内镜D-J管介入治疗。术后患者症状缓解，后腹膜积液很快消失。

这就是假说思维的具体运用。

典型案例二：薛××，女，43岁，1999年因胰腺囊肿行保留脾脏的囊肿切除术。术后，患者先是腹腔内大出血，二次手术止血；随后出现胃瘘，喝牛奶从潘氏管流出。胃镜检查证实潘氏管进入胃内。

病例讨论时，有些专家的意见是：输液禁食、胃肠减压、静脉高营养、输白蛋白和抗生素。

我的意见：潘氏管向外拔2cm即可，不需任何特殊治疗。结果操作起来很简单，效果很好。

这就是智慧决策！

典型案例三：申××，女，43岁，因上腹部难受行胃镜检查，报告显示为"胃可能占位？"胃镜病理显示为"轻度不典型增生"。**我从胃镜的图像看，感觉像胃癌，由此质疑胃镜病理的可信度**。患者行上腹部 MRI 扫描，报告显示"未见异常"。我仔细阅片，感觉胃窦部胃壁明显增厚。我又**质疑核磁报告的正确性**。

于是，我下了诊断：胃窦癌，皮革胃，幽门不全梗阻，计划行胃癌根治性切除术。术前，我充分做好肠道准备工作，以备行横结肠部分切除术。最后，手术和病理证实了我的诊断，行胃癌根治术、横结肠部分切除术。

这就是批判性思维的作用，表现在有质疑的能力。我先怀疑胃镜报告的准确性，后又质疑核磁共振报告的准确性。这不是怀疑兄弟科室的能力，而是自己有不同的经验和能力，有自己独到的见解。

典型案例四：成××，男，54岁，因为发烧，在某县医院诊断为肝脓肿。随后，患者在省城两家最大的三甲医院做过多次 CT 和 MRI，均诊断为**肝脓肿**，给予穿刺引流＋抗生素治疗。其间，患者还到北京某医院就医，也被诊断为肝脓肿。患者多次化验显示白细胞升高，但**多次化验显示甲胎蛋白均为正常**。

2016年9月初，患者到门诊找我看病。我的直觉是**肝脓肿型肝癌**。因为在很多年以前，我曾遇到类似的病例。当时术前也是误诊为肝脓肿，开刀证实是肝癌，至今那个病例的教训深深地刻在我的脑子里。成××住院后，行超声定位穿刺活检，证实为肝癌。

这就是经验决策。

典型案例五：李××，女，80岁，2009年7月在某医院住院，CT 报告双侧肾上腺肿瘤。

我会诊后诊断为胰体尾癌晚期，侵犯了左侧肾上腺，右侧肾上腺代偿性肥大而非肿瘤，拟行胰体尾癌联合脾脏、左肾整块切除。后来，手术和病理证实了我的诊断。术后病人痊愈出院。

这就是科学决策，**用科学理论进行科学分析**。凡是双侧器官，一侧有病变，另一侧就会代偿性肥大。

典型案例六：师 ××，男，62 岁，2006 年 10 月，因尿毒症在外院行血液透析，准备肾移植，其间出现重症胆管炎、胰腺炎，另有内科基础病，窦性心动过缓需安装临时起搏器，有陈旧性脑梗。几家大医院，都不愿接收该患者，请我会诊后患者被转到山西省人民医院。经过围手术期的精心准备之后，通过我们团队的集体努力，患者终于顺利地完成了胆囊切除术 + 胆总管探查取石术 +T 管引流术。痊愈出院后，患者到北京做了肾移植手术。

我们之所以敢做手术，是因为**智慧决策**。T 管外引流胆汁，会引起丢失钾，这是知识。将丢失钾的副作用用来治疗尿毒症的高血钾，这就是智慧。外科医生必须将知识转化成**智慧——有效的解决方法**。

典型案例七：张 ××，男，82 岁，出现皮肤、巩膜黄染，超声肝内、外扩张，实验室检查证实是阻塞性黄疸。CT 报告显示"胆总管壁增厚，肝内外胆管及胰管扩张"，外科诊断疑为十二指肠乳头癌，后经 ERCP 确诊为十二指肠乳头癌。

诊断明确了，而且很精准。但治疗决策的难题出现了，是做风险小点的短路减黄手术，还是做风险很大的保留幽门的胰十二指肠切除术（PPPD）？患者本人不同意做大手术，家属分为两派意见。

我们出于对患者的高度负责，为其谋求最大的利益出发，动员病人和家属接受大手术。最终大家统一了意见，顺利完成了大手术。患者术后石蜡病理显示：十二指肠乳头高分化腺癌，浸及深肌层，切缘未见癌，淋巴结无转移。患者后来健康生活到 90 岁，创造了一个生命的奇迹。

这就是外科医生人格的力量。为了患者的利益，自己甘冒风险，不辞辛苦，乐于奉献，乐在其中。

　　典型病例八：梁××，男，55岁，主因无痛性渐进性黄疸伴皮肤瘙痒2月余，于2013年11月入住山西省人民医院普通外科。检查皮肤、巩膜中重度黄染，实验室检查是重度梗阻性黄疸。辅助检查：腹部彩超结果为肝内外胆管扩张，肝外胆管末端管壁增厚，诊断疑为炎症或者肿瘤。腹部核磁报告显示：胆总管末端梗阻伴肝内、外胆管扩张及胆囊增大，胆管癌不除外。外科医生读片后诊断为**十二指肠乳头癌**。

　　术前家属因为经济困难，要求做简单的姑息性减黄手术。我亲自动员病人和家属，借钱看病也应该做大手术，并承诺亲自主刀手术。最终家属放弃了原来的想法，选择了做根治性大手术。结果非常好，**术后患者没有发生任何并发症，11天痊愈出院，全部医疗费用仅6.3万元。**

　　2017年6月25日，病人术后近4年，我驱车到患者家里随访，患者健康状态良好，能自食其力，以种菜、卖菜为生。

　　2023年10月10日，患者因为进食后出现吞咽困难，经胃镜检查证实为**贲门胃底癌**。我又给他做了第二次手术：根治性上半胃切除术。

　　术后患者恢复得非常顺利，病人和家属都十分高兴与满意。正当我们都在庆贺患者手术顺利、恢复良好的时候，术后**第7天患者突然出现剧烈腹痛**，经腹部CT检查和超声检查后诊断为**小肠扭转**。小肠扭转是要命的，需要急诊手术！11月12日晚上10点半，我们决定进行急诊手术。

　　谁来主刀做第三次手术？"二进宫"的手术难度大，风险高，要求主刀医生手技高超、胆大心细，又是夜间手术，一时找不到合适的人选。**而我呢？**因为2023年11月13日，太原市卫健委医改现场会将在娄烦举行。我是娄烦县人民医院的名誉院长，必须参加会议。所以，我11月12日下午刚从太原回到娄烦。该怎么办呢？没有过多思虑，我下定决心，立即驱车返回太原，并于2023年11月13日零点进行急诊手术，手术一直到凌晨4点才结束。

　　手术后，我又匆忙赶回娄烦，到达娄烦的时间是凌晨5：30。我稍事休息后，于8点整参加医改现场会。

第三次手术后，患者痊愈出院。

本例的思维与决策再次证明我在《生命之光》前言中讲的一段话："只有良好的医患互信关系，加上有使命担当，并掌握先进科技手段的外科医生，才能创造出绚丽夺目的生命之花。"

典型病例九：张××，男，75岁，2023年10月20日因出血性休克急症入住娄烦县人民医院普外胸秘科，呕血、黑便，血色素只有5.41/L，曾有脑梗，左侧肢体活动不便，有高血压，用药物控制。

我们对患者先进行紧急抢救，输血、止血以解决要命的出血问题，待患者病情平稳后，行胃镜检查，证实为胃窦低分化腺癌，CT检查提示可能侵犯了胰头。

2023年11月9日，手术探查证实胃窦癌侵犯了胰头。要想达到根治的效果，只有同时**加做胰十二指肠切除术**。胃癌根治术+胰十二指肠切除术是两个四级手术的叠加！手术的难度和风险成倍增加。对一个75岁高龄又有内科基础病的患者行这样的手术，这是对主刀医生的严峻考验。**十分考验主刀医生的医术**：能力、信心、勇气和底气？底气来自知识、技术、经验和智慧！**十分考验主刀医生的医德**：是否愿意付出，是否愿意承担更大的责任和风险。

家属是最终的决定者。我形象地将家属比喻成"国王"，主刀医生是"元帅"。"元帅"当然得听"国王"的，但"国王"也会尊重"元帅"的意见。我与家属充分沟通后，家属选择做超大手术。**我亲自操刀完成最困难、最危险的环节和部位**。手术历时8个小时，顺利完成。

术后患者石蜡病理证实：胃癌侵及胰头、十二指肠及神经，脉管内无癌栓，27个淋巴结中有3个转移，切缘均未见癌组织。

术后患者出现了肺炎、胸腹腔大量积液等严重的并发症，经过50天的精心治疗和护理，完全康复。患者出院时体重增加，红光满面，经口进食，切口一期愈合。手术后8个月，我们对患者进行随访，其仍健在，我们又创造了一个生命的奇迹。

这是一个综合性决策的案例，**科学决策＋经验决策＋智慧决策＋艺术决策**，同时也彰显了主刀医生的人格力量和良好医患关系的重要性。

临床思维和外科决策是一个非常重要的课题。本文谈了我的一些体会和见解，希望能起到抛砖引玉的作用，希望更多的临床医生能够自觉地重视这个问题，努力提高这方面的能力。

参考文献

[1] 黎鸣 . 学会真思维 [M]. 北京：中国社会出版社，2009.

[2] 许有华，樊华 . 诊断学（第 8 版）[M]. 北京：人民卫生出版社，2019.

[3] 张明，何政贤 . 诊断与假说 [M]. 医学与哲学，1996.

[4] 加里·R. 卡比，杰弗里·R. 古德帕斯特 . 思维：批判性和创造性思维的跨学科研究 [M]. 韩广忠，译 . 北京：中国人民大学出版社，2010.

顿悟写行书的诀窍

龙年春节，我回娄烦县罗家曲老家过年，与家人亲戚们团聚。连续三日写春联，我不怕献丑，大量写字，除了给冯家老院自创自写春联之外，亦赠送亲朋好友。三日劳累之后，终有回报，于腊月三十早晨写字时，我突然来了灵感，**顿悟写行书的秘诀**，就藏于"起承转合、提按顿挫和行云流水"十二字之中。

先说，"起承转合"四个字。对一个字而言，它是笔法应用之**技法**；但对一副对联而言，它是谋篇布局之**章法**。

"起"是开始。任何事物的运动都有迈出第一步的时候。书法也是一样，也有第一笔、第一字的问题。大凡写毛笔字，都是始于**起笔、运笔和收笔**，各种书法专著、书法名家对此都有详细的介绍，本文不再赘述。对于一副对联的书写而言，它也有**从第一个字开始的问题**，此后的字，如何衔接，都要在心中盘算好！

"承"是过渡。负有承上启下之连贯，如同讲话一样，要一气呵成，中间不能有间断，或**形断意连**；另外，还负有笔画次序之安排，要错落有致、疏密得当。

"转"是转折。它如同人说话、写文章用"但是"的道理一样。写文章时最忌讳平铺直叙之平淡，写字时同样忌讳横平竖直之呆板。运笔至有弧度和折角之处时，需要转动笔锋，弧度呈现曲线灵动之柔美，折角展现圆润有力之骨感。

"合"是组合之谓。对一个字来说，是完成"结字"结构之美；对一段文字来说，是呈现整体气韵和谐之美。傅山先生评价王铎的字是"无意合拍，遂成大家"。

次说，"提按顿挫"，这是用笔之要领。如果将"起承转合"作为书法章法的要领，那么，"提按顿挫"则就是书法技法之核心。"提按"控制线条粗细、虚实之变化，"顿挫"控制运笔速度，或急或徐之节奏；笔力之大小，或强或弱之变化；如此，则形成轻重、粗细、虚实之态势。这如同摄影之作品，强调创造对比来形成视觉冲击；如同文学之人物刻画，强调创造明暗对比以突出人物的性格；其间的道理是相同的。

后说，"行云流水"。这是书写之节奏、神态与气势。笔走如龙蛇，一气呵成，势如破竹，气贯如虹，给人以动感和力量之美。

上述十二个字——"起承转合、提按顿挫、行云流水"，是我写对联时对行书的一些感悟，是我对集成性创造在书法上的具体应用。我将写书的技巧、摄影的技巧和书法的技巧整合在一起，目的是形成自己独特的风格，自成一体，自成一家，具有体貌迥异的特征。

我对书法的兴趣和技能来自童年。童年时，我始学《柳公权玄秘塔碑帖》，打下楷书的一些基础；继学《黄自元间架结构》，学习字的结构；长大成人之后，虽然没有时间练习写字，但兴趣所致，会间断观看一些名家书帖。家中有一套《中国十大书法家集》，我于2017年粗阅一遍，写下自己的读后感：

看完《中国十大书法家集·何绍基》，我写下这样的读后感："用笔的技法和艺术风格有着密切的关系。尊古创新，别开生面，才能自成一家。"

读完《中国十大书法家集·赵孟頫》之后的感悟是："法师多为名家，集众家之长于一身，加上自己的变化，终成一代宗师。"

读完《中国十大书法家集·欧阳询》之后的感悟是："名家成名，所取之道类似，其间有规律可循。"

读完《中国十大书法家集·米芾集》之后的感悟是："师百家，各取其长，集于一身，若无变化，就没有自己的独创的东西，只是'集'而已，不能成为一家。只有'师其法而不拘其形'，才说明有了自己的创新，才能成为一家。各种学问，大抵如此。"

读完《中国十大书法家集·文徵明集》之后的感悟是："大器晚成之又一代表，早不慧而努力，学杂家而结合自己而成才，形成了自己的风格。**词书画有异曲同工之妙，贵在贯通。**"

读完《中国十大书法家集·颜真卿集》之后的感悟是："形似柳公权，唯胖而已。"

读完《中国十大书法家集·柳公权》之后的感悟是："形似颜真卿，唯瘦而已。"书评说："**颜筋柳骨**"实为点睛之笔。

读完《中国十大书法家集·王羲之》之后的感悟是："出神入化，妙笔生辉。"

读完《中国十大书法家集·董其昌》之后的感悟是："知耻而后勇，奋发而成才。终其一生，酷爱书艺，老而弥笃。博采众长而融于一身。用笔挥洒自如，不拘一格，每一笔墨，自然流畅，而又合乎章法。"

读完《三希堂法帖》之后的感悟是："美不胜收，高山仰止。"

近年来，互联网飞速发展，小视频可以随时观看。我在工作之余，在汽车上、在睡觉前，观看一些关于书法的小视频，涨点知识，对**章法、结字和笔画**有一些新的领悟，深感必须有自己的独创，方可成为一位书法家。但问题的关键是如何进行创新，我认为必须走**集成性创新**之路。紧接着，问题又来了，集成什么呢？

除了书法爱好之外，我也喜欢摄影，也有一些摄影作品问世。此外，我也爱好文学与写作，曾出版过大部头的医学专著。这三者——**书法、摄影、文学**，均为艺术。我相信大法无法，只要掌握了原理和原则，具体运用之妙，只是存乎一心而已。我坚信大道至简，三者必有相似相通之处。我只要照此想法走下去，必然会闯出一条新路来！

这条道路真的能走得通吗？具有普适性的**哲学原理**吗？我试用"成功之道"四个字的竖写来说明这个问题。

"成"字有许多的写法，我选择赵孟頫的写法。赵孟頫的"成"字，将"起承转合、提按顿挫和行云流水"的原理应用到炉火纯青的地步。

再举"功"字的写法，我选择宋克写的功字。宋克的"功"字，起笔与"成"字的末笔相承，其右侧的"力"字转笔弧度很美，使得整个字的结构很是紧凑。它也同样将十二字真言运用得出神入化。

再举王羲之写的"之"字，它充满轻重、虚实变化之灵动。

成功之道书法

再举敬世江的"道"字，它也将十二个字的秘诀凸显出来。单个字是如此，若将"成功之道"四个字竖着连起来写，也是如此，将十二字真言彰显得淋漓尽致。由是观之，**原来十二字真言就深藏在这些名家的书法之中。**

我选择了四大名家的"成功之道"四个字，自己练习了一番，**再次体会"起承转合、提按顿挫、行云流水"的作用**，发现它确实对自己的书艺有一定程度的提升，也证明十二字真言对于提升书法技艺确有一定的实用价值。遗憾的是，我感觉自己长年不写毛笔字，笔画的功底远远不够，用笔技法很不老到，润笔的浓淡、饱满还远远把握不住"度"，这些只是"术"的问题，并不影响"道"的问题。循道而行，假以时日，不断练习，我相信"术"的问题会很快得到解决，达到**事半功倍**的效果。

孙俊厚书法作品《成功之道》

这次顿悟，再次证明厚积薄发的道理是千真万确的。所谓的灵感，只不过是千辛万苦的一种酬劳而已。

业绩是奋斗出来的 ①

——在誓师大会上的讲话

尊敬的蔡慧杰局长、主席台上就座的各位领导、台下各位医界同仁：

大家下午好！

我今天是第二次登上这个讲台讲话。2021 年 7 月 21 日，我应娄烦县委、县政府的邀请，在这个讲台上，向全县近 500 名副科级以上的干部，做了一场 2 个小时的报告，题目是《娄烦县人民医院的问题与对策》。报告受到县领导的高度认可、干部们的热情表扬、广大群众的热烈欢迎。报告在各个微信群里被转发，有位网友特意写了一首诗．

娄烦县委会议厅，五百官员侧耳听。

外科超人献妙计，医院改革沐春风。

我为什么会做出这样受欢迎的报告？因为我是娄烦人，有着浓厚的家乡情结，我愿意为娄烦人民做一点事，有很强的责任感和担当精神。

---

① 本文是根据作者的讲话录音整理而成的，后被娄烦县委、县政府指定为全县在职副科级以上干部的学习资料。

县领导在会场现场办公，当场拍板：尽快给娄烦县人民医院拨款650万元作为医院医改的启动资金。

从此，全面振兴娄烦县人民医院的序幕被拉开了。

这是娄烦县自1971年建县至今50年来的一次破天荒的大事，也是娄烦县人民医院从未有过的头等大事。让我们用热烈的掌声，感谢县委、县政府对我们的大力支持！（**热烈的掌声**）

我在会上被县委、县政府聘任为娄烦县人民医院的**名誉院长**，并授予证书。我十分激动和万分感谢。

我在大会上讲：我这个名誉院长，**不是挂名的**，不是好听的，也不是"**聋子的耳朵，是个摆设**"，而是要有点权，要说话算数，要能管一些事。我不是贪权，而是为了有力地推动工作！

此后，在筹划全面振兴娄烦县人民医院的各项工作中，我又向蔡慧杰局长要了"**便宜行事权**"，蔡慧杰局长爽快地答应了。这是非常时期采取的非常手段。

蔡局长和我共同商定：7月31日举行盛大的省医专家团队**集体亮相娄烦的首诊仪式**，这又是一次创举！

首诊需要大批的专家，需要增加很多新的设备。我利用自己多年的人脉关系和多种资源，积极筹划组建**娄烦县省医专家团**，购置必需、急需的医疗设备。

2021年7月31日，是一个阳光明媚的日子，风和日丽，天高云淡。山西省人民医院的**34位专家**集体亮相娄烦县人民医院。**他们闪亮登场了！**我们甚至没有动用政府的一分钱，几百万元乃至近千万元的设备已投放到县人民医院。我们如期开张营业了，接待了广大闻讯前来就诊的患者。我们在服务家乡老百姓的同时，也创造了许多的"**娄烦第一**"。我们取得了社会效益和经济效益的双丰收！首诊取得了可喜可贺的"**开门红**"！

从拉开序幕，到首诊亮相，**不过短短 10 天时间**。这是多么不可思议的速度，**这就是我们娄烦速度！** 这是一个良好的开端，而**良好的开端则意味着成功的一半！**

拉开了序幕，闪亮地登场，仅仅是个开始，必须有后续的跟进。因此，**蔡慧杰局长又筹划了今天的誓师大会**。看一下会标："全面振兴娄烦县人民医院誓师大会"，这个会标是蔡局长亲自审定的，它有三个关键词：**全面，振兴，誓师**。

所谓全面：就是统筹兼顾，全方位地发展，而不是一个科室、一个专业。

所谓振兴：就是我们落后了，我们落伍了，我们被娄烦的老百姓厌倦了。我们需要振作起来，奋起直追！

所谓誓师：就是要鼓士气，表决心！要拿出必胜的勇气！！要拿出战斗的决心！！！同时，要**严明军纪**，要有奖惩制度。

在这个誓师大会上，我想讲的一个关键词是"**奋斗**"。你能不能干，你是不是人才，要拿业绩来说话！而业绩是奋斗出来！习近平总书记讲："**空谈误国，实干兴邦**。"现在的问题不是要不要奋斗的问题，而是如何奋斗的问题！我想讲以下几点：

1 奋斗要有志气

什么是志气？我喜欢励志大师安德鲁·卡耐基的一句话："朝着一定目标走去是'志'，一鼓作气中途绝不停止是'气'，两者合起来就是'志气'。一切事业的成败都取决于此。"我同样喜欢一位哲人的话：人活着就是"呼吸"二字，呼是"出一口气"，吸是"争一口气"！我们娄烦县人民医院由"二甲"降为"二乙"，这是一件令人蒙羞的事情，我们必须有为娄烦人"出一口气""争一口气"的志气！

2 \ 奋斗要有目标

我们的目标是什么？就是尽快摘掉"二乙"的帽子，恢复"二甲"的桂冠，要向"三乙"看齐。我们在三年内要实现业务收入"翻一番"，由现在的3000万元增长到6000万元；我们要培养11位"技术领军人才"，还要培养一大批技术骨干。我们的发展口号是：起点高，步子大，三年大变样！

3 \ 奋斗要有本事

你有本事才会有底气，你有本事才能奋斗！那么，本事从哪里来？

本事来自你的脑子。要改变你们的思想观念，认清形势，要紧跟时代的步伐，响应县委、县政府全面振兴娄烦县人民医院的号召，积极行动起来。

本事来自不断的学习。要学习新知识，学习新技术，要不断地学习，学习，再学习。

本事来自不断的实践。要工作，工作，再工作！不断地工作，忘我的工作！领导要深入基层，要到临床第一线，要从身边的小事做起，要从手头上的小事做起。

本事来自不断的思考。虽然你在不停地工作，但未必就有了经验。经验是经过＋验证＋思考得来的。要养成思考的习惯，勤于工作，善于总结，你就能达到事半功倍的效果。

4 \ 奋斗要抓住机会

现在，世界处于百年未有之大变局，**娄烦县人民医院处于十年不遇之大好机会**。我们赶上了县委、县政府抓民生、惠民生的大布局，给了娄烦县人民医院最好的政策扶持；我们引进了山西省人民医院豪华的专家团队；我们新配备了上千万元的新设备。因此，我们要乘势而为，顺势而上，抓住这个难得的机会，做我们最好的自己，将我们发展、壮大、强大起来！

5 奋斗要有信心

我们不比任何医院差，我们不比任何人差，**我们现在的落后只是暂时的**。我们要丢掉自卑感，丢掉落后感，要轻装上阵，奋勇前进！胜利一定会属于我们！我们用 10 天的时间就实现了省医专家团集体亮相娄烦县的骄人战绩，用铁的事实证明了这一点。我们的行动已经得到周围县（市）同行的评价："走在山西省基层医院医疗改革的前列。"我们已经初步实现了华丽转身！

6 奋斗要有决心

在全面振兴娄烦县人民医院的征程上，不可能风平浪静，不可能一帆风顺，我们一定会遇到艰难险阻，一定会遇到不可预见的惊涛骇浪。我们要有高远的志气，超凡的胆识，超人的付出，有越是艰险越向前的过人勇气，有百折不挠的坚强毅力，有顽强拼搏的坚强意志，有坚持到底、夺取最后胜利的豪迈气概。哪里有危险，哪里有困难，哪里就有我。我与大家同在一艘战船上，风雨同舟，荣辱与共，不达目标，决不言败！决不放弃！决不罢休！

7 奋斗要有激情

激情是发动机，激情是牵引器。黑格尔曾讲："假如没有激情，世界上任何伟大的事业都不会成功。"激情是如何产生的？依靠兴趣、爱好、使命、责任与担当！只有爱岗敬业，不忘初心，牢记使命，敢于负责，勇于担当，我们才能迸发出持久而强劲的动力！

我是娄烦人，也是娄医人。**我既是指挥员，又是战斗员**。娄烦县人民医院的明天，在我们的脑海里，在我们的心坎里，在我们的手头上，在我们的脚底下。让我们奋起全面振兴的双臂，拥抱娄烦县人民医院美好的明天！谢谢！（掌声）

名誉院长冯变喜

二〇二一年八月十一日

全面振兴娄烦县人民医院①

2021年7月21日，我被聘请为**娄烦县人民医院的名誉院长**，负责全面振兴娄烦县人民医院（以下简称县医院）。当时，县医院正处于历史的最低点，人心涣散，人才流失，技术落后，病人减少，由"二甲"医院下调为"二乙"医院，医疗收入不到3000万元。针对这种情况，我在娄烦县"**干部大讲堂**"做了一篇报告，题目是《娄烦县人民医院的问题与对策》。台下就座的有县里四大班子成员和全县副科以上干部近500人。

我当时总结县医院**背后的问题**是：县委、县政府的决策失误，托管失败；监管不力，问题整整拖了10年；投入严重不足，设备落后，技术落后，人才流失。我根据调查研究和切身体会，提出解决县医院问题的**思路与对策**。据说那次报告引起很大的反响。县有关领导对我说：你报告完了以后，县里老幼都在谈论娄烦县医院的问题。

2024年1月24日，我第二次登上"**干部大讲堂**"，做了一个汇报报告。题目是《娄烦县医院的昨天、今天和明天》。参加会议的人员与上次一样，另外还设立了分会场。两年半的时间过去了，**当时的问题找得准不准？开的处方对不对？**现在是给大家一个答案的时候了。

---

① 本文是根据作者2024年1月24日的讲话录音整理而成的。

我精心准备了一段时间，想向县委、县政府以及在座的诸位做一个较为详细的交代。两年半以来，在县委、县政府的正确领导下，在县卫健局领导具体的组织谋划下，我们干了些什么事情？取得了什么样的效果？今天晚上，我向大家详细地汇报一下。

说句心里话，在刚接到县里的聘书时，我心里是有几分欢喜几分愁的。高兴的是我本人能得到县委、县政府的高度认可，并让我在这个大讲堂上向我们娄烦县的几百名精英们讲一堂课。这对我来说是一件非常荣幸的事情。但是，有一份责任，就有一份压力；有一份压力，就会有一些焦虑。实际上，我当时也很担心，能否把这个担子担起来，能否使县医院在短时间内能够有所起色。

担心的一个原因是我本人并没有管过一个医院，现在要管一个基础比较差的医院，还得让它"起死回生"，达到一个新的高度，难度是可以想象的。这也是有几分愁的一个原因。

担心的另一个原因是怕对不起县委、县政府对我的高度信任。

当然，我除了几分欢喜几分愁之外，还是有几分底气几分情的。底气来自哪里？来自我的一身本领。几十年来，我救人无数，在山西省颇有一点名气。在娄烦县，经过我亲手治疗的病人，不敢说上万人，也有成百上千人。有这样一个大的群体，我相信自己回到娄烦以后，一定会得到他们的支持。这样，我就有比较大的影响力和号召力，这是我的第一个底气。

第二个么，我本人站在台上，像一个年近 80 岁的老人吗？不像！我的很多徒弟都说，他们都赶不上"冯主任的精气神"啊。我可以连续做十几个小时的手术，下台后依然是现在的这个样子！而他们呢，却累得不行了。果真是我的体力那么好吗？其实不是！这是一种精神、一种气势、一种责任、一种担当！你们想一想，很多病人都是冲着我来的，病人的安危就跟我有着极大的关系！因此，别人可以瞌睡，别人可以打盹，别人可以松懈，但是我绝对不敢有丝毫的懈怠。

此外，我目前仍然有**很强的即战力**，仍然能够完成一些高难复杂的手术。上周一，我在山西省人民医院做了一例肝门部胆管癌切除手术，我在这个年龄仍然敢于挑战一些高难复杂的手术，这就是我的底气。这种底气会增强我的自信心。

有几分情也是真的。毕竟我是娄烦县土生土长的。远的不说，走两步就到了杜交曲，那里有我妹妹、妹夫一家人；再走两步就到罗家曲，那里有我很多的亲人们；再往东边走一走，庙湾、羊圈庄都有我的很多亲戚，他们通过各种关系找到我，想让我帮他们解决一些医疗方面的问题。我们之间的感情是比较深的，我愿意为他们解决一些问题。这就是几分情的含义。

因此，**我有几分底气几分情，愿意接受这样一个具有挑战性的工作**。

昨天我讲了什么呢？ 讲2021年7月21日《娄烦县医院的问题与对策》。大家还记得那个场面还是比较宏大的，和今天的场面一样，是吧？虽然我当时讲了"问题与对策"，但心里是有疑问的。**问题找得准不准？对策有没有效？**这只能看结果，对吧？

我接受这个任务后，经常有人在我耳边**吹一些负面的消息**。有人说，县医院那个地方，水浅王八多，不好搞。有人说，你都这么大年龄了，图个啥？有人说，多年来积淀下来的问题，你要改革，就会动了一些人的蛋糕，会对自己造成伤害的，犯得着吗？

我刚才讲了，我还是有几分底气的，是有较大的影响力、号召力和即战力。此外，我潜心研究**思维与决策长达20多年**，任何问题都存在一个**怎么看、怎么想和怎么做**的问题，都是一个思维与决策的问题。我相信，我有能力找到合适的解决办法。

我本人对娄烦县人民具有深厚的感情。在我经手的几百万元设备的采购过程中，我不图一分钱私利，不仅没有捞到什么好处，还倒贴了很多的钱。

再者，**我对工作充满激情**。黑格尔讲过：如果没有激情，世界上任何伟大的事情都不可能成功。因此，激情在工作中是非常重要的。本人今天晚上就是带着一种激情来讲课的。

关于洛克菲勒，大家并不陌生，他是美国的石油大王。他说"行动派"会用决心燃起心灵的火花，想出各种办法来完成他们的心愿，更有勇气克服种种困难。**我要将自己的激情化作"行动派"**。这里面有一个态度问题。要想改变自己的人生，首先要改变自己的态度。改变态度不是一件无法办到的事，**你只要始终相信能够做到，你就成功了一半**。我是相当自信的，相信自己能够取得成功，这就是信念的力量。

乔布斯是美国苹果手机的创始人，他说：我们无法预知未来，只有凭借**热爱、坚持、勇气、智慧，不断前行，才能抵达成功的彼岸**！我虽然没有管理医院的经验，对未来的结果也不敢肯定。但是，**我有热情、有激情、有勇气、有智慧、有决心**，坚定地向前走去，坚信我一定能够成功！这种信念是激励我不断前行的内在力量。

有决心，还必须有方法。我本人多年来形成了一套工作方法。那就是**目标清单**——要干什么，要做什么。**时间表**要定好截止日期！还有，我设计了清晰的路线图，手段是什么，要控制什么，等等。最后，我会交出一份**成绩单**，用结果来说话，用业绩来说话，用数据来说话。这就是我的工作方法。

我们提出一个行动口号，这个口号是我跟蔡慧杰副主席（娄烦县政协副主席兼卫健局局长、体育局局长）一起讨论后提出来的：**起点高，步子大，三年大变样**。如今，三年还没到，但两年半过去了，现在的结果怎么样？可以说**远超预期**。那么，我们是怎么做到的呢？是一步一步实现的，一个问题一个问题解决的结果。

第一个问题就是 650 万元怎么花？ 2021 年 7 月 21 日，县政府当场拍板，县委、县政府各领导当场开会，说要想办法把 650 万元拨给县医院。这 650 万元怎么花呀？我跟蔡慧杰副主席商量说："你得给我点权，给我点**便宜行事权**，不然的话，很多事情不会那么顺顺利利、快快当当地做下来。"没想到，蔡主席居然痛快地答应了。

我要学会跟商家砍价。我今天砍到那个价格，就能预计明天他们会报什么价。在与商家的谈判过程中，我确实能将价格砍到最低。其实，我本人并没有经商的历练，也没有砍价的经验，但是什么事情都是可以学的，你只要用心去学，用心去做，办法总会想出来的。我买了那么多的设备，不到 650 万元，省下了不少的钱，这些钱又干什么了？买了别的器械。所有采购的设备都是最低价，而且只用了 10 天的时间，设备全部到位，为县医院 7 月 31 日的首诊仪式创造了必要的物质条件。

聘任后 10 天，2021 年 7 月 31 日，娄烦县医疗卫生改革很重要的一个环节——首诊仪式拉开序幕。这个首诊仪式在县卫健局的策划与组织下，搞得非常隆重！几十位专家的介绍牌子在院子里被围成一个圈，那个场面非常壮观，十分感人！在首诊仪式上，蔡慧杰副主席发言了，我也讲了话，专家们也表态发言，最后大家合影留念。

首诊的轰动是很大的。当天，来了很多的人，县医院楼道里面人挤人，诊室外面也挤满了看病的人。我在人挤人的人群中间当众宣布：你们喜欢的那个专家冯变喜回来了！从今以后，我在娄烦免费为咱老百姓做手术！老百姓听后非常高兴。直到现在，我信守诺言，依然一直免费给老乡们做手术。

首诊的当天，全院做了近 20 例胃肠镜检查。县医院的胃肠镜室已经闲置了好长时间。2021 年 7 月 15 日，我在医院调查时看到那么好的场地闲置着，很是心疼。于是，我们重新购置了胃镜和肠镜，重开了胃肠镜检查。山西省人民医院胃肠内镜中心的汪嵘主任抽时间专门回来指导工作。这是 2024 年 1 月 20 日胃肠镜检查的现场，看病的人很多，我们还发现一例结肠癌患者。如今，胃肠镜检查是深受娄烦老百姓欢迎的一个项目。到目前为止，我们已经做了 1225 例胃肠镜，本院的医生已独立完成了 100 多例。

首诊的当天，我们开展了平板运动心电图项目，这是一个全新的工作，对筛选冠心病很有帮助。

首诊的当天，我们重开了重症监护室。一个医院如果不发展重症监护室，怎么能够把水平搞上去，重危病人怎么去抢救？所以我们重开了重症监护室。

当时，医院是有不同意见的。有人认为，县医院重症监护室的病人不太多，好几个护士在那里，要花很多的钱。**我说，咱们不能算经济账，我们把那几名护士养起来是必要的，一定要重开重症监护室。就这样，县医院的重症监护室重新开了。**

首诊的当天，我们组织了一次多学科讨论，讨论了一个重症肌无力的病人要回县医院做手术。这种手术是非常危险的，就是在省级医院也属于高难手术。之所以把他放到娄烦县人民医院进行治疗，是出于病人对我的充分信任。为了程序和医疗的安全性，我们召开多学科讨论会是非常必要的。

在讨论时，专家们谈到这个困难、那个困难，这个危险、那个危险。等他们都讲完了，我进行总结发言，道："风险是有的，危险是存在的，但是，**在以我为首的娄烦县人民医院来接收这样的病人，手术成功了，功劳是诸位专家的；失败了，责任是我的。**为什么呢？因为这个病人的父亲就是我的亲戚，我有这样的信心和底气来兜这个底。因此，请大家放心地去工作，放开胆子做手术。但是有一条啊，大家要按照我的要求去做。如果哪位没有按照我的要求来做，我会追究他的责任。今天，我们就这样定下来，再过半个月，病人回娄烦做手术。"

首诊的当天，我们还开展了 3D 腹腔镜胆囊切除手术。参加手术的医护人员都戴着黑眼镜，就像看 3D 电影一样。

首诊仪式，我们获得了非常大的成功。我们创造了 1+N 娄烦路径。原创是来自我们娄烦县人民医院。为什么会有这个原创呢？其实，当时我也没有想那么多。我一个人回来，虽然有些本事，但要想把娄烦县人民医院这种"烂摊子"挑起来，是不可能的。**我必须带出一帮子队伍，这就是我当时的基本想法。**所以，我组建了一个庞大的省级专家团队，后来被我们卫健局的领导，**高度抽象概括为 1+N，真有才啊。**我非常佩服我们卫健局的领导，怎么想出这样一个词。

1+N 的模式已经成功复制到娄烦县中医院。这个模式的背后是县委、县政府的大力支持。如果没有县委、县政府拨出那笔款来支付专家们的费用，我们能有 1+N 模式吗？没有！所以说，**原创虽然是我的，但背后是政府的。**我们首创了**组团式帮扶县医院**。最近我看电视，国家卫健委提倡优质资源下沉，**组团式帮扶县医院。**我们是歪打正着的，自己搞了一个组团式帮扶县医院的模式。

聘任后 20 天，有何变化？召开誓师大会。为什么要召开誓师大会呢？你想想，县医院在过去 10 年期间，人心涣散，毫无斗志，因此，我必须搞个誓师大会来凝聚人心、提振士气。在誓师大会上，县卫健局的领导发出号召，医院的领导表了态，我在誓师大会上做了动员报告，题目是《**业绩是奋斗出来的**》。后来，这篇文章被县委、县政府指定为全县副科及以上在职干部的学习材料。

聘任后 1 个多月，县医院重症监护室重新接收病人。首先接收的是那个重症肌无力的病人。那一天，我们邀请山西省人民医院胸科专家冯赟、马骏前来，开展了微创胸腺瘤的切除手术。手术很紧张，外科医生的脖子上都是汗水。所以，做一台高难度的手术，外科医生是非常操心的！做这样一个惊心动魄的手术，外科医生是要付出超人的精力与心血的。最终，病人痊愈出院。出院时，家属送给我们两面锦旗：一面是送给外科的，另一面是送给重症监护室的。

聘任后 40 天——9 月 11 日，我们又举行了**三年战略规划大会**。为什么要召开三年战略规划大会？因为你光有决心是不行的。**决心只能表明你的态度，**但是你没有拿出有效的具体方案，工作还是不能落到实处的。**要将战略规划转化为目标责任书，要立下军令状！**院级领导向县卫健局签订责任书，医院科室主任向李芙田院长签订责任书。那么，我们战略规划的主要目标是什么？就是：起点高，步子大，三年大变样；在一年内，县医院重归二级甲等医院；大病不出娄烦县，小病就在卫生院；培养出一批本土的医疗技术骨干；医疗收入翻一番，由 3000 万元增加到 6000 万元。

聘任后 2 个多月，我们举办了建院 50 周年画展。办画展没有钱，因为医院当时经费紧张，政府拨的钱必须用到更有用的地方。我请专家们给我们测算了画册出版的费用，他们发短信告诉我说需要 32 万元。我心里想，花 32 万出本画册，不合算，于是拉了点赞助办画展，体现医院的文化建设和精神面貌。结果，医院只花了几万元，就成功举办了画展，影响颇深。

为什么要举办画展呢？凝聚人心，提振人气。我们将医院的老同志们请了回来，县卫健局局长做了报告，给老同志发了奖状。我又请了一些书法名家回来写字，写了"生命至上""安全第一""健康是金""大医大德""勤学多思""运筹帷幄"等文化标语。许多人围观写字，索要自己想要的字，场面十分热闹。我们同时将画册制成展板，建成医院的文化走廊！大家纷纷去文化走廊参观学习。这样，用文化凝聚了人心，提振了人气。

聘任后 3 个多月。11 月 5 日，我开始在县医院开办**精英教育大讲堂**。何为精英教育呢？大精英、老精英给小精英讲课，这叫精英教育。何为大讲堂？古往今来，古今中外的知识都可以讲，不仅限于讲技术、讲管理，还要讲做人。关于开办精英教育大讲堂的宗旨，我曾经讲过一句话：**"没有知识是空的，没有技术是虚的，没有服务是冷的，没有纪律是散的。"**

通过精英教育大讲堂，我们一定要把知识、技术、服务都跟上去，另一方面我们要**加强纪律性**。第一次精英教育大讲堂是我主讲的，开始去了 20 多个人，慢慢地，有的人提前离开了，留在讲堂的人越来越少，最后只剩下六七个人。这怎么行呢，我当即恼火了，给最后留下来的人，每人发了 100 元钱以示奖励。然后，我又说，下一次开讲前要**严明纪律**，凡是无故不到者罚 1000 元。有人背后反对，说谁给予我这个权力，你说扣 1000 元就扣呀。我反问说，为什么名誉院长连这点权力都没有呢？下次谁无故不到就扣 1000 元。从此以后，**大讲堂的纪律好转了**，迄今为止，我们已经**开讲 64 次**。

山西省人民医院的内科张虹主任讲得非常好，知识全面，气场很大。她讲完课以后，县医院急性心肌梗死溶栓的病例直线上升，在很短的时间里溶栓达到 30 例。有些溶栓病人，给我们内三科的同志们还送了锦旗。

聘任后 3 个多月。县医院举行人事绩效改革部署大会。蔡慧杰局长、孙慧忠书记、李芙田院长等在大会上都发了言。在大会上，我做了报告，题目是《人事绩效大改革，三年振兴县医院》。注意，大改革就是要拿出一些别人没做过的举措，走出一些别人没走过的路。三年振兴县医院，这是我们的目标。我们有三种核心手段：第一个叫人与事：是把人事两个字拆开来讲；第二个是绩与效：是把绩效两个字拆开来讲；第三个是奖与惩：是把奖惩两个字拆开来讲。我们就应该掌握这三种核心的手段。

"人为先，策为后。"要先抓人后抓事，抓人要先抓人心。我当时调查了一下，我们县医院有位默默无闻的英雄李先荣。我不认识她，只与她在电话里谈了 3 个小时，便请她出山担任县医院的内二科主任。人家开始不愿意，在我的再三动员下，她才出来当了内二科主任。结果她一炮走红，在年终主任述职报告时，被投票评为第一，成为一匹黑马！

另一方面，我要**提前部署，培养专业技术骨干**。要培养一批流不走的本土专家。我们选拔了 13 名专业副主任，而且将**配套措施跟上**。配套措施有哪些？有目标！有待遇！有业绩要求。**有业才有绩**，业就是你能干什么，你能干与否，拿业绩来说话。**要将专业做成事业**。目标就是一切。年初我们要制定全年的目标，医院有医院的目标，科室有科室的目标，个人有个人的目标。比如，2022 年，我们定下医院医疗收入指标完成 4000 万元的任务，结果完成了 4048 万元。2023 年，我们定下医院医疗收入指标是 5000 万元，结果完成5293 万元。**这就是指标的激励作用。**

我在大会上讲，**我们必须改变观念**。有人说，医院里面不能谈钱。那么我问你，医院不谈钱，医院的设备从哪里来？职工的奖金从哪里来？因此，医院必须理直气壮地谈钱，要谈医疗收入！但我们要**合情合理地收费**，要取之于民，用之于民，要**取之有道**。我非常严肃地阐述了这个道理。

奖金以业绩为标准。2023 年，县医院发放年终奖金时，有个科室与我闹了一些意见，原因是没有给他们发奖金，他们觉得，自己没有功劳，也有苦劳么！我坚持说："不行！奖励是以人均收入为万元单位来发绩效的，如果你的人均收入上不了 1 万元以上，就不能发！你们说自己辛苦了，请拿业绩来说话、拿数据来说话。"我通过这种手段，来改变人们的观念，改变人们的行为，起到导引的作用。

惩以态度为标准。不是说今天谁犯了错误，谁做了错事，就惩罚谁。这样做是不对的！这会影响我们同志的创造力。因此，惩什么呢？态度！分配给你的工作，你是否认真做了？你对病人的态度是否热情了？你对工作是否负责任了？有些人，对工作极不负责任，推诿扯皮；有些人见到病人以后，不积极，不热情；有些人工作马马虎虎，常有疏忽遗漏情况发生。这些都是我们予以惩罚的主要原因，甚至要重罚。

没有奖，没有惩，我们这个队伍是带不好的。我们推出了全新的薪酬激励制度。什么叫大改革？这个大，就是全新的薪酬激励制度：岗位工资＋绩效工资。我们要对核心骨干人员给予特别关照，以全新的薪酬激励制度，充分激发他们的才能和优势。

技术骨干优先考虑。医生是医院的主力军，要优先考虑。职能科室的干部仅次于医疗骨干，也要重点对待。普通群众是大多数，没有他们是不行的，很多的具体工作是靠他们干的，因此，要统筹兼顾，充分照顾他们的利益。

我们当时制定了三项核心任务指标：一年内完成二甲复审工作；三年内医疗收入翻一番；还有三年内创建晋西北区域医疗中心。这三项核心任务指标都是我在卫健局签了字的，是立了军令状的，是白纸黑字写着的！我既然签了字，就要说话算数，必须努力去完成。

给临聘员工缴纳养老保险、失业保险和工伤保险。临聘员工是我们医院不可或缺的力量。不要以为，临聘员工低人一等、可有可无，这是绝对不对的。如果没有临聘员工，医院连门都开不了，是不是？但是医院没有钱，多年以来没有给临聘员工缴纳保险。在这两难的情况下，我想了个办法，**分批解决！**过去物业保安的费用太多了，每年要花一百二三十万元！要砍下来！我们**重新招标，80多万元搞定！**省下来几十万元，我们给50位临聘员工交了养老保险、失业保险和工伤保险。

要把医院的水平搞上去，将医院的名气打出去。一个医院要在社会上**站得住，叫得响，你就必须治好几桩要命的大病！**西方临床医学之父奥斯勒曾说：要想出名或声誉远播，就非得治好**几桩要命的大病**。你得让他起死回生，这才称得上是**妙手回春**。有了这样的本事，如果又是**破天荒的创举**，自然是实至名归。因此，我们必须有这样的理念：我们一定能够带领县医院治好几桩要命的大病。

说来也巧，正好我们县里有个五保户，是位孤寡老人。**五次上消化道大出血，出血到什么程度？休克。**血色素最低时只有 3.1g，由于严重的营养不良，白蛋白低到 21g，双侧有大量的胸腔积液，还有肺气肿，存在心包积液和电解质紊乱。他在古交做了胃镜检查，报告显示为十二指肠球部巨大溃疡。亲戚们都准备给他办丧事，结果发现他居然还活着，可见这个病人的生命力还是很顽强的。

这个病人是我们骨科苏富军主任的一个亲戚。苏主任说："我们医院请冯变喜主任回到娄烦了，请冯主任帮忙做手术吧！"就这样，苏主任把这位老人接回县医院。我当时决定：不计成本，全力救治。不要让患者花一分钱，要充分体现社会主义制度的优越性。

手术中证实患者确实是十二指肠后壁巨大溃疡，穿透到胰腺，有一根动脉血管在喷血。我们控制住血管出血，做了胃大部切除术。最后，患者痊愈出院。出院时，患者的亲戚紧紧地握住我的手，长久不松开，激动地说：**救命之恩，万分感激！**

无巧不成书，就在那个时候，又有一个贫困户，女同志，51 岁，检查发现，可能是胰头恶性肿瘤，同时还患有子宫肌瘤。我们对她做了胰十二指肠切除手术、升结肠部分切除手术和子宫肌瘤切除手术。**这是一个超大手术，做了 11 个小时。**当时我想，这个病人不可能再做第二次手术了，所以也把子宫肌瘤一并切除了。妇产科赵变英主任负责做了子宫肌瘤切除手术。

患者胰头的肿瘤很大，直径约有 20cm。我们手术做得干干净净，清扫得彻彻底底，缝合得整整齐齐。最后，患者石蜡病理报告结果显示为梭形细胞型未分化癌。

超大手术必然有超高风险。你费了 11 个小时做了超大手术，术后患者还会有很多的并发症，尤其是胰十二指肠切除术，术后发生胰瘘会引起致死性的并发症。这个病人术后就出现了严重的**胰瘘、胆瘘、腹腔严重感染。**当时家属出现了较大的情绪波动，怎么办呢？我们要直面挑战，化解风险，稳定大局，想方设法地逐一解决患者术后的并发症。

其中主要的并发症是**胰肠吻合的唇状瘘。**这是个专业术语，即胰腺与空肠的吻合口就像嘴唇一样翻开了。相关文献没有再次手术缝合的记载。我曾经邀请一位省里的专家来娄烦助我一起做这个手术，实际上也是给自己壮壮胆，因为此时我也有些胆怯了，两个大专家合做第二次手术，我心里会更有底气，不那么发怵。

但人家冷不丁地说了一句话：冯院，百分之一百地缝不上！我约了他两次，他都拒绝了。这激起我斗争的勇气。不能缝，世上有不能缝的事情吗？我思考了半天，想出来一个办法，果断进行二次手术。因为，我已经无路可退了，只有硬着头皮前进。手术证实确实是吻合口像嘴唇一样翻开了，这就叫唇状瘘，是不容易自行长住的。既然自己长不住，怎么办？**我就想了一个新办法，缝起来，就能长住了！**

两年以后，李芙田院长、刘会星副院长、医务科段艳芳主任和我到患者家里回访，病人的健康状态很好，他对医院、对我们都非常感谢，拿出水果来招待我们，还赠送我们两面锦旗，表扬我是"治胰专家"！你看，人都是可以改变的嘛！那时候家属想不开，还弄来些纠纷，经过我们再次努力，手术成功了，病人痊愈了，纠纷也得以化解！所以，医生这个行当不好当呀，既**有成功的喜悦，也有纠纷的苦恼！**

有位患胆管下段癌的 92 岁老爷子，住到县医院后，我们做了胆肠吻合术，术后患者发生一些内科并发症，好在我们及时控制住了，最终患者痊愈出院。半年后，**我们再次登门拜访，**老爷子高兴极了，他媳妇十分感谢医院的努力。治疗如此高龄的患者，不仅考验我们的知识与技术，而且还需要我们有勇气，有智慧！

名医是医院的宝贵财富。大概是 2023 年上半年，娄烦县委组织部计划评选县里的名医，出台了文件，说要换些新面孔，去年已评上的，今年就不再评选了。我一开始不知道这个文件，回来一看评选结果，有几个名不见经传的人都成为名医了，而几个县里有名望的名医却榜上无名。名医不是一天能够培养出来的，我们要对名医给予充分的尊重。所以，我给组织部部长打了一通电话，说明了我的理由。组织部部长说："冯院，就按你的意思办吧，你们重新报一下。"后来，我们调整了名医的名单。

名医要有吸引病人的能力，才能称为名医呀！我回到娄烦以后，吸引了不少的病人回娄烦做手术，用娄烦老乡的话说"俺们都是冲着你来的"。这些病人，有的来自太原，有的来自古交，有的来自静乐。有的人在太原住了 16 年，还专门来娄烦找我做手术。有的胃癌病人，从古交出院，专门来娄烦找我做胃癌根治术。他们的手术都做得很漂亮，术后患者也没有发生任何并发症，都高兴地出了院。这就很好地诠释了什么叫名医。你到哪里去，病人跟着你到哪里去，这才叫名医！我们好不容易培养出几个名医来，就要换面孔，这怎么能行呢？当然我们现在也在重点培养年轻人，目前县医院也涌现出一些崭露头角的年轻名医，像刘会星、强军芬等。

省级专家团的专家们是我们娄烦县家门口三甲医院的骨干力量，是县医院荣归二甲的立功群体，是创建晋西北区域医疗中心的核心力量。所以，我们一定要厚待他们。胸科专家马骏、泌尿外科专家刘冬、骨科专家魏杰和妇产科专家冯勤梅在娄烦县都开展了许多高难度的手术，使一些疑难复杂的病人在娄烦就近得到了很好的治疗，为老百姓省下不少的时间和金钱。

聘任后 8 个多月，县医院迎来二甲复审。说起二甲复审呀，我们还有一段痛苦的回忆。最初，评审专家在反馈会上将我们县医院批评得一塌糊涂，一无是处，县医院唯一的好处就是中医科还不错。我们省级专家团回来以后，开展了那么多的工作，评审专家团队只字不提，导致全院职工的士气一下子降到了冰点！

怎么办呢？第一步，采取紧急行动。第二步，积极处理危机。第三步，重塑组织形象。我们在评审结束的当天晚上，召开了紧急会议，讨论出现的各种问题和对策。我要整顿劳动纪律，要整治不作为的干部员工，要召开誓师大会，鼓舞士气。

整顿全院的劳动纪律。全院干部职工上下班打卡，统计结果予以上报和公开发布，让广大群众进行监督。

整治先从领导班子开始。重罚违纪的领导班子成员，并张榜公布。处罚结果要让大家都知道，严重者扣罚一个月的岗位工资。有名中层干部，在评审过程中做了不应该做的事情，被**撤销了职务**。有名怠工的医生，被停职检查。尽管县医院急缺医生，但绝对不缺懒散的医生。受到停职检查处分的员工，什么时候改正了，就什么时候恢复上班，停职检查期间，停发工资，停发奖金，停止工号。通过这些强硬的手段，**全院干群干事创业的积极性被唤起了。**

除了整顿内部工作，**我还对外做了一些工作。**关于这一点，孙慧忠书记是见证人。我在评审结束的当天晚上，在宾馆里给评审组的领导打了两个小时的电话。我严正指出，这次评审的某些专家有点**自大与偏见**，对医院的评审有失公允。现在的娄烦县人民医院，被娄烦县老百姓誉为"**家门口的三甲医院**"，可是你们在评审时只字不提。这不是偏见吗？负责评审的领导被我问得哑口无言，最后问我："冯院，你说咋办？"我回答，娄烦县人民医院如今已经发生了巨大的变化，已经是当地百姓心中的**家门口的三甲医院**了，当然能过二甲了！

于是，我亲自起草了县医院的整改报告。原本这个整改报告是由另一个领导同志负责起草的，结果在院务委员会上未通过。后来，我自告奋勇，亲自起草，花了一个晚上的时间搞定。

为了表达我们荣归二甲的必胜信心，我们举行了誓师大会。誓词的最后一句话是：**荣归二甲，志在必得。**危机催生了县医院的新文化。新文化就是誓师大会的誓词，只是将最后一句话改为：**勇于认事、敢于担当，锁定目标，志在必得。**这就是我们县医院的新文化。

我们用了 11 个月时间，拿回了"二甲"医院的牌子，比计划时间提前了 1 个月。当然，**这块牌子拿到手里的感觉是沉甸甸的**。

聘任后 10 个多月，我们又进行了血液透析中心的审批工作。这是娄烦县委、县政府 2021 年的十大民生工程之一。审批十分困难，条件十分严格。你没有注册的透析专家，谁都不敢批呀。怎么办呢？我们只有聘请透析专家到县医院注册。我找了好几个人，说好了又变卦了，几经周折，最终才解决了透析专家的注册问题。这个问题解决了，资格证才顺利地批下来。

有了资格证，却没有病人。这就是房子有了，机器有了，人员有了，资格证有了，就是没有病人愿意回来。为什么呢？大家对医院还是不信任。病人不回来，你能怎么办？有一天，**我发现了机会**。有位在某三甲医院已被判了死刑的尿毒症病人，回县医院住院。我看这个病人还有一线生存的希望，便马上组织全院紧急会诊，计划动用省城的外部力量，紧急上床旁血滤，抢救病人。在征得病人和家属的同意后，我们**连夜紧急抢救**，兵分两路，一路请专家回来建立血液透析的通路；一路派救护车把床旁的血滤机从太原拉回来，连夜对病人进行床旁血液透析。

一上血液透析，病人马上就清醒了，生命体征也平稳了，尿也来了！哎呀，病人家属高兴得说不出话。此后，我们又连续组织了好几次疑难重症的多学科讨论会，提高我们重症抢救意识，改善了抢救的流程，取得了初战告捷的可喜成绩。

这个局面打开以后，病人对我们的信任度提高了，观念也改变了，回来的病人也就陆续多了。庞涓副县长参加了县医院血液透析中心的挂牌仪式。要是没有前面的那些工作，这块牌子可是揭不开的。现在，县医院**每天有十几名尿毒症的病人进行血液透析**。

时间过得飞快，已经过去一年多了，娄烦本土专家有了长足的进步。县医院**胸痛中心**也批了下来。首个脑卒中溶栓术获得成功，迄今为止，县医院脑卒中已经成功**溶栓 10 例**。最近的一例是从山东来山西打工的病人，患了急性脑梗，在我们县医院成功溶栓。我闻讯到场，录了一段视频。病人将我们县医院表扬了半天，说："你们娄烦真好啊，先看病后付钱。"近日，我们又获得好消息，脑卒中溶栓的许可证也发下来了！可见，本土专家的技术也有很大的提高！

本土的技术骨干也在不断成长。我们选派 6 位医生出去进修学习。内三科消化科的一名医生，已经能够独立做胃肠内镜的检查工作。过去是本土人才外流，现在是回流呀！当然这和我们县委、县政府的政策有关——迎老乡，回故乡，建家乡。迄今为止，6 名医生从太原、古交、阳曲、阳高等地陆续回来，充实了骨科、妇产科、内二科、普外胸泌科的力量。普外胸秘科还迎来一位主任医师，是县医院目前尚未退休的第三位主任医师。

振兴县医院就要持续改善就医环境。由于历史原因，我们的新医院仍然很破旧。厕所漏水，墙壁污迹斑斑；院内绿化占地太多，停车位太少；绿植管理不善，院内脏乱差等，这些严重影响了病人的就医体验。作为医院的管理者，我一定要整治医院的环境。现在，我们县医院就医环境好多了，病房整洁了，绿植面积合理规划了，硬化出 66 个停车位，满足了病人停车看病的需求。

迎接医改现场会，装修住院楼一层大厅。2023 年 6 月 3 日，我们举行了两场开工仪式。一场是静配中心开工仪式，一场是住院楼一层大厅的装潢改造开工仪式。一楼大厅改造势在必行，为什么呢？这里有两方面的原因：一是太破旧，影响观感。预计 2023 年 10 月，太原市卫健委医改现场会将在娄烦召开。二是大厅太冷，转运病人不安全。丢面子是小事，关键是冬天很冷，人无法待在那里。通往医技楼的走廊是开放的，冬天风雪，夏天风雨，严重影响病人的转运安全。此外，时间是不可再生的资源。我的聘期只有 3 年时间，一定要抢时间争速度，在我三年任期内把这些工作做好。时间紧，任务重，哪怕再大的付出，我也必须努力把它做好。装修后的效果怎么样？人人都说好，参加太原市卫健委医改现场会的领导们也赞不绝口。

静配中心的建设使县医院的管理水平上升了一个档次。这是我引进的一个项目，大概投资差不多 100 万元吧。后来，静配中心建成了，各方的反映非常好！

急诊 5G 建设已经完工。这可以提升我们急诊的一个档次，现在已经建成，进入试运行阶段。

信息化建设仍在进行中，将会助力医院的发展。

医院新增 3300 平方米的绿植面积。这是我们景博县长在 2022 年 10 月调研县医院的时候，看到我们的绿化、硬化所取得的巨大变化，很是高兴，**说院内的绿化少了，就将院外的树林划归医院吧。**我说好呀，第二天就动工，生怕景县长变卦，将医院里边的铁栏杆拆下来，装到外面去，这样可以省时省钱。天气马上就要冷了，我们请施工队加班加点，终于在上冻前完工。就这样，我们把 3300 平方米的树林地拿回来，在里面安装了健身器材，病人可以在这里休闲散步、健身运动。这也把县医院建成了**园林式的医院。我们非常感谢景博县长！**

时间飞快，任期已过两年，**县医院已经具有了五大优势。**第一个是有了省级专家的技术优势；第二个是有了本土专家的服务优势；第三个是有了距离优势，形成以娄烦县城为中心的一小时车程圈；第四个是体制优势，县卫健局副局长兼娄烦医疗集团党委书记；第五是价格优势，病人支付二甲医院的费用，却能享受三甲医院的服务。

四县一市成立晋西北医疗、学术战略联盟。县医院先后与古交市、静乐县、方山县和岚县签署了"晋西北区域医疗、学术战略联盟"的合作协议。我们有一个共同的愿望：抱团取暖，取长补短；相互成就，共同发展；合作共赢，造福百姓。

太原市卫健委医改现场会在县医院召开。2023 年 11 月 13 日，太原市副市长、太原市卫健委主任、太原市直属县（区）卫健局的局长和院长等领导，共有几十人来娄烦参加医改现场会。所有参会的领导说得最多的四个字便是："非常成功！"

医院文化的建设。总的来讲，县医院前一段的发展还是不错的。虽然，人家都说"非常成功"，但我知道还存在很多的不足。医院的发展一定需要文化的引领，而医院的文化一定有院长的影子。因此，我一定要将我的行医理念灌输给医院。我的行医理念是什么？**治别人治不了或不愿意治的病，开别人不敢开或不愿意开的刀。**我要把这种行医理念灌输到我们医院。

理念不是一句空话，而是要见诸行动。行动要有实力，你的实力来自哪里？来自你的能力、精力、毅力和勇气。要勇于做事，敢于担当；还要有智慧，要转识成智，转智成术；还要愿意付出，超量工作是出于心甘情愿。我非常喜欢曹操的一句话，他说："**为将当有怯弱时，不可但恃勇也。将当以勇为本，行之以智计；但知任勇，一匹夫可敌耳。**"所以，当医生的，尤其是当资深医生的，在决定病人生死的那个关键时刻，你不仅要有勇气，更要有智慧。**智慧主要体现在判断、预见和方法。**

我本人信奉：**德可近佛方名医，才能近仙真大师。**我虽然已经退休十几年了，但在退休时，我就给自己立下一条人生原则：**虎老雄心在，退休不褪色。**我继续战斗在临床第一线。我也非常喜欢臧克家《老黄牛》这首诗："**块块荒田水和泥，深耕细作走东西。老牛亦解韶光贵，不待扬鞭自奋蹄。**"本人就是不用别人扬鞭，不用别人来催促，自己一直在努力学习，努力工作。我本人晚上看书到两三点。有人发现了，问："冯院，你怎么这么晚还没有睡，还在发微信呢？"我回应说："这是常态。"我要利用一切零散的时间来学习。"因为毕竟自己已是年近八旬的老人了，来日不长，我要在有限的时间内多做一些工作。"

本人在 50 多年的行医过程中，治好了很多要命的大病，见证了很多生命的奇迹。我出版了一本画册，名为《生命之光》。其中有个病人梁××，患十二指肠乳头癌，家里没有钱，要求不做根治性的大手术，只做减黄性的小手术。我亲自找他的家属谈话，动员家属同意做大手术。谈话的中心思想是：我之所以劝你们做大手术，纯粹是为了病人。我不图你们一分钱的好处，反而要费心、费力、担责任。我预计病人能活 10 年的话，他不仅能养活自己，还能挣钱把债还了。因此，我的结论是：你们哪怕**借钱看病**，也应该做大手术。他们最终接受了我的建议，改变了态度，决定做大手术。最后，患者的石蜡病理果然是十二指肠乳头癌。

谈话时，我心中有成功的胜算，手上有成功的把握。我言而有信，亲自操刀手术，术后加强管理，严格控制费用，该用则用，能省则省；少花钱，多办事。**功夫不负有心人**，奇迹发生了。手术以后，患者没有发生任何并发症，术后 11 天就痊愈出院，花费只有 6.3 万元。到目前为止，我的这个纪录还没有被打破，成为一个不可超越的纪录。病人很幸运，我本人也很幸运。话说得那么满，而幸运就降临到我们头上了，我们共同创造了一个生命的奇迹。

《生命之光》的前言里有这样一段话：只有良好的医患互信关系，加上有使命担当，并掌握先进科技手段的外科医生，才能创造出绚丽夺目的生命之花。4 年以后，我随访这个病人。他身体健康，**以种菜、卖菜为生**，生活过得还算不错。

谁知一语成谶，10 年以后，这名病人又来了，诉说吞咽困难，经检查证实是**贲门胃底癌**。怎么办？再次手术。病人很信任我，要求我亲自操刀做手术。我也乐意为他效劳。岂料，患者术中意外出现大出血，是什么原因呢？就是在狭小的空间里，缝针时不知道针碰到哪根血管，血哗啦地涌出来，满视野都是血。我马上采取紧急措施，止住出血，继续完成食管胃吻合。所以，**外科医生必须具备将军的心理素质**，表现为：处变不惊，临危不惧，遇险不乱；沉着冷静，心里不慌，手上不抖；快速判断，果断决策，采取措施；简单有效，稳妥可靠，化险为夷。这就是外科医生应该具有的将军的心理素质。手术切得很彻底，患者术后恢复得非常顺利。病人还专门录了一段视频发给我，表示衷心的感谢！

病情突变，再起波澜。术后第七天，患者出现剧烈腹痛，痛得直哭，经多科会诊诊断为**小肠扭转**。小肠扭转是致命的，需要急诊手术。但此时是**夜间 10 点多，对我而言是极度不适宜的**，为什么呢？

因为我准备参加第二天的太原市卫健委医改现场会，我 11 月 12 日下午才从太原返回娄烦。晚上 10：30 决定做急诊手术，我必须**从娄烦赶回太原**。我告诉司机要在安全的情况下，加快速度，并在车上指示当地医院的医生、麻醉师快速到位，**在 12 点钟以前做好一切准备**。半夜 0 点，我赶到太原的医院，手术做了 4 个小时。随后，我又马上返回娄烦，到达娄烦的时间是凌晨 5 : 30。上午 8 : 30 我参加医改现场会，也就睡了不到 3 个小时。所以，要做一名好的外科医生，光有技术，没有奉献精神，没有奋斗精神，没有拼搏精神，你的精力、毅力做不到极限，是不行的！

这是我第三次为他做手术，手术证实**是小肠扭转了，小肠扭成"麻花"了**。最终，病人痊愈出院。家属是这样对我说的："父母给了他第一次生命；您给了他第二次生命，让他多活了 10 年；这一次是您给了他第三次生命！无论第三次手术做到什么程度，我们家属都很感谢！我们怎么感谢您呢？给您红包您不要，那么，我们就用我们的方式来感谢您吧。"后来，家属就送了一个**"大医精诚"**的匾！我很喜欢这张匾，关键是匾上的语言特别有文化，左边是：人间妙手，医德赛华佗；右边是：瑶池甘露，医术超扁鹊；左右下角各有一个象征性的红印章，一个是"药到"，一个是"病除"。如此高的评价，也不知道是出自哪位高人，本人自知**受之有愧**，但非常欣赏送匾人的**独具匠心**，所以将这个匾珍藏起来。

娄烦也创造了同样的生命奇迹。比如最近的一个病例，患者已经出院了。这个病例的成功，代表了县医院的丰硕成果；代表了县医院的全面发展；代表了县医院的一种新文化。这是一个什么样的病人呢？他是 75 岁的男性老人，消化道出血，黑便呕血，血色素只有五点几克，还有陈旧性脑梗，左侧肢体活动不灵便。

我们给他输血止血，先解决了要命的问题，然后行胃镜检查，确诊为低分化腺癌。通过 CT 检查，怀疑胰头受到侵犯。我们决定行剖腹探查，再根据探查结果决定手术方式。术中，我们发现肿瘤侵犯胰头，若想根治就需做胰十二指肠切除术 + 胃癌根治手术。这是两个四级手术的叠加，你可以想象困难和危险的程度。这是对主刀医生的一种考验呀！考验什么？考验主刀医生的能力、信心、勇气和底气；考验主刀医生的知识、技术、经验和智慧；考验主刀医生愿不愿意付出，愿不愿意**承担更大的责任**。

美国奥里森·马登在《思考与成功》中有一段精彩的描述，他说：一个**医生的个性**与他能否在**事业上取得成功**有莫大的关系，同时也深深地影响着他**手中病人的命运**。所以，主刀医生在此时起着决定性的作用。主刀医生愿不愿意做这个手术，愿不愿意承担风险，决定着他如何跟家属沟通？这就涉及主刀**医生的态度问题**。你是积极的，还是消极的；你是激进的，还是保守的；你是想做大手术，还是想做小手术；这些直接影响到病人家属的态度和选择。

我将主刀医生与家属的关系做了一个比喻，**主刀医生是"元帅"，病人家属是"国王"**。"元帅"得听"国王"的，对不对？家属说做你就做，家属说不做你就不能做，对不对？当然，"国王"也得听听"元帅"的意见，对不对？

我与家属充分沟通后，**家属决定做超大手术**。这一下子就把责任的重担交给我了，对不对？怎么办呢？我亲自操刀，**完成关键步骤**，其他的步骤由我们的团队来完成。**我负责全程质控**。手术历时 8 个小时，圆满结束。术后患者石蜡病理证明胃癌侵犯胰头、十二指肠和神经，脉管里面没有癌栓，27 个淋巴结中只有 3 个转移，切缘全部是阴性，切得很彻底。

但这么大岁数的病人，接受了这样超大的手术，术后肯定不会是一帆风顺的。患者先是发生了肺炎，我们请呼吸科的专家们会诊将肺炎控制住。其腹腔有很多的积液，我们努力把腹腔的积液消除了。患者心率或快或慢，我们请心内科的专家用药物来控制。最终，患者切口一期愈合，体重增加了 3 公斤。出院时，家属非常感谢我们，并赠送了两面锦旗。病人竖起大拇指给我们点赞。**这就是我们娄烦县的生命之光**。

我们举行了一场**新闻通气会**，报告了这个成功的案例，凸显了 1+N 娄烦医改路径的成效。**大病不出娄烦县**的真实案例，彰显家门口的"三甲医院"名不虚传，起到创建晋西北区域医疗、学术战略联盟的排头兵作用。多家媒体报道了此事，《山西日报》发了两篇报道，《智慧生活报》《山西青年报》《太原日报》以及《山西健康之声》分别予以报道，对娄烦医改均予以充分的肯定。

昨天的决策是今天的回报。两年多来，县医院荣归二甲，每年医疗收入增长四五百万元，这是真金白银呀！因为人是一样的，设备是一样的，什么都是一样的，就是县医院由二乙变成二甲，我们就能多了四五百万元医疗收入。单单胃肠内镜检查，就为老百姓省下五六百万元。铁的事实证明，娄烦县委、县政府的决策是正确的，县卫健局的谋划与政策是非常到位的，县医院的巨大变化是集体领导的智慧结晶，是全院干群共同奋斗的结果。**起点高，步子大，县医院三年大变样的战略目标提前实现了。**县医院的医疗收入也水涨船高；2022 年计划完成 4000 万元，结果完成了 4048 万元；2023 年计划完成 5000 万元，结果完成了 5293 万元；2024 年是决战的最后一年，相信我们一定会实现 6000 万元的目标。**县医院已经发生了翻天覆地的变化。**

结束是新的开始。成绩只能说明过去，结束是新的开始。新的开始要从解决大问题着手，解决制约医院发展的根本问题。我曾经讲过一句话：**医院发展主要靠政府，政府是最大的生产力。**我们需要政府继续加大资金投入；继续改善就医环境；添置大型医疗设备；全面提升服务能力。但是，我们县医院也不能躺在县委、县政府的摇篮里，不能什么事都依靠县委、县政府去解决。县医院的所有员工要做医院的主人。县医院的明天，路在何方？**路在我们的心坎里，路在我们的脑海里，路在我们的脚底下，路在我们的手头上。**县医院所有干部群众，一定要齐心协力，共同努力，向着更远更高的目标，奋斗，奋斗，再奋斗！只有持续发展，我们才能成为强者。

如今，县医院虽然取得了一些比较明显的成就，但是距离娄烦老百姓信任的全面回归，还有很长的路要走；转诊转院的比例还是比较高的；我们的服务态度、服务能力还时不时地会出现这样或那样的问题。我们对此一定要有清醒的认识，只有保持持续不断的完善，才能成为强者。

怎样才能成为强者？我做了一个形象的比喻，叫**一根鱼骨做强**。一根鱼骨是由中间的脊柱骨和旁边的肋骨组成。这个脊柱骨是由**人才、技术、设备、质控、价格、服务**六个环节组成。如果没有人才，我们就没有技术；有了技术，而没有设备，也是空的；有了人才，有了技术，有了设备，没有质控也不行。

性价比是否好，服务态度能否跟得上，这些决定着医院的发展走向。

然后，在每一个环节上生出两只翼，就像两根肋骨。县医院人才分为省级专家和本土专家，这个问题我们解决得比较好。技术可分为高新技术和适宜技术，省级专家带来高新的技术，本土专家开展一些适宜的技术。设备可分为高端设备和普通设备，我们已经有了一些高端设备，但是能拿出手的并不多，所以我们还需要进一步添置一些高端设备，一些常规设备还需补充完善。质控可分为技术质控和设备质控，两个方面都要抓好，才能保证技术质量。我们的价格是有优势的，实行二甲医院的收费标准，当地的老百姓是可以接受的，将来晋西北医疗、学术战略联盟实际运行起来，可以给一些优惠。我们一定要实行人性化服务，满足老百姓的合理需求，做到热情周到。如果把这一根鱼骨做好了，我们县医院的明天会更好！

县医院每年的专家费用，政府已经列入常规预算，这是非常难能可贵的！我们在编职工的薪酬待遇还是差得很远，这是县医院成功的最低必要条件，道理很简单，水浅养不住鱼。我们希望把县医院现在的在职职工薪酬提高到90%。我们不要求100%，只要求90%，为什么？剩下那个10%得靠医生自己去努力，而不是依靠政府把医院全部养起来！经测算，**政府每年需要增加投入357万元给县医院。**

关于临聘员工的社保问题，2022年我们勉强解决了50人。2023年，我们召开了两次院务会，提出要解决这个问题，因为钱还没有解决！2024年怎样？这个问题又摆在我们的面前。

国家已经对提升县级医院的服务能力制定了明确的政策，我们县医院需要大笔资金的投入。感染病房的建设需要4000万元；购置大型医疗设备总共需要2800万元；消毒供应中心已成危房，随时有倒塌的危险，改造需要100万元。我们2022、2023年还欠施工队的尾款150万元；住院楼一层大厅的装修还欠90万元。看到这些数字，我想景博县长一定会说：又要这么多钱呀！其实，这还是精打细算的，跟周边的县（区）比一比，我们还是少了很多的。当然，这确实是一笔不小的开支，因为咱们娄烦县的家底还是比较薄的。

从另一方面来讲，这笔投入是非常划算的。2021 年，我向政府要了 650 万元，当时就说过，三年以后我会还给政府 3000 万元的医疗收入。结果，目标实现了，这笔投资很划算！现在，我又想多要点钱，三年以后，也就是 2027 年，我们要还政府一个强大的县医院，划算不划算？划算！我们不仅要算经济账，更要算政治账民生账。这些钱都用在民生工程、惠民工程和民心工程上。我认为，县委、县政府的领导是比我更会算账的。

两个圈儿做大。什么叫两个圈儿做大呢？在我们山西省的地图上，以娄烦县城为中心，一小时车程圈为半径，画一个圈，就是成立晋西北区域医疗、学术战略联盟。这个联盟目前已经实现。我们再往晋西北发展，画一个圈，即要成立晋西北区域学术战略联盟。这些工作都需要一段时间，可喜的是我们已经迈出了第一步。我们已经构思完时间表和路线图，就等春节以后开始逐步实施。这是一项全新的工作，没有人搞过，也没有成功的经验可以借鉴和参考。但是，我们可以借鉴企业创新的一些原则。

企业创新三原则。这是美国通用电气公司的首席执行官韦尔奇在《赢》一书中提出的。原则一：首先做大笔投入，把最好、最有进取心、最有活力的人放到新业务的领导岗位上；原则二：夸大宣传新项目的潜力和重要性；原则三：给予自由度，允许犯错误，让新项目自己成熟起来。他还说：人为先，策为后。让合适的人做合适的事，远比开发一项新战略更为重要。

展望未来，先做强后做大，县医院未来可期。只要政府下定决心，县医院就有信心。成功眷顾勇者，胜利垂青智者；困境锤炼勇士，逆境成就人才！凡事都在人为，我们怎么看、怎么想、怎么做，将决定未来的成败。

诸位，谢谢各位认真聆听！

上述汇报是我的一己之见，肯定有不妥当的地方，欢迎大家批评指正，谢谢各位！